信息安全系列教材

信息安全管理

主　编 王春东

副主编 杨　宏　赵俊阁

参　编 唐召东　楚丹琪　童新海　柴金焕

WUHAN UNIVERSITY PRESS

武汉大学出版社

图书在版编目(CIP)数据

信息安全管理/王春东主编;杨宏,赵俊阁副主编.—武汉:武汉大学出版社,2008.4(2019.7 重印)
信息安全系列教材
ISBN 978-7-307-06064-7

Ⅰ.信… Ⅱ.①王… ②杨… ③赵… Ⅲ.信息系统—安全管理—高等学校—教材 Ⅳ.TP309

中国版本图书馆 CIP 数据核字(2007)第 204812 号

责任编辑:黄金文　　责任校对:程小宜　　版式设计:支　笛

出版发行:**武汉大学出版社**　(430072　武昌　珞珈山)
(电子邮箱:cbs22@ whu.edu.cn 网址:www.wdp.com.cn)
印刷:北京虎彩文化传播有限公司
开本:787×1092　1/16　印张:15　字数:370 千字
版次:2008 年 4 月第 1 版　2019 年 7 月第 5 次印刷
ISBN 978-7-307-06064-7/TP · 286　定价:36.00 元

信息安全系列教材

编　委　会

内 容 简 介

本书以信息安全专业的学生所应具备的知识体系为大纲进行编写的。全书主要介绍了信息安全管理的基本概念、信息安全管理体系、风险管理、安全规划及信息安全管理的实现，并详细列述了对环境、人员、软件、应用系统、操作和文档的安全管理，最后介绍了信息安全管理相关技术及法律、法规等有关内容。通过本书的学习，学生可对信息安全管理的体系、风险管理及信息安全相关技术有所了解，并明确信息安全管理所应包含的内容。

本书适合作为信息安全专业学生的教材，也可供从事相关工作的技术人员和对信息安全感兴趣的读者阅读参考。

序　言

21 世纪是信息的时代，信息成为一种重要的战略资源，信息的安全保障能力成为一个国家综合国力的重要组成部分。一方面，信息科学和技术正处于空前繁荣的阶段，信息产业成为世界第一大产业。另一方面，危害信息安全的事件不断发生，信息安全的形势是严峻的。

信息安全事关国家安全，事关社会稳定，必须采取措施确保我国的信息安全。

我国政府高度重视信息安全技术与产业的发展，先后在成都、上海和武汉建立了信息安全产业基地。

发展信息安全技术和产业，人才是关键。人才培养，教育是根本。2001 年经教育部批准，武汉大学创建了全国第一个信息安全本科专业。2003 年经国务院学位办批准，武汉大学又建立了信息安全的硕士点、博士点和企业博士后产业基地。自此以后，我国的信息安全专业得到迅速的发展。到目前为止，全国设立信息安全专业的高等院校已达 50 多所。我国的信息安全人才培养进入蓬勃发展阶段。

为了给信息安全专业的大学生提供一套适用的教材，武汉大学出版社组织全国 40 多所高校，联合编写出版了这套《信息安全系列教材》。该套教材涵盖了信息安全的主要专业领域，既有基础课教材，又有专业课教材，既有理论课教材，又有实验课教材。

这套书的特点是内容全面，技术新颖，理论联系实际。教材结构合理，内容翔实，通俗易懂，重点突出，便于讲解和学习。它的出版发行，一定会推动我国信息安全人才培养事业的发展。

诚恳希望读者对本系列教材的缺点和不足提出宝贵的意见。

编委会

2006 年 9 月 19 日

前　言

信息和数据安全的范围包括信息系统中从信息的产生直至信息的应用这一全部过程。我们日常生活中接触的数据比比皆是，考试的分数、银行的存款、人员的年龄、商品的库存量等等，按照某种需要或一定的规则进行收集，经过不同的分类、运算和加工整理，形成对管理决策有指导价值和倾向性说明的信息。随着信息化社会的不断发展，信息的商品属性也慢慢显露出来，信息商品的存储和传输的安全也日益受到广泛的关注。如果非法用户获取系统的访问控制权，从存储介质或设备上得到机密数据或专利软件，或根据某种目的修改了原始数据，那么网络信息的保密性、完整性、可用性、真实性和可控性将遭到破坏。如果信息在通信传输过程中，受到不同程度的非法窃取，或被虚假的信息和计算机病毒以冒充等手段充斥最终的信息系统，使得系统无法正常运行，造成真正信息的丢失和泄露，会给使用者带来经济或者政治上的巨大损失。

信息安全研究所涉及的领域相当广泛。从信息的层次来看，包括信息的来源、去向，内容的真实无误及保证信息的完整性，信息不会被非法泄露、扩散，保证信息的保密性。信息的发送和接收者无法否认自己所做过的操作行为而保证信息的不可否认性。从网络层次来看，网络和信息系统随时可用，运行过程中不出现故障，若遇意外打击能够尽量减少损失并尽早恢复正常，保证信息的可靠性。系统的管理者对网络和信息系统有足够的控制和管理能力，保证信息的可控性。网络协议、操作系统和应用系统能够互相连接，协调运行，保证信息的互操作性。准确跟踪实体运行达到审计和识别的目的，保证信息可计算性。从设备层次来看，包括质量保证、设备备份、物理安全等。从经营管理层次来看，包括人员可靠性、规章制度完整性等。由此可见，信息安全实际上是一门涉及计算机科学、网络技术、通信技术、密码技术、信息安全技术、应用数学、数论、信息论等多种学科的综合性学科。

本书的撰写主要是基于当前市场上缺乏针对专业的、平衡的、综合性的信息安全管理和技术的书籍。我们希望编写一本专门面向信息安全专业学生的书籍来填补此空白。主要涉及信息安全的基础原理和基于此原理说明管理策略、技术方案和相关法律法规。

全书共分 11 章，第 1 章介绍了信息安全有关的概念和原则，第 2 章介绍了信息安全管理的体系，第 3 章从风险管理的角度讨论了信息安全管理，第 4 章阐述了信息安全的规划，第 5 章从技术和非技术两个方面整体上讨论了信息安全管理的实现，第 6~9 章则是从不同的方面详细阐述了信息安全的具体实现，第 10 章介绍了信息安全管理采用的技术，第 11 章介绍了相关的法律法规。

本书的编写是集体共同努力的结晶，在编写的过程中得到了武汉大学张焕国教授，天津理工大学的张桦教授、温显斌教授、王怀彬教授，南开大学贾春福教授的悉心指导。无论从大纲的研究，还是内容的确定上他们都给了我们很大的帮助和指导。在此谨向他们表示衷心的感谢。此外，还要感谢天津理工大学计算机科学与技术学院，感谢“天津市智能计算及软件技术重点实验室”以及“天津市软件与理论重点学科”对本书编写的支持和资助。

本书编者包括副主编天津理工大学的杨宏老师、武汉海军工程大学的赵俊阁老师，参编作者包括天津理工大学的唐召东老师、上海大学楚丹琪老师、北京电子科技学院童新海老师、天津外国语学院的柴金焕老师。其中王春东完成第 1、2 章，杨宏完成第 8、10、11 章，赵俊阁完成第 3 章，唐召东完成第 4、6 章，楚丹琪完成第 7 章，童新海完成第 9 章，柴金焕完成第 5 章。

由于作者水平有限，因此对于本书中出现的错误，希望读者提出宝贵的意见，以便我们再版时修改和完善，甚为感谢。

作　者

2007 年 11 月

目 录

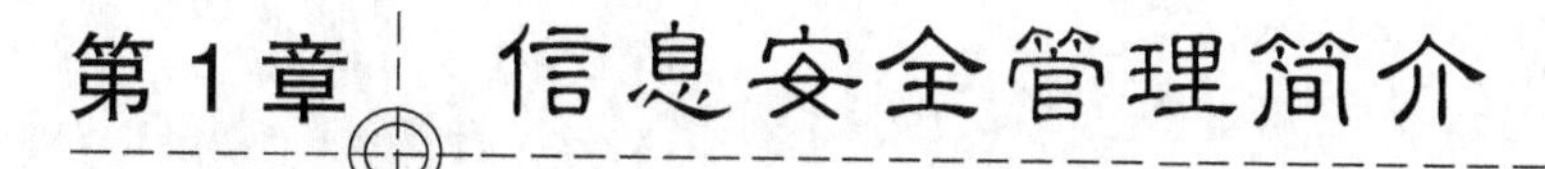

第1章　信息安全管理简介

学习目标

- 认识信息技术的重要性并且理解由谁来负责保护机构的信息资产；
- 了解并掌握信息安全的定义和关键特性；
- 了解并掌握信息安全管理的定义和关键特性；
- 认识信息安全管理与普通管理的区别。

1.1 引　言

据美国FBI统计，美国每年因网络安全问题所造成的经济损失高达100多亿美元，还有日益增加的趋势。那么，信息安全问题主要是由哪些方面的原因引起的呢？一是技术因素，网络系统本身存在的安全脆弱性。二是管理因素，组织内部没有建立相应的信息安全管理制度。据有关部门统计，在所有的计算机安全事件中，约有52%是人为因素造成的，25%是由火灾、水灾等自然灾害引起的，技术错误占10%，组织内部人员作案占10%，仅有3%左右是由外部不法人员的攻击造成的。简单归类，属于管理方面的原因比重高达70%以上，这正应了人们常说的"三分技术，七分管理"的箴言。因此，解决网络与信息安全问题，不仅应从技术方面着手，更应加强网络信息安全的管理工作。

考虑如下情况，某工厂的前任网络管理员认为，他不仅具有破坏前任雇主的生产能力，而且还能毁灭所有的犯罪线索。这名受人信赖、有11年工龄的雇员负责公司内部的网络构建和维护，当他不再受到公司的重视并意识到将因表现和行为问题被解雇时，就在系统中设置了摧毁系统的软件定时炸弹。

该网络管理员被解雇3个星期后，工厂的工人和往常一样通过登录到中心文件服务器开始一天的工作，但是机器没有启动，而是在屏幕上出现一行信息，提示操作系统某个地方被锁住了。紧接着，服务器崩溃了。一眨眼的功夫，工厂所有的1 000个加工和生产程序都消失了，服务器再也不能恢复了。工厂经理要求用以前的程序集保持机器继续运转，不管是否下达过这样的命令，但是他必须保证机器运转。于是，工厂经理去取救助工具——备份磁带，磁带放在人力资源部的档案柜里，但是磁带不见了。于是他又去检查连接到文件服务器的工作站，至少大部分程序应该存储在本地的个人工作站上，然而这样的程序也没有找到。

被解雇的网络管理员是惟一负责文件服务器的维护、保护和备份的雇员，他的工作还没有人接手。系统崩溃后的这些天里，公司先后找了3个人试图恢复数据。系统崩溃5天后，工厂经理开始在部门内调换员工，关闭缺乏原料或者生产过剩的机器。他还采取措施，雇佣了一组程序员开始对丢失的1 000个程序中的某些部分进行重建。

公司的财务主管证实软件炸弹摧毁了所有的程序和代码生成器，这些程序和代码生成器可以使公司生产 25 000 种不同的产品，并可以根据这些基本产品定制出 500 000 种不同的设计方案。现在公司既不能像以前那样毫不费力地修改产品，也不能以很低的成本生产这些产品。公司的损失超过 1 000 万美元，从而丧失了它应有的工业地位，最终不得不解雇 80 名员工。

1.2 安 全

在技术层次上理解信息安全，要求人们了解一定的信息技术术语和概念，以便能更有效地与 IT 和信息安全专业人士打交道。

通常，安全被定义为"免受危险的性质或者状态"，也就是防备敌人和其他损害。例如，国家安全是一个保护主权、资产、资源和人民安全的多层次的系统。一个组织机构要达到一定的安全水平也有赖于一个多层次的系统。

安全通常通过一系列安全策略来获得，这些策略同时作用或者相互结合在一起。每个策略有它自己的侧重点和适用范围，但它们都拥有一些共同的要素。从管理的角度看，每个第一策略都必须被正确地规则、组织、配备人员、指导和控制。安全包括以下的例子：

（1）物理安全，包括为人员提供保护，使有形的资产和工作场所免受火灾、防止未授权访问和自然灾害等。

（2）个人安全，在保护机构内的人员时与物理安全重叠。

（3）操作安全，致力于保护组织机构正常的业务动作使其不受干扰或威胁。

（4）通信安全，包括保护一个组织机构的通信媒体、技术和资料，以及使用这些工具来达到目标的能力。

（5）网络安全，致力于保护一个机构的数据通信设备、连接，以及使用网络实现数据通信的功能。

以上各点共同组成了一个完整的信息安全项目。

1.3 信息安全

1.3.1 信息安全概念

基于美国国家安全通信以及信息系统安全委员会（National Security Telecommunications and Information Systems Security Committee，NSTISSC）的定义,信息安全（InfoSec）就是保护信息及其关键要素，包括使用、存储以及传输信息的系统和硬件。不仅仅指为系统软件设置防火墙，或者使用最新的补丁程序修补最近发现的漏洞，或者将存放备份磁带的档案柜锁起来。信息安全决定需要保护哪些对象，为什么要保护这些对象，需要从哪些方面进行保护，以及如何在生存期内进行保护。信息安全包括：信息安全管理、计算机与数据安全，以及网络安全。

1.3.2 信息安全常用方法

毫无疑问，目前亟待解决的问题是，怎样确保机构能够在长时间内处于较高的安全水平。这一具有挑战性的问题有多种解决方案，正如有多种管理机构安全的方法一样。遗憾的是，

没有一个万能的解决方案能够解决所有的问题。以下列出了4种常用的方法。

1. 弱点评估

弱点评估是指对机构的技术基础、政策和程序进行系统的、包括对组织内部计算环境的安全性及其对内外攻击的脆弱性的完整性分析。这些技术驱动的评估通常包括：

（1）使用特定的IT安全活动（例如加固特定类型的平台）。

（2）评估整个计算基础结构。

（3）使用拥有的软件工具分析基础结构及其全部组件。

（4）提供详细的分析，说明检测到的技术弱点，为解决这些弱点提出具体的措施。

2. 信息系统审计

信息系统审计是对公司内部控制进行的独立评估，向管理部门、规章制定机构和公司股东保证信息是准确而有效的。审计通常利用特定行业的处理模型、基准、相关的标准，或者确定的最佳实践。审计既考虑财务业绩，又考虑操作性能。审计也可以基于拥有的业务过程风险控制以及分析方法和工具。审计通常由许可的或者认证的审计员执行，具有法定的权力和责任。在审计过程中，审计员评审公司业务记录的准确性和完整性。

3. 信息安全风险评估

安全风险评估扩展了上述弱点评估的范围，着眼于分析公司内部与安全相关的风险，包括内部和外部的风险源，以及基于电子的和基于人的风险。这些多角度的评估试图按照业务驱动程序或目标对风险评估进行排列，其关注的焦点通常集中在安全的以下4个方面：

（1）检查与安全相关的公司实践，以标识出建立或缓和安全风险的优点和弱点。这一程序可能包括对信息进行比较分析，根据工业标准和最佳实践对信息进行等级评定。

（2）对系统进行技术分析，对政策进行评审，以及对物理安全进行审查。

（3）检查IT的基础结构，以确定技术上的弱点。这些弱点包括对如下情况的敏感性：恶意代码的入侵、数据的破坏或者毁灭、信息丢失、拒绝服务、访问权限和特权的未授权变更。

（4）帮助决策制定者综合权衡风险以选择成本效率对策。

4. 可管理的安全服务提供者

可管理的安全服务提供者依靠专家的经验管理公司的系统和网络。他们使用自己或者其他厂商的安全软件和设备保护组织的基础结构。通常，可管理的安全服务将潜在地监督和保护组织的计算基础结构，使之免受攻击和滥用。这些解决方案趋向于根据每个客户的具体业务需求进行定制，以及使用专门技术。既可以对入侵做出积极的响应，也可以在入侵发生后即时通报用户。其中一些利用自动的、基于计算机的学习和分析，大大地降低了响应时间，增加了准确度。

弱点评估、信息系统审计和信息安全风险评估有助于描述安全问题的特征，但是并不能管理安全问题，而可管理的服务提供者可以对机构的安全进行管理。虽然上述每种方法对试图保护自己的机构都有用，但都有一定的局限性，因此，要基于具体的使用环境。小公司可能不得不使用可管理的服务提供者；IT 资产有限的公司只能管理弱点，而且取决于必须保护的对象，也许并不需要做太多工作。

1.3.3　信息安全属性

不管信息入侵者怀有什么样的阴谋诡计、采用什么手段，他们都要通过攻击信息的以下几种安全属性来达到目的。所谓“信息安全”，在技术层次上的含义就是保证在客观上杜绝对信息安全属性的安全威胁，使得信息的主人在主观上对其信息的本源性放心。信息安全的基本属性有下述几个方面。

1. 完整性（integrity）

完整性是指信息在存储或传输的过程中保持不被修改、不被破坏、不被插入、不延迟、不乱序和不丢失的特性。对于军用信息来说，完整性被破坏可能就意味着延误战机、闲置战斗力。破坏信息的完整性是对信息安全发动攻击的最终目的。

2. 可用性（availability）

可用性是指信息可被合法用户访问并能按要求顺序使用的特性. 即在需要时就可以取用所需的信息。对可用性的攻击就是阻断信息的可用性，例如破坏网络和有关系统的正常运行就属于这种类型的攻击。

3. 保密性（confidentiality）

保密性是指信息不泄露给非授权的个人和实体，或供其使用的特性。军用信息的安全尤为注重信息的保密性（相比较而言，商用信息则更注重于信息的完整性）。

4. 可控性（controllability）

可控性是指授权机构可以随时控制信息的机密性。美国政府所提倡的“密钥托管”、“密码恢复”等措施就是实现信息安全可控性的例子。

5. 可靠性（reliability）

可靠性指信息以用户认可的质量连续服务于用户的特性（包括信息的迅速、准确和连续地转移等），但也有人认为可靠性是人们对信息系统而不是对信息本身的要求。

“信息安全”的内在含义就是指采用一切可能的方法和手段，来千方百计保住信息的上述5种安全。

1.3.4 信息系统安全基本原则

国际“经济合作与发展组织”（OECD）于1992年11月26日一致通过了《信息系统安全指南》。该指南共制定了九项安全原则，欧美各国已明确表示在建设国家信息基础设施NII时都要遵从这一指南的九项原则，它们是：

（1）负责原则：网络的所有者、提供者和用户以及其他有关方面应当明确各自对信息安全的责任。

（2）知晓原则：网络的所有者、提供者和用户以及其他有关方面应当能够了解网络安全方面的措施、具体办法和工作程序。

（3）道德原则：在提供和使用以及保障网络安全性时应当尊重他人的权利和合法的权益。

（4）多方原则：网络安全方面的措施、具体办法和工作程序应当考虑到所有相关的问题，其中包括技术、行政管理、组织机构、运行、商业、教育和法律方面等。

（5）配比原则：安全水平、费用以及安全措施、具体办法和工作程序应当与网络的价值和可靠程度以及可能造成损害的严重程度和发生概率成合适的比例，即适度安全原则。

（6）综合原则：网络安全方面的措施、具体办法和工作程序之间应当相互协调一致，而且与其他措施、具体办法和工作程序互相协调一致。信息安全也像社会治安一样是一个综合治理的问题。

（7）及时原则：无论是国营、私营还是国内外机构都应当及时协调一致来保障网络的安全。

（8）重新评价原则：定时对网络的安全措施重新进行评价。由于当前高新技术的发展速度十分迅速，有些安全措施没过多久就会过时，甚至完全失效，因此在过一段时间之后，还必须对已有的安全措施作一次全面的评审，以期跟上技术的发展。

（9）民主原则：网络的安全应当兼顾信息和数据的流动和合法使用，并相互兼容。

1.4 管 理

为了使信息安全过程更加有效，了解某些管理的核心原理是很重要的。简而言之，管理是利用现有的整套资源达到目标的一个过程。一个管理者，就是“与其他人共事、并协调他人工作以实现机构目标的人”。他的作用就是配置、管理资源及协调任务的完成，并处理那些为了完成预定目标而不可缺少的事务。一个管理者在机构内充当很多角色，其中包括：

（1）信息处置角色：收集、处理和运用那些可能影响目标完成的信息。

（2）关系协调角色：与上级、下属、项目责任人和其他团体交流。

（3）决策角色：从可选方案中作出选择，并解决冲突、克服困境或应对挑战。

1.4.1 管理的特征

为了实现既定目标，对任务的管理需要一定的基本技能。这些技能包括管理的特征、作用、原则或责任。有两种基本的管理方法：

（1）传统的管理理念使用计划、组织、人员编排、指导和控制原则（POSDC）。

（2）流行的管理理念将管理原则划分为计划、组织、领导和控制（POLC）。

下面的讨论使用 POLC 原则检验管理者在应对业务时必须使用的技能。

1. 计划

为实现目标而开发、制定和实施战略的过程称为计划。有三种等级的计划：

（1）战略性计划：产生于组织机构高层且会长期持续，通常是 5 年或更长。

（2）战术性计划：关注机构内的生产计划和机构资源的整合，其持续期长为中等（一般为 1~5 年）。

（3）操作性计划：立足于每日的局部资源操作，且其持续时间较短。

计划的一般方法是首先设计出整个机构的战略计划，然后把计划划分成适合于该机构的每个主要业务部门的单元。这些业务部门反过来产生了满足整个机构战略要求的作业计划，中层管理者则根据这些计划设计出中级战术计划。管理监督者再根据战术计划设计出指导机构日常业务操作计划。

为了更好地理解计划过程，机构必须详尽地定义计划目标（goal）和阶段目标（objective）。计划目标指的是计划过程的最终结果；阶段目标指的是计划进程中的某一点，可用来度量工作进展的情况。如果及时完成了所有的阶段目标，那么就有可能完成计划目标。

机构中的计划功能管理包括了整个研究领域。它涉及对项目管理的整体理解以及怎样去计划项目管理，项目管理涉及一个项目的各个方面，包括从最初的组织、启动到任务完成。还包括一系列必要活动以确保项目在适当的资源要求内得以完成，这些资源包括时间、金钱和人力资源。

2. 组织

管理就是尽力组织各种资源来支持目标的完成。管理的本质就是组织，包括组织有关的部门及员工、储存所需材料以及为完成任务所需的信息等。组织的最新定义包括了员工管理，因为协调人员工作以取得最大的生产率与合理组织时间、财力、设备同等重要。

组织工作的内容要求确定做什么、先做哪一项、由谁做、用什么方法以及最后的时间期限等。人们一般把这些内容看做项目管理的一部分。定义组织单元，确立部门责任以及理清员工间的关系也许超出了任何单个管理者的权力范围。一个管理者的任务是建立项目小组和机构内部的部门并分配每个员工到具体的岗位。

3. 领导

领导工作能促进工作计划和组织功能的实施，包括指导员工的举止、出勤及工作态度等。领导者一人负责资源的指导和激励工作。

4. 控制

监视计划完成的进度，为达到期望的目标而执行必要的进度这就需要实施控制。通常，控制的作用是确保机构计划的有效性。管理者要保证计划有足够的进展，保证消除影响完成任务的障碍，同时不再有额外的资源要求。如果根据机构的实际操作情况发现计划是无效的，管理者就要采取纠正措施。控制的作用还决定了要监视什么，并且用特定的控制工具去收集和评估信息。

现有以下 4 种类型的控制工具：

（1）信息控制工具（Information Control Tools）影响着机构内部信息的沟通，不论是人工的还是自动化的，这种沟通都是贯穿整个机构的信息流。

（2）财务控制工具（Financial Control Tools）管理货币资金的使用，包括总成本（TCO）、投资回报率（ROI）、成本-效率分析（CBA）以及普通的可预期的预算。就像计划编制中确定的那样，把预算作为财务控制工具来使用，让它直接地对所有业务功能造成影响。项目管理特别关注某些度量项目进度和性能的财务控制工具。按时完成与不超支是管理项目进度的两个重要控制目标。

（3）作业控制工具（Operational Control Tools）评估业务过程的效率和有效性。使用图形化控制工具如程序评估与审计技术（PERT）过程流以及其他技术，用来管理项目的功能及操作。

（4）行为控制工具（Behavioral Control Tools）调节人力资源的效率和有效性。包括监督、业绩评估和惩罚。监督指的是即时监察、指导、指挥员工。业绩评估是对总的工作表现的周期性评价。惩罚则是经理用来处理未经许可行为的方法。

每种类型的工具都依赖于控制论的循环控制理论，即通常所说的负反馈。它们都使用性能测量、比较和校正措施。控制论的循环控制理论从对实际性能的测量开始再把实际性能与编制计划过程中制定的期望性能标准进行比较，如果达到标准，过程就允许继续进行；如果没有达到可接收的性能标准就修正该过程以得到满意的结果，或者重新确定计划中要达到的性能要求。

了解上述四种核心原则可使领导采取行之有效的管理方法，把精力用在关键的地方。管理成功与否将最终取决于管理者如何解决问题。

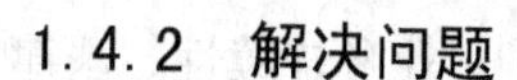

1.4.2 解决问题

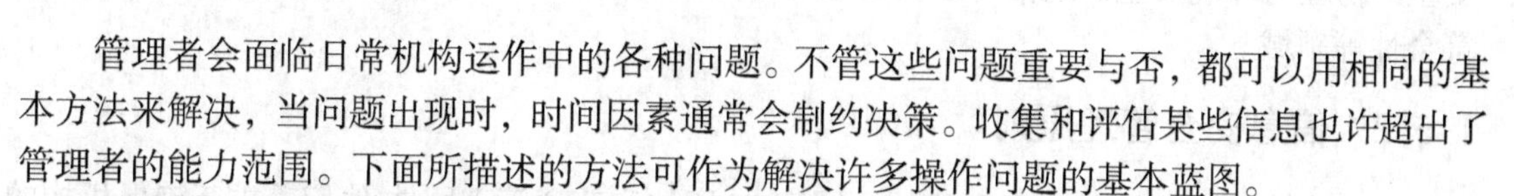

管理者会面临日常机构运作中的各种问题。不管这些问题重要与否，都可以用相同的基本方法来解决，当问题出现时，时间因素通常会制约决策。收集和评估某些信息也许超出了管理者的能力范围。下面所描述的方法可作为解决许多操作问题的基本蓝图。

第一步：认识和确定问题。

解决问题过程中经常出现的错误是不能够完整地确定问题，所以，从一开始就要精确地确定我们要解决什么问题。

第二步：收集事实并做出假设。

为了理解问题产生的背景，管理者应收集体制、文化、技术和行为等各方面的情况，这些是产生问题的根源。然后，就能对可能解决问题的方法做出假设。

第三步：研究可行的解决方案。

接下来开始提出可行的解决方案。管理者可用多种方法来产生解决方案。其中一个方法就是集体讨论，短时间内人们可以提出很多想法，在讨论中先不涉及这些方法的可行性，然后由一个小组回顾和筛选这些想法以确定具有可行性的方案。问题的解决者还可以向专家请教或者利用网络、杂志、科技期刊、图书机构进行调研等，以寻求解决问题的方法。

第四步：分析、对比可行的解决方案。

每个备选方案必须经过审查并按照成功解决问题的可能性分级。分析工作可能包括审查经济可行性、技术可行性、行为可行性和操作可行性。

（1）审查经济可行性：比较可行方案的成本和效益。

（2）审查技术可行性：分析机构获得实施候选方案所必需的技术能力。

（3）审查行为可行性：根据下属采纳并支持方案，而不是反对它的可能性来评估候选方案。

（4）审查操作可行性：评估本机构把候选方案集成到当前业务过程中的能力。

用这些方法，可以比较和对比各种提案。

第五步：选择、实施、评估解决方案。

一旦方案被选中并被实施，就必须进行评估以确定它解决问题的效力。仔细地监控被选方案是很重要的。如果发现方案是无效的，可以很快地中止或替换成其他方案。

1.5 信息安全管理

1.5.1 信息安全管理的含义

组织对信息系统的依赖性增加，安全措施必须渗透到每一个环节。由组织的最高层来监督管理层在信息安全战略上的过程、架构及与业务的关系，以确保信息安全战略与组织业务目标的一致，从而实现信息安全管理。

信息安全管理是通过维护信息机密性、完整性和可用性，来管理和保护组织所有信息资产的一项体制，是信息安全治理的主要内容和途径，信息安全治理为信息安全管理提供基础的制度支撑。

信息安全管理的内容包括信息安全政策制定、风险评估、控制目标与方式的选择、制定规范的操作流程、信息安全培训等。涉及安全方针策略、组织安全、资产分类与控制、人员安全、物理与环境安全、通信与运营安全、访问控制、系统开发与维护、业务连续性、法律符合性等领域。

1.5.2 信息安全管理原则

信息安全管理团队的目标和目的不同于IT团体和普通管理团体,他们着重于确保机构的正常运作。因为信息安全适宜于管理团队负责制定一些特定的计划，所以相对于这个利益团体而言，它的某些管理特性是其所特有的，这些特性是普通领导和管理基本特性的扩展。一般认为信息安全管理的扩展特性有下述6个。

1. 计划

制定信息安全管理计划。信息安全计划模型包含了一系列的操作，这些操作对信息安全战略的设计、创建和实施都是必需的，因为他们同样也出现在IT计划之中。业务战略被转变为IT战略，然后又转变为信息安全战略和策略。例如，CIO用从业务部门的各种计划中收集来的IT目标来制定机构的IT战略，然后按照这个战略为每个IT职能部门分配计划任务。依靠机构中信息安全职能的定位，IT战略可以用于信息安全计划的制定。

首席信息安全官和相应安全主管相互合作，共同制定安全操作计划，这些安全主管与安全技术人员相互磋商以制定战术性安全计划，其中，每个计划通常都与企业的IT功能相协调，并被纳入主要的执行计划中，使计划能够确保整个机构的长期战略取得成功。如果一切都如预计的那样顺利，那么整套战术计划就能最终确保各个操作目标的实现，而整套操作目标也确保了各个子战略目标的实现，这将有助于从总体上满足机构的阶段目标和战略目标。

信息安全计划包括事件响应计划、业务连续性计划、灾难恢复计划、策略计划、人员计划、技术的首次展示计划、风险管理计划以及安全项目计划（包括教育、培训和意识提升）。其中每个计划都有其特定的阶段目标和总体目标，而且都得益于同样的组织方法。信息安全的另一个基本计划是在组织机构中建立信息安全部门。

2. 策略

一个组织指导员工行为的一套准则称为策略。信息安全中一般有下述3种策略。

企业信息安全策略:它为信息安全部门打下了基础,并确定整个机构信息安全的大环境。该策略是顺应IT战略性计划而开发的，一般由首席信息安全官草拟，再由首席信息官或首席执行官支持和签署通过。

基于问题的安全策略：在使用技术时（如电子邮件、因特网）所定义的可被接受的行为规则。

基于系统的策略：它实际上是采用技术或管理措施来控制设备的配置。例如，访问控制列表就是这种策略，它定义了对某个特殊设备的访问权限。

3. 项目

项目是信息安全中的一个活动或一项工作，人们把它当做单独的实体来管理。安全教育培训及意识提升项目（SETA）就是这样的一个实体，它旨在为员工提供关键信息以提高或巩固他们当前的安全知识水平。其他项目如物理安全项目，它包括处理火、物理通道、大门、保卫等问题。每个机构可能有一个或更多的安全项目。

4. 保护

保护功能由一系列风险管理活动来实现，包括风险评估和控制，也包括保护机制、技术和工具。每种机制代表了整个信息安全计划中某些方面的具体控制管理。

5. 人员

人是信息安全项目中最重要的环节。管理者必须牢固确立人在信息安全中所充当的角色的重要性。这方面包括安全的个人化、一个人的安全化，也包括安全教育培训及意识提升项目。

6. 项目管理

最后部分是把整个项目管理原则运用到信息安全项目的所有过程中去。不管提出一种新的安全培训项目还是选取并实施一种新的防火墙，把这个过程作为一个项目对象是非常重要的。这些工作包括控制项目所使用的资源，也包括测量工作进度和根据总体目标来调整进度。

第2章 信息安全管理体系

学习目标

- 了解信息安全管理体系的建立流程；
- 了解并掌握信息安全体系审核的定义和过程；
- 了解信息安全体系的评审程序；
- 掌握信息安全体系的认证目的、范围及如何向认证机构提出认证申请。

2.1 引　　言

为了系统、全面、高效地解决网络与信息安全问题，英国标准协会（BSI）于1995年制定了《信息安全管理体系标准》，并于1999年进行了修订改版，2000年12月，经包括中国在内的国际标准组织成员国投票表决，目前该标准的第一部分已正式转化成国际标准。具体来说，该标准内容包括：信息安全政策、信息安全组织、信息资产分类与管理、个人信息安全、物理和环境安全、通信和操作安全管理、存取控制、信息系统的开发和维护、持续运营管理等。

面对如此庞大的管理体系，组织如何快速、有效地建立自己的信息安全管理体系，从而真正达到实现计算机网络与信息安全的基本目标呢？北京华泰网安信息技术有限公司探索出了一条高效实现信息安全的道路，即：计算机网络与信息安全=信息安全技术+信息安全管理体系（Information Security Management System，ISMS）。技术层面和管理层面的良好配合，是组织实现网络与信息安全系统的有效途径。其中，信息安全技术通过采用包括建设安全的主机系统和安全的网络系统，并配备适当的安全产品的方法来实现；在管理层面，则通过构架信息安全管理体系（ISMS）来实现。

ISMS是一个系统化、程序化和文件化的管理体系，属于风险管理的范畴，体系的建立基于系统、全面、科学的安全风险评估。ISMS体现预防控制为主的思想，强调遵守国家有关信息安全的法律法规及其他合同方要求，强调全过程和动态控制，本着控制费用与风险平衡的原则合理选择安全控制方式保护组织所拥有的关键信息资产、确保信息的保密性、完整性和可用性，保持机构的竞争优势和商务运作的持续性。

2.2 ISMS的构架

2.2.1 建立信息安全管理框架

信息安全管理框架的搭建需按适当的程序进行：首先，各机构应根据自身的状况搭建适合自身业务发展和信息安全需求的信息安全管理框架，并在正常的业务开展过程中具体实施构架的 ISMS，同时建立各种与信息安全管理框架相一致的相关文档、文件，并进行严格管理，对在具体实施 ISMS 的过程中出现的各种信息安全事件和安全状况进行严格的记录，并建立严格的回馈流程和制度。具体过程如图 2-1 所示。

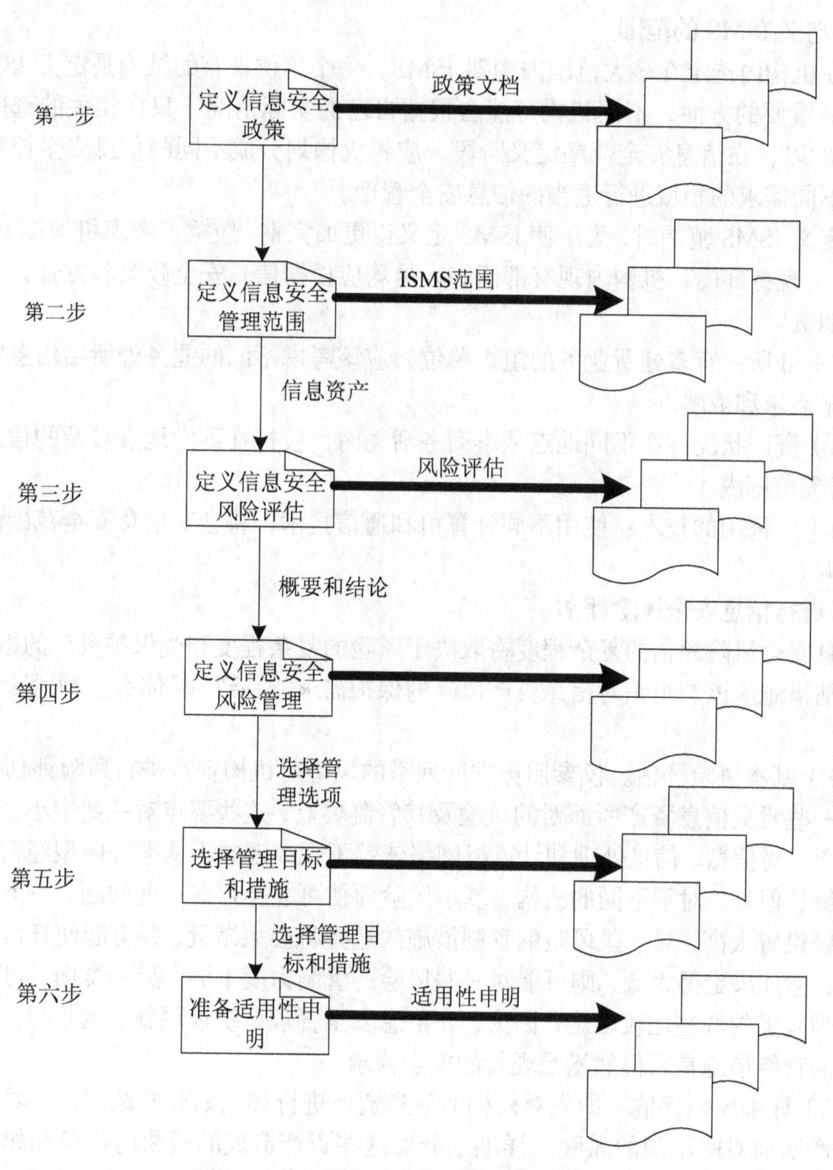

图 2-1 建立信息安全管理体系的流程

1. 定义信息安全政策

对于一个规模较小的单位，可能只有一个信息安全政策，并适用于单位内所有部门、员工；在大型的机构中，有时需要根据机构内各个部门的实际情况，分别制定不同的信息安全政策；同样，如果是一个集团公司，则需要制定一个信息安全政策，分别适用于不同的子公司或各分支机构。但是，无论如何，信息安全政策应该简单明了、通俗易懂并直指主题，避免将机构内所有层面的安全方针全部放在一个政策中，使人不知所云。

信息安全政策是该机构信息安全的最高方针，必须形成书面文件，广泛散发到组织内所有员工手中，并要对所有相关员工进行信息安全政策的培训，对信息安全负有特殊责任的人员要进行特殊的培训，以使信息安全方针真正植根于组织内所有员工的脑海并落实到实际工作中。

2. 定义ISMS的范围

即在机构内选定在多大范围内构架ISMS。一个单位现有的结构是定义ISMS范围需要考虑的最重要的方面，不同机构可能会根据自己的实际情况，只在相关的部门或领域构架ISMS，所以，在信息安全范围定义阶段，应将机构划分成不同的信息安全控制领域，以易于对有不同需求的领域进行适当的信息安全管理。

在定义ISMS范围时，为了使ISMS定义得更加完整，应重点考虑机构如下的实际情况：

（1）现有部门：机构内现有部门和人员均应根据信息安全政策和方针，负起各自的信息安全职责。

（2）处所：有多处所业务的组织单位，应该考虑不同的业务处所给信息安全带来的不同的安全需求和威胁。

（3）资产状况：在不同地点从事商务活动时，应把在不同地点涉及的信息资产纳入到ISMS管理范围内。

（4）所采用的技术：使用不同计算机和通信技术，将会对信息安全范围的划分产生很大的影响。

3. 进行信息安全风险评估

信息安全风险评估的复杂程度将取决于风险的复杂程度和受保护资产的敏感程度，所采用的评估措施应该与组织对信息资产风险的保护需求相一致。具体有三种风险评估方法可供选择。

（1）基本风险评估。仅参照标准所列举的风险对机构资产进行风险评估的方法。标准罗列了一些常见信息资产所面对的风险及其管制要点，这些要点对一些中小企业（如业务性质较简单，对信息、信息处理和计算机网络依赖不强或者并不从事外向型经营的企业）来说已经足够；但是，对于不同的机构，基本风险评估可能会存在一些问题。一方面，如果机构安全等级设置太高，对一些风险的管制措施的选择将会太昂贵，并可能使日常操作受到过分的限制；但如果定得太低，则可能对一些风险的管制力度不够。另一方面，可能会使与信息安全管理有关的调整比较困难，因为，在信息安全管理系统被更新、调整时，可能很难去评估原先的管制措施是否仍然满足现行的安全需求。

（2）详细风险评估。即先对机构的信息资产进行详细划分并赋值，再具体针对不同的信息资产所面对的不同的风险，详细划分对这些资产造成的威胁的等级和相关的脆弱性等级，并利用这些信息评估系统存在的风险的大小来指导下一步管制措施的选择。一个机构对安全风险研究得越精确，安全需求也就越明确。与基本风险评估相比，详细风险评估将花费更多的时间和精力，有时会需要专业技术知识和外部组织的协助才能获得评估结果。

（3）基本风险评估和详细风险评估相结合。首先利用基本风险评估方法鉴别出在信息安全管理系统范围内存在的潜在高风险或者对组织商业运作至关重要的资产。在此基础上，将信息安全管理系统范围内的资产分为两类，一类是需要特殊对待的，另一类是一般对待的。对特殊对待的信息资产使用详细风险评估方法，对一般对待的信息资产使用基本风险评估方

法。两种方法的结合可以将费用和资源用于最有益的方面。但也存在着一些缺点，如果对高风险的信息系统的鉴别有误，将会导致不精确的结果，从而将会对某些重要信息资产的保护失去效果。

风险评估主要依赖于商业信息和系统的性质、使用信息的商业目的、所采用的系统环境等。

4. 确定管制目标和选择管制措施

管制目标的确定和管制措施的选择原则是费用不超过风险所造成的损失。但应注意有些风险的后果并不能用金钱衡量（如商誉的损失等）。由于信息安全是一个动态的系统工程，组织应实时对选择的管制目标和管制措施加以校验和调整，以适应变化了的情况，使机构的信息资产得到有效、经济、合理的保护。

5. 准备信息安全适用性申明

信息安全适用性申明记录了组织内相关的风险管制目标和针对每种风险所采取的各种控制措施。信息安全适用性申明的准备，一方面是为了向组织内的员工申明对信息安全风险的态度，在更大程度上则是为了向外界表明机构的态度和作为，以表明机构已经全面、系统地审视了信息安全系统，并将所有有必要管制的风险控制在能够被接受的范围内。

2.2.2　具体实施构架的ISMS

ISMS 管理框架的建设只是第一步。在具体实施 ISMS 的过程中，必须充分考虑各种因素，例如，实施的各项费用（例如培训费、报告费等）、与组织员工原有工作习惯的冲突、不同部门/机构之间在实施过程中的相互协作等问题。

机构要按照所选择的控制目标和控制方式进行有效的安全控制，即按照方针、程序等要求开展信息处理、安全管理各项活动。实施有效性包括两方面的含义：一是控制活动应严格按要求执行；二是活动的结果应达到预期的目标要求，即风险控制的结果是可以接受的。

2.2.3　建立相关文档

在 ISMS 建设、实施的过程中，必须建立起各种相关的文档、文件，例如，ISMS 管理范围中所规定的文档内容、对管理框架的总结（包括信息安全政策、管制目标和在适用性申明中所提出的控制措施）、在 ISMS 管理范围中规定的管制采取的过程、ISMS 管理和具体操作的过程（包括 IT 服务部门、系统管理员、网络管理员、现场管理员、IT 用户，以及其他人员的职责描述和相关的活动事项）等。文档可以以各种形式保存，但是必须划分不同的等级或类型。同时，为了今后的信息安全认证工作的顺利进行，文档必须能很容易地被指定的第三方（例如认证审核员）访问和理解。

（1）一份管理框架概要，包括信息安全方针、控制目标及适用性声明中确定的实施控制的方法。

（2）阐述 ISMS 管理及实施的程序，包括指定的控制方法，程序应包括职责及相关行动的描述。

标准对安全方针手册没有做硬性要求。为了管理的需要，一本方针手册还是必要的。手册一般包括如下内容：

（1）信息安全方针的阐述。

（2）控制目标与控制方式描述。

(3)程序或引用。

2.2.4 文档的严格管理

机构必须对各种文档进行严格的管理，结合业务和规模的变化，对文档进行有规律、周期性的回顾和修正。当某些文档不再适合组织的信息安全政策需要时，就必须将其废弃。但值得注意的是，某些文档虽然对组织来说可能已经过时，但由于法律或知识产权方面的原因，组织可以将相应文档确认后保留。

机构应建立一个文件控制（Document Control）程序，对ISMS文件（无论是书面的还是电子媒体的）进行以下方面的控制：

(1)明确文件控制活动的各项职责。

(2)文件发布前应履行审批手续。

(3)进行发放管理，确保授权的人员随时获得。

(4)定期评审，必要时予以修订以符合组织安全方针。

(5)进行版本控制，保证现场使用的文件为最新有效版本。

(6)当文件废止时，迅速撤销。

(7)当文件废止且无法律或知识保护目的要求时进行标识，防止误用。

(8)文件应易读，标明日期（包括修订日期）。

(9)按规定方式对文件进行标识（文件编号）。

(10)按规定时间保存。

(11)体系文件本身也属于信息资产，其中当含有敏感信息时，应确定其密级并进行密级标记。

2.2.5 安全事件记录、回馈

必须对在实施ISMS的过程中发生的各种与信息安全有关的事件进行全面的记录。安全事件的记录为组织进行信息安全政策定义、安全管制措施的选择等的修正提供了现实的依据。安全事件记录必须清晰，明确记录每个相关人员当时的活动。安全事件记录必须适当保存（可以以书面或电子的形式保存）并进行维护，使得当记录被破坏、损坏或丢失时容易挽救。

机构应建立记录（Records）控制程序，对证明符合性的记录进行标识、维护、保留符合处置方面的控制。

机构应按照规定的保存期限保存信息安全记录，以证明活动符合本规范要求及适合体系和机构的要求。如来访者登记本、审核记录和访问授权等。

记录应清晰易读，对相关活动具有标识和可追溯性。记录应以便于检索的方式保存和维护，并防止损坏、变质和丢失。需长期保存的记录应存放于一个适宜的环境，防止因虫蛀等原因造成记录不可用和不完整，电子媒体的记录应进行备份等；记录的保存应符合有关的法律法规要求。

记录也属于信息资产，对于含有敏感信息的记录应进行密级标记并进行适当的控制。

2.3　信息安全管理体系审核

2.3.1　体系审核的概念

体系审核是为获得审核证据，对体系进行客观的评价，以确定满足审核准则的程度所进行的系统的、独立的并形成文件的检查。

审核证据为可验证的与审核准则有关的记录、事实陈述或其他信息。审核准则确定为依据的一组方针、程序或要求。体系审核包括内部审核和外部审核（第三方审核）。内部审核用于内部目的由机构名义进行，可作为机构自我合格声明的基础；外部审核由外部独立的组织进行，有些组织可以提供符合要求（如 BS7799-2）的认证或注册。

信息安全管理体系审核是指机构为验证所有安全程序的正确实施和检查信息系统符合安全实施标准的情况所进行的系统的、独立的检查和评价，是信息安全管理体系的一种自我保证手段。BS7799 标准没有明确指出内部审核的概念，但标准所要求的安全方针和技术性评审活动就是我们通常所指的内部审核活动。信息安全管理体系审核（以下简称体系审核）的目的是：避免违背刑法、民法、有关法令法规或合同约定事宜及其他安全要求的规定，确保组织体系符合安全方针和标准要求，作为一种自我改进的机制，保持信息安全管理体系持续有效性并不断地改进与完善。

信息安全管理体系审核包括管理与技术两方面审核，管理性审核主要是定期检查有关安全方针与程序是否被正确有效地实施；技术性审核是指定期检查组织的信息系统符合安全实施标准的情况，技术性审核需要信息安全技术人员的支持，必要时会使用系统审核工具。

体系审核应对体系范围内所有安全领域进行全面系统的审核，应由与被审核对象无直接责任的人员来实施，对不符合项的纠正措施必须跟踪审查，并确定其有效性。另外，机构要对审核过程本身进行安全控制，使审核效果最大化，并使体系审核过程的影响最小化。

2.3.2　审核准备

审核准备是体系审核工作的一个重要阶段，准备阶段工作做得越细致，现场审核就可越深入。准备工作大致包括下列内容：

（1）编制审核计划。

（2）收集并审核有关文件。

体系审核时的文件审核工作，重点是收集与受审核部门的信息安全活动有关的程序文件、作业指导书等，并以有关法律、法规及标准等为准则对程序文件等进行检查，看其是否符合这些准则。在审阅程序文件时，不仅要检查该部门自身中心工作的程序文件，还要检查与其他部门程序文件的接口是否明确，内容是否协调。对整个部门或几个部门都通用的文件和程序也要收集齐全，以便审核时使用，此外，还应对该部门重要的信息安全记录加以预先审阅。审核员在文件初审时应做好审核记录，把发现的问题记录下来。

（3）准备审核工作文件——编写检查表。

检查表（Checklist）也称核查表，是审核员进行审核时用的工具，主要提供以下内容的备忘录作用：

① 明确与审核目标有关的样本。审核采用的主要方法是抽样检查，抽什么样本、每种样本应抽多少数量、如何抽样等问题都要通过编写检查表来解决，而且这一切都要为达到审

核目标服务。

② 使审核程序规范化，减少审核工作的随意性和盲目性。

③ 按检查表的要求进行调查研究可使审核目标始终保持明确。在现场审核中种种现实情况和问题很容易转移审核员的注意力，有时甚至迷失大方向而在枝节问题上浪费大量的时间，检查表可以提醒审核员始终坚持主要审核目标，针对事先精心考虑的主要问题进行调查研究。

④ 保持审核进度。有了检查表，可以按调查的问题及样本的数量分配时间，使审核按计划进度进行。

⑤ 作为审核记录存档。检查表与审核计划一样也应与审核报告等一起存入该审核项目的档案中备查。

在设计检查表时，应注意以下几个要点：

① 对照标准和手册的要求。

② 选择重要的信息安全问题。

③ 结合受审核部门的特点。

④ 抽样应具代表性。

⑤ 检查表应有可操作性。

⑥ 审核要覆盖体系所涉及的全部范围和安全要求。

为了方便信息安全技术性审核，规范技术性审核行为，可以在检查表中列出技术性审核的方法与步骤、安全注意事项、必要的系统审核工具。检查表经过有关信息安全主管人员审查无误后，方可使用。

另外，审核组还要按照审核程序的要求准备有关的审核记录，如不符合项报告、内部审核报告等。

（4）通知受审核部门并约定审核时间。

2.3.3 审核实施

审核组在完成了全部审核准备工作以后，就可按预先约定的日期和时间实施审核。实施审核的步骤如下：

（1）召开一次简短的首次会议。

（2）进行现场审核。

（3）确定不符合项并编写不符合报告。

（4）汇总分析审核结果。

（5）召开末次会议，宣布审核结果。

2.3.4 审核报告

审核报告是说明审核结果的正式文件，它应包括下列内容：

（1）审核组成员和受审核部门名称及其负责人。

（2）审核的目的和范围。

（3）审核准则。

（4）审核日期。

（5）审核所依据的文件。

（6）不符合项报告。

（7）信息安全管理体系运行有效性的结论性意见。

信息安全管理体系审核报告应经信息安全管理经理批准后分发至有关的领导和部门。

2.3.5　纠正措施

纠正措施（Corrective Action）是为消除已发现的不符合项或其他不期望情况的原因所采取的措施。一个不符合项可以有若干个原因，采取纠正措施是为了防止再发生，而采取预防措施是为了防止发生。而纠正（Correction）是为消除已发现的不符合项所采取的措施。

体系审核目的的重点在于寻找体系符合的证据。

审核组在现场审核中发现不符合项时，除要求受审核部门负责人确认不符合事实外，还要求他们调查分析造成不符合项的原因，有的放矢地提出纠正措施的建议，其中包括完成纠正措施的时间，外部审核员对纠正措施通常不提出任何建议。

受审核部门负责人提出的纠正措施的建议首先要经过审核组的认可。认可的目的主要在于审查该建议是否针对不符合项的原因采取了纠正措施以及纠正措施的可行性和有效性。审核组认可后的纠正措施还要经过有关管理者批准，尤其是全组织范围的纠正措施或是牵涉到多个部门的纠正措施。纠正措施建议经批准后予以实施。

对于纠正措施，各部门必须严格实施。如发现纠正措施不能按期完成，须由受审核部门向有关管理者说明原因，经其批准后应通知信息安全管理部门修改纠正措施；如在实施中发生困难，非一个部门自身力量能解决，则应通过内部信息安全协调机制来解决，重大问题可以提交信息安全管理论坛解决。纠正措施实施的情况应予以记录。

内审组应对纠正措施实施情况进行跟踪，以验证纠正措施是否按要求予以实施及实施的结果是否有效。验证的内容包括：

（1）纠正措施是否按规定日期完成。

（2）纠正措施中的各项要求是否都已完成。

（3）纠正措施完成后的效果如何。

（4）实施情况是否有记录可查，记录是否按规定编号并保存。

（5）如引起程序修改，是否通知了信息安全管理部门按文件控制规定办理了修改、批准和发放手续并予以记录，该程序是否得以坚持执行。

2.3.6　审核风险控制

体系审核也有安全风险。例如使用计算机审核工具的地方，存在审核工具被滥用的威胁。为使体系审核过程的有效性最大且干扰最小，机构在审核期间应考虑进行适当控制，以保护运作系统和审核工具的安全。

首先在编制体系审核计划时，应对审核过程的安全要求予以明确，例如体系审核的范围应经同意并控制，检查应只限于对软件和数据的只读访问，体系审核的保密要求，授权访问的权限，等等。

在挑选审核员时应符合机构的人员考查方针，保证审核员具有良好的职业道德、业务能力与审核技巧，防止人员的有意行为或过失行为所带来的安全威胁。

在现场审核过程中，审核员要严格按照审核计划的范围、授权访问的权限及现场信息安全控制要求进行审核，例如在工业控制中心严禁使用无线通信设备（如手机）、进入特别安全区域履行登记手续等。被审核部门应有专人负责接待，防止审核产生的不良影响。

机构要对系统审核工具的使用进行控制。例如，对系统审核工具使用进行授权，记录审核工具的使用情况，审核结束将审核工具。

2.4 信息安全管理体系评审

2.4.1 信息安全管理体系评审程序

（1）编制评审计划。

根据信息安全管理经理提出的要求，由信息安全主管部门拟定体系评审计划，报信息安全管理机构批准后由主管部门提前分发并通知参加评审人员。

（2）准备评审资料。

信息安全主管部门组织有关部门按照评审计划的要求准备体系评审输入所要求的各方面评审资料。评审资料应尽可能充分、全面，由信息安全管理经理向信息安全管理机构提交信息安全管理体系运行情况报告。

（3）召开评审会议。

信息安全管理论坛进行管理评审，评审会议应采用开放的形式，充分听取与体系有关的各方面的意见与建议，由信息安全主管部门记录评审会议结果并编制评审报告。

（4）评审报告分发与保存。

评审报告由信息安全管理经理审核、信息安全管理论坛批准，并分发给参加评审的人员和相关部门。评审记录及报告由主管部门按照规定的保存期限予以保存并归档。

（5）评审后要求。

对于评审报告中有关决议和措施要求（包括预防和纠正措施），责任部门应在规定的时间内予以实施，信息安全主管部门应对实施的结果进行验证。

2.4.2 体系评审与持续改进

一个机构建立、实施和保持信息安全管理体系的目的是不断改进机构的信息安全管理绩效，降低安全风险，保护关键的信息资产，保持商务可持续性发展。不断对信息安全管理现状进行评审与审核是持续改进信息安全绩效的有效手段和途径，持续改进是一个或几个安全管理区域内对风险的程度所采取的改进措施。因为信息系统所处的内外部环境是不断变化的，信息资产所面临的风险也是一个变数，要想将风险控制在机构可以接受的水平，持续改进是必须坚持的信息安全管理原则。

体系评审正是通过对信息安全方针、控制目标和方式的有效性及有关的信息安全管理状况进行评审，寻找并确定改进的机会。经过分析造成不符合的原因，制定改进的纠正和预防措施，进而实施并验证纠正或预防措施的有效性。有效纠正措施的实施又常常促使信息安全方针、控制目标、控制方式、体系文件的更改，从而获得更好的信息安全管理绩效。体系评审正是为改进创造契机，实现持续改进的过程。

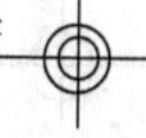

2.5　信息安全管理体系认证

实施信息安全管理体系认证，就是根据国际新的信息安全管理标准——BS7799 标准，建立完整的信息安全的体系，达到动态的、系统的、全员参与的、制度化的、以预防为主的信息安全管理方式，用最低的成本，达到可接受的信息安全水平，从根本上保证业务的持续性。

信息安全管理体系第三方认证为机构的信息安全体系提供客观评价：它推进了电子商务；推动和促使该机构跨入贸易关系；促进了跨行业信息安全管理措施的采用，从整体上有益于各国的全球贸易。

信息安全管理体系认证基于自愿的原则。对那些已成功完成认证过程的机构而言，他们对信息安全管理有更大的信心和把握，并运用认证来协助他们确保与贸易伙伴共享信息的安全性，证书对其能力作了公开声明，并对它的安全体系细节保密。

信息安全管理体系可以保证机构提供可靠的信息安全服务，对该体系进行认证可以树立信息安全形象，为客户、合作者提供安全信任感，有利于商务活动的开展，特别是当信息安全构成所提供产品或服务的一个质量特性时，如金融、电信等服务机构，开展 DS7799 体系认证对外具有很强的质量保证作用。

2.5.1　信息安全管理体系认证的目的

机构需求信息安全管理体系认证的目的一般包括以下几个方面：

（1）获得最佳的信息安全运行方式。

（2）保证商业安全。

（3）降低风险、避免损失。

（4）保持核心竞争优势。

（5）提高商业活动中的信誉。

（6）增强竞争能力。

（7）满足客户的要求。

（8）保证可持续发展。

（9）符合法律法规的要求。

2.5.2　信息安全管理认证的依据与范围

1. 认证的依据

BS7799-2：1999 标准构成了 BS7799 信息安全管理体系评估的基础，并用做正式认证计划的基础。BS7799-2：1999 标准第二部分被分成独立的三部分：

第一部分说明了标准的目的和所用的定义。

第二部分解释了制定能维持一个文件化 ISMS 的要求，基于对风险的恰当评估，识别受控的风险区域，选取第三部分中相应的控制手段。

第三部分列举了 10 种安全主题、目标及其之下的控制手段，有 127 种控制方法供机构选择。

2. 认证的范围

机构寻求的认证范围通常与它实施安全管理体系的范围是相同的，但并不要求必须相同。比如一个机构可能有多个执行安全管理体系的办公地点，但寻求认证的也许仅有一个。如果是这种情况，就需要对认证范围拟定适用性声明，因为对机构明确的适用性声明是认证文件中需核查的部分。

认证范围定义是审核员确定评估程序的根据。认证机构将选择一些功能和活动以对其进行评价，并确定审核所需人员和具备适当背景的审核员与技术专家。

认证范围声明需清晰地表达，以便于阅读和吸引潜在的贸易伙伴，同时要保证准确性及完整性。拟定认证范围时要考虑以下几点：

（1）文件化的适用性声明。

（2）组织相关的活动。

（3）要包括在内的子机构范围。

（4）地理位置。

（5）信息系统的边界、平台和应用。

（6）所包括的支持活动。

（7）排除因素。

认证机构在展开认证过程之前将与机构在认证范围上达成一致意见。

2.5.3 申请认证

1. 申请认证的基本条件

一般机构按照 BS7799-2 标准与适用的法律法规要求建立并实施文件化的信息安全管理体系，满足以下基本条件的可以向被认可的认证机构提出认证申请。

（1）遵循法律法规的努力已被相关机构认同。

（2）体系文件完全符合标准要求。

（3）体系已被有效实施，即在风险评估的基础上识别出需要保护的关键信息资产、制定信息安全方针、确定安全控制目标与控制方式，并实施、完成体系审核与评审活动且采取相应的纠正预防措施。

2. 寻求认证机构

机构在具备体系认证的基本条件时进行体系认证。

UKAS，作为英国的认可机构，公布了一份被认可的认证机构及其认证范围的清单。每一个机构被认可的认证范围可能是不同的。寻求认证的机构有责任就此做出必要的评价，以决定他们要选择的机构。在选定认证机构后，就可以与之联系提交认证申请，在双方协商一致的情况下签订认证合同，认证费用是按照审核员的审核人/天数（包括文件审核与完成审核报告的人/天）与每人/天的审核价格来计算的，不同的认证机构认证费用标准也不尽相同。认证合同中应明确认证机构保守被认证机构商业秘密、在现场遵守有关信息安全规章的要求。

审核所需的人天数取决于许多因素：

（1）受审核的员工数目。

（2）持有的信息量。

（3）场所数量与地理位置分布。

（4）与外界的接触面。

（5）所利用的信息技术的复杂程度。

（6）组织是否已具有一个相关的管理体系认证书 ISO9001。

（7）商务功能。

（8）企业类型。

（9）风险程度。

3. 向认证机构提供的信息

认证机构需要被认证机构提供有关信息以便认证工作的开展，并在认证过程中为其提供富有竞争性的建议。需要其提供的信息内容有：

（1）阐述 ISMS 的程序及文件。

（2）范围声明包括：商务场所的数目应用、商业特性、风险程度。

（3）适用性声明。

（4）直接参与确保信息安全的人员总数。

（5）计划范围内体系过程的用户数目。

（6）远程用户的数量。

（7）外界因素，如电子商务伙伴。

（8）包括范围内的应用商务体系的描述。

（9）范围内的 IT 基本设施的描述。

（10）来自子合同或其他来源的附加标准。

（11）所用的风险分析方法的描述。

（12）风险评估的结果。

（13）符合 ISO9001 的任何现存的认证复印件。

（14）组织一览表。

（15）灾害防御场所。

认证机构对组织提供的所有信息保密。

第3章 信息安全风险管理

学习目标

- 定义风险管理、风险识别、风险控制；
- 理解如何识别和评估风险；
- 评估风险发生的可能性及其对机构的影响；
- 通过创建风险评估机制，掌握描述风险的基本方法；
- 描述控制风险的风险减轻策略；
- 识别控制的类别；
- 承认评估风险控制存在的概念框架，并能清晰地阐述成本收益分析；
- 理解如何维护风险控制。

3.1 引　　言

识别和控制机构面临风险的过程称为风险管理。这个过程有两个主要任务：风险识别和风险控制。第一个任务即风险识别，是检查和说明机构信息技术的安全态势和机构面临的风险。风险评估就是说明风险识别的结果。第二个任务是风险控制，是指采取控制手段，减少机构数据和信息系统的风险。

风险管理是指找出机构信息系统中的漏洞，采取适当的步骤，确保机构信息系统中所有组成部分的机密性、完整性和有效性。本章介绍各种控制方法，讨论这些控制方法的分类，理解控制过程和及其细节。

3.2 风险管理概述

2400年前中国的军事家孙子所讲的一段话对今天的信息安全而言是十分合适的。

“知己知彼，百战不殆。知己而不知彼，即便获得胜利也损失惨重。既不知己又不知彼，每仗必败。”

为了取得信息安全管理的胜利，必须知己知彼。

3.2.1 知己

首先，必须识别、检查和熟悉机构中当前的信息及系统，这是不言而喻的。要想保护资产就必须熟悉它们是什么，它们对机构的价值，以及可能有哪些漏洞。资产在这里是指信息及使用、存储和传输这些信息的系统，一旦知道自己拥有的资产，就可以判断已经为保护它们做了些什么。只对资产的保护进行控制，并不一定意味着资产已得到了很好的保护。机构往往建立了控制机制，但忽视了必要的定期检查、修订和维护。每一项政策、教育和培训计划以及保护信息手段，都必须仔细地维护和管理，以确保其始终有效。

3.2.2 知彼

要熟悉机构的资产及漏洞，必须理解孙子所言的第二方面：知彼，这意味着识别、检查并熟悉机构面临的威胁。必须确定出对机构信息资产的安全影响最直接的威胁。然后，通过对这些威胁的理解，按照每项资产对于机构的重要程度，建立一个威胁等级列表。

3.2.3 利益团体的作用

机构中的每一个利益团体都有责任管理机构面临的风险。可以从以下三方面的分析中看出：

1. 信息安全

因为信息安全团体的成员最了解把风险带入机构的威胁和攻击，所以他们常常在处理风险时处于领导地位。

2. 管理人员

管理人员和用户经过适当的培训，会对机构面临的威胁有着清醒的认识，在早期的检测和响应阶段起一定作用。管理人员必须确保给信息安全和信息技术团体分配充足的资源（经费和人员），以满足机构的安全需求。用户使用系统和数据，因此必须理解这些信息资产对机构的价值，知道哪些资产的价值最高。

3. 信息技术

利益团体必须建立安全的系统，并且安全地操作这些系统。例如，IT 操作应进行合理的备份，以避免硬盘故障引起的风险。在风险管理过程中，IT 团体可以评估管理的价值和威胁。

所有的利益团体必须共同努力，来防止各种等级的风险，包括从毁坏整个机构的灾难到员工犯下的最小的错误。

3.3 风险识别

风险管理策略要求信息安全专业人员将机构的信息资产进行识别、分类，并区分优先次序，来了解资产。资产是各种威胁以及威胁代理的目标，风险管理的目标就是保护资产不受威胁。了解了机构的资产后，就可以进入资产的识别阶段。必须对每一项资产的状况和环境进行检查，找出其漏洞。之后，就要确定采用的控制措施，并根据这些控制措施对限制攻击所造成的可能损失，来评估控制。

风险识别的过程从机构信息资产的识别和评估其价值开始，如图 3-1 所示。

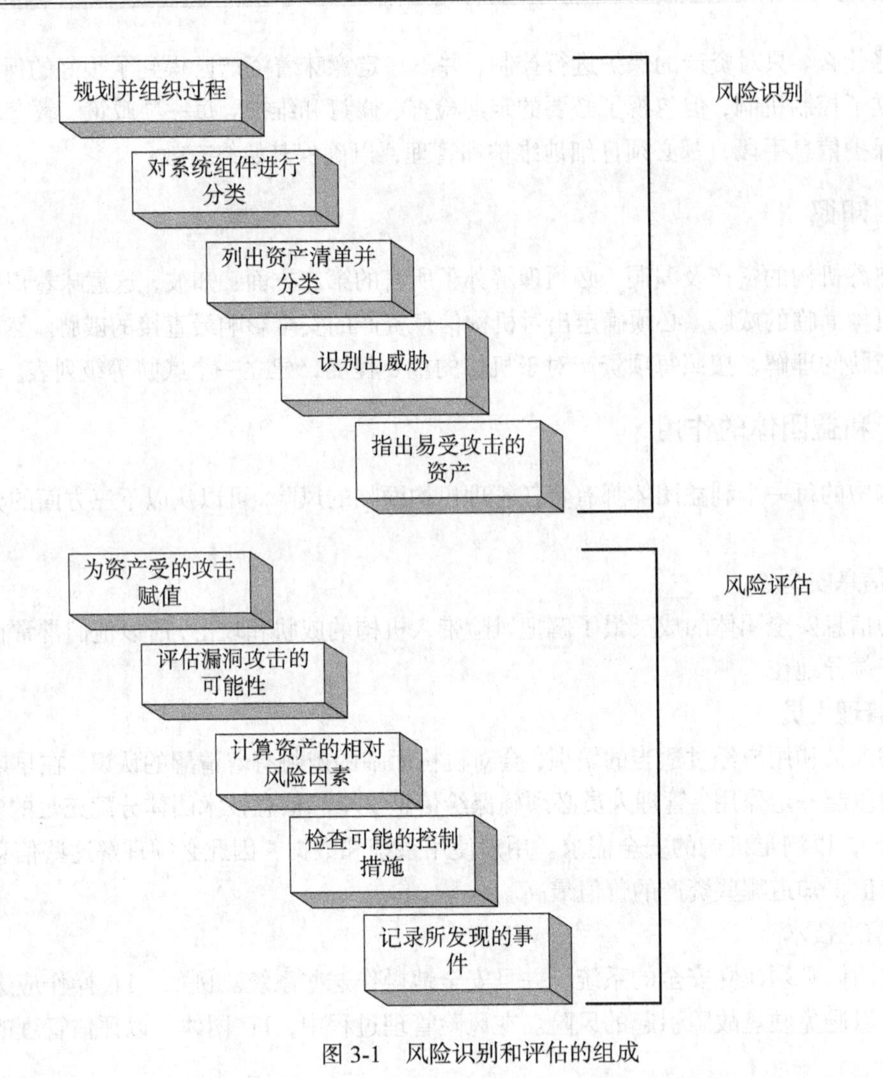

图 3-1 风险识别和评估的组成

3.3.1 资产识别和评估

该循环过程是从资产的识别开始的，它包括机构系统的所有要素：人员、过程、数据及信息、软件、硬件和网络要素，然后对资产进行分类和归类，在进行深入分析的过程中添加细节。

1. 人员、过程及数据资产的识别

人力资源、文件资料及数据信息的识别比确定软、硬件资产更困难。这个任务应由具有知识、经验及判断力的人员来完成。确定了人员、过程及数据资产后，还要使用可靠的数据处理程序记录下来，但是无论使用什么记录保存机制，都要确保属性具有足够的灵活性说明资产的类别。在决定属于哪一个信息资产时，需要考虑下列资产属性：

（1）人员：位置名称/号码；管理人；安全检查级别；特殊能力。

（2）过程：说明；意图；与软件、硬件及网络元素的关系；引用的存储位置；更新的存储位置。

（3）数据：分类；所有者、创建者及管理者；数据结构的大小；使用数据结构；在线

与否；位置；使用的备份过程。

2. 硬件、软件和网络资产的识别

应该跟踪每个信息资产，了解哪些属性取决于机构需求及其风险管理，以及信息安全管理和信息安全技术团队的优先权和需求。决定跟踪哪一种信息资产时，需要考虑名称、IP 地址、MAC 地址、序列号、制造商名称、软件版本、物理位置、逻辑位置、控制实体等资产属性。

3.3.2 信息资产分类

表 3-1 是标准信息系统的组成（人员、过程、数据和信息、软件、硬件）与改进系统（结合了风险管理和 SecSDLC 方法）的组成。一些机构还可以将所列的类进一步细分。例如，因特网组件再细分为服务器、网络设备（路由器、集线器、交换机）、保护设备（防火墙、代理服务器）以及电缆。其他各类可以依据机构的需求进一步细分。

除了这些子类别之外，最好再添加一列，表示数据的敏感性和安全优先等级，以及存储、传输和处理数据的设备。许多机构已建立了数据分类模式。这种分类的例子如机密数据、内部数据和公共数据。非正规的机构必须组织建立一个便于使用的数据分类模型。数据分类模式的另一个方面是人员安全调查结构，根据每个人需要了解信息的多少，来确定授予给他查看的信息等级。

表 3-1 信息系统的组成分类

传统的系统组成	SecSDLC 及管理系统的组成	
人员	员工	信任的员工 其他员工
	非员工	信任机构的人员 陌生人
过程	过程	IT 及商业标准过程 IT 及商业敏感过程
数据	信息	传输 处理 存储
软件	软件	应用程序 操作系统 安全组件
硬件	系统设备及外设	系统及外设 安全设备
	网络组件	内部连网组件 因特网或 DMZ 组件

3.3.3 信息资产评估

在对机构的每一项资产归类时，应提出一些问题，来确定用于信息资产评估或者影响评估的权重标准。当提出和回答每个问题时，应该准备一个工作表，记录答案，用于以后的分析。在开始清单处理过程之前，应确定一些评估信息资产价值的最佳标准，要考虑的标准如下：

（1）哪一项信息资产对于成功是最关键的？当决定每一项资产的相对重要性时，应参考机构的任务陈述或者目标陈述。根据这些陈述，确定何种要素对于实现的目标是必不可少的，哪个要素支持目标，哪个要素仅仅是附属的。

（2）哪一项信息资产创造的收效最多？可以根据某一项资产来评估机构的收益，从而决定哪一项信息资产是重要的。

（3）哪一项资产的获利最多？应该根据某项资产来评估机构获利的多少。

（4）哪一项信息资产在替换时最昂贵？有时一项信息资产拥有特殊的价值，因为它是惟一的。

（5）哪一项信息资产的保护费用最高？在这个问题中，应该思考提供控制的成本，一些资产本身是很难保护的。

（6）哪一项信息资产是最麻烦的，或者泄露后麻烦最大？

除了上面所列的，还有其他公司特定的标准在评估过程中增加资产的价值。它们应该进行描述和记录，并加入到这个过程中。要想完成信息评估过程，每个机构应该根据各个问题的答案，给每项资产赋予一个权重，这些权重可以使用数字来表示。

完成列出和评估价值的过程后，就可以使用一个简单的过程，来计算每项资产的相对重要性，这个过程称为权重因子分析。

3.3.4 安全调查

数据分类方案的另一个方面指的是个人安全调查机构。在需要安全调查的机构中，必须给每个数据用户分配一个单一的授权等级。说明他们授权访问的分类等级。这通常给每个员工分配一个指定的角色，比如数据记录员、程序员、信息安全分析员，甚至CIO。大多数机构都有一系统角色，以及与每个角色相联系的安全调查。如前所述，比员工安全调查更重要的是 Need-to-Know 的基本原则，不论是否进行安全调查，员工也不能随意查看其安全等级内的部分或所有数据。

3.3.5 分类数据的管理

分类数据的管理包括这些数据的存储、分布移植及销毁。对未分类的信息或公共信息必须做出清晰的标记。另外每个分类的文件应该在每页的顶部和底部包含适当的标记存储已分类的数据，只有授权的人员才能访问它。这通常需要将文件橱、保险箱或其他 保护硬拷贝和系统的设备锁上。当某个人携带分类信息时，不应引人注目。

很难执行的一项控制政策是清洁桌面政策（clear desk policy）。清洁桌面政策要求员工在下班时将所有的信息放到适当的存储器中。当分类信息的备份不再有价值或者有多余的备份时，通常应该在双重签名确认后，销毁不需要的备份。

3.3.6 威胁识别和威胁评估

对机构的信息资产进行识别和初步分类后，就要分析机构所面临的威胁。机构需要调查现实的威胁，同时将不重要的威胁放在一边。如果假定每种威胁能够并且即将攻击每项信息

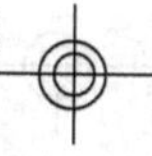

资产，方案就会变得非常复杂。

常见的信息安全威胁如表3-2所示。

表3-2　　信息安全的威胁

威　胁	实　例
1. 人为过失或失败行为	意外事故、员工过失
2. 侵害知识产权	盗版、版权侵害
3. 间谍或入侵蓄意行为	未授权访问和收集数据
4. 蓄意信息敲诈行为	以泄露信息为要挟进行勒索
5. 蓄意破坏行为	破坏系统或信息
6. 蓄意窃取行为	非法使用硬设备或信息
7. 蓄意软件攻击	病毒、蠕虫、宏、拒绝服务
8. 自然灾害	火灾、水灾、地震、闪电
9. 服务提供商的服务质量差	电源及WAN服务问题
10. 技术硬件故障或错误	设备故障
11. 技术软件故障或错误	漏洞、代码问题、未知漏洞
12. 技术淘汰	陈旧或过时的技术

必须检查表3-2中的每一种威胁，评估它对机构的潜在危害，这种检查称为威胁评估。可以针对每种威胁提出几个基本问题，如下所示：

（1）在给定的环境下，哪一种威胁对机构的资产而言是危险的？

（2）哪一种威胁对机构的信息而言是最危险的？

（3）从成功的攻击中恢复需要多少费用？

（4）防范哪一种威胁的花费最大？

通过提问并回答上面的问题，可为威胁评估建立一个框架。这些问题并不能涵盖影响信息安全的威胁评估的每个方面。如果机构有明确的方针或政策，它们会影响整个过程，并提出额外的问题。上述问题列表容易扩展，以包含其他问题。

3.3.7　漏洞识别

识别了机构的信息资产，为评估它们所面对的威胁制定了一些标准后，就要检查每项信息资产所面对的威胁，并且建立一个漏洞列表。什么是漏洞？它们是威胁代理能够用来攻击信息资产的特定途径。它们是信息资产铁甲中的裂缝——信息资产、安全程序、设计或控制中的瑕疵或缺点，可以无意或故意破坏安全。

3.4　风险评估

识别了机构的信息资产及其威胁和漏洞后，就可以评估每个漏洞的相关风险了。这是通过风险评估过程来完成的。风险评估给每项信息资产分配一个风险等级或者分数。此数字在绝对术语中没有任何意义，但可用于评估每项易受攻击的信息资产的相关风险，并在风险控制过程中，促进比较等级的发展。

3.4.1 风险评估概述

风险=出现漏洞的可能性×信息资产的价值-当前控制减轻的风险几率+对漏洞了解的不确定性。

其中，出现漏洞的可能性是指成功攻击机构内某个漏洞的概率。在风险评估中，要给成功攻击漏洞的可能性指定一个数值。国家标准与技术协会在“Special Publication 800-30” 中推荐，这个可能性应指定为 0.1~ 1.0 之间的一个值。比如，在室内被陨石击中的可能性是 0.1，明年收到至少一封带病毒或蠕虫的电子邮件的可能性是 1.0。还可以选择使用 1~100 中的数字，但不能使用 0，因为可能性为 0 的漏洞已从资产/漏洞列表中删除。

3.4.2 信息安全风险评估原则

信息安全风险评估原则包括如下四个方面。

1. 自主

指由机构内部的人员管理和指导的信息安全风险评估。这些人负责指导风险管理活动，并对安全工作做出决策。这种方法使评估能够考虑本机构与众不同的情形和环境。自主要求：

（1）通过领导信息安全风险评估并对评估过程进行管理，负责信息的安全。

（2）最终对安全工作做出决策，包括实现哪些改进和采取哪些行动。

2. 适应度量

一个灵活的评估过程可以适应不断变化的技术和进展；既不会受限于当前威胁源的严格模型，也不会受限于当前公认的“最佳”实践。因为信息安全和信息技术领域变革非常迅速，所以需要一个适应性强的度量集，并据此进行评估。适应度量要求：

（1）定义公认的安全实践、已知的威胁源和技术缺陷目录。

（2）能适应信息目录变化的评估过程。

3. 已定义过程

已定义的过程描述了信息安全评估程序依赖于已定义的标准化评估规程的需要。使用一个已定义的评估过程有助于过程的制度化，保证评估的应用能达到一定程度的一致性。一个已定义的过程要求：

（1）为执行评估分配责任。

（2）定义所有的评估活动。

（3）规定评估过程所需的所有工具、工作表和信息目录。

（4）为记录评估结果创建通用的格式。

4. 连续过程的基础

机构必须实施基于实践的安全策略和计划，以逐渐改进自身的安全状态。通过实施这些基于实践的解决方案，机构就能够开始将最佳的安全实践制度化，使其成为日常开展业务的方法的一部分。安全改进是一个连续的过程，信息安全风险评估的结果为连续的改进奠定了基础，这需要：

（1）使用已定义的评估过程标识出信息安全风险。

（2）实施信息安全风险评估的结果。

（3）逐步培养管理信息安全风险的能力。

（4）实施安全策略和计划，使安全改进结合基于实践的方法。

3.4.3　风险评估的过程

1. 信息资产评估

使用信息资产的识别过程中得到的信息，就可以为机构中每项信息资产的价值指定权重分数。根据机构的需要，使用的数字可以不同。一些团体使用 1~100 的权重分数，其中 100 代表在几分钟内就会使公司停止运转的信息资产。还有的团体使用 1~10 的权重分数，或者用 1、3 和 5 代表低、中和高价值的资产。也可以根据自己的需要建立权重值。

2. 风险的确定

如前所述，风险=出现漏洞的可能性×价值（或影响）−已控制风险的比例+不确定因素，如：信息资产 A 的价值是 50，有 1 个漏洞，漏洞 1 出现的可能性是 1.0，当前没有控制风险，估计该假设和数据的准确率为 90%。信息资产 B 的价值是 100，有 2 个漏洞，漏洞 2 出现的可能性是 0.5，当前已控制的风险比例是 50%；漏洞 3 出现的可能是 0.1，当前没有控制风险。估计该假设和数据的准备率为 80%。

这三个漏洞的风险等级为：

资产 A：漏洞 1 的风险等级 55=（50*1.0）−0%+10% 其中：

55=（50*1.0）−（50*1.0）*0%+（50*1.0）*10%

55=50−0+5

资产 B：漏洞 2 的风险等级 35=（100*0.5）−50%+20% 其中：

35=（100*0.5）−（100*0.5）*50%+（100*0.5）*20%

35=50−25+10

资产 B：漏洞 3 的风险等级 12=（100*0.1）−0%+20% 其中：

12=（100*0.1）−（100*0.1）*0%+（100*0.1）*20%

12=10−0+2

3. 识别可能的控制

对于每一个威胁及其残留风险的相关漏洞而言，应该建立一份控制计划的初步列表。残留风险是指使用了现有的控制方法后信息资产残留的风险。

控制的一种特殊应用是访问控制，它主要控制用户进入机构信息区域。这些区域包括信息系统、物理限制区域，如机房甚至整个机构。访问控制通常由政策、计划和技术组成。

控制访问有许多方法，访问控制可以是强制的、非任意的和任意的。每种方法都针对一组控制，以管理对某类信息或信息集合的访问。

4. 记录风险评估的结果

在风险评估过程结束时，将得到一份很长的信息资产列表，其中包含这些信息资产的各种数据。到目前为止，这个过程的目标是识别机构中有某些漏洞的信息资产，并将它们列出来，依照最需要保护的顺序划出等级。在准备这个列表时，需要收集和存储资产面临的威胁和包含的漏洞等许多信息，还应收集已有控制的一些信息。最后的总结文件是漏洞风险等级表，如表 3-3 所示。

表 3-3 漏洞风险等级

资　产	资产影响或相关价值	漏　洞	漏洞出现的可能性	风险等级因子
通过电子的客户服务请求（输入）	55	由于硬件故障而导致电子邮件中断	0.2	11
通过 SSL 客户订单（输入）	100	由于 Web 服务器硬件故障而导致订单丢失	0.1	10
通过 SSL 的客户订单（输入）	100	由于 Web 服务器或 ISP 服务故障而导致订单丢失	0.1	10
通过电子的客户服务请求（输入）	55	由于 SMTP 邮件转发攻击而导致电子邮件中断	0.1	5.5
通过电子的客户服务请求（输入）	55	由于 ISP 服务失败而导致电子邮件中断	0.1	5.5
通过 SSL 的客户订单（输入）	100	由于 Web 服务器拒绝服务攻击而导致订单丢失	0.025	2.5
通过 SSL 的客户订单（输入）	100	由于 Web 服务器软件故障而导致订单丢失	0.01	1

表 3-3 中列出了每项易受攻击的资产，显示了权重因子分析表中此项资产的价值。在这个例子中，数字从 1 至 100，并列出了每个不可控的漏洞及出现的可能性，且计算出风险等级因子。从表中可以看出，最大的风险来自易受攻击的邮件服务器。尽管由客户服务电子邮件所代表的信息资产的影响等级仅为 55，但是硬件相对较高的故障率使它成为最紧迫的问题。

既然完成了风险识别过程，那么此过程的文件包含的内容应该是什么呢？为风险识别规划的过程应该指明此报告的作用，负责准备报告的人员以及检查这些报告的人员。漏洞风险等级表是风险管理过程下一阶段（评估并控制风险）的初始工作文件 。表 3-4 显示了信息安全项目准备的标本表。

表 3-4 风险识别及评估成果

成果	用　途
信息资产分类表	集合信息资产以及它们对机构的影响或价值
权重标准分析表	为每项信息资产分配等级值或影响权重
漏洞风险等级表	为每对无法控制的资产漏洞分配风险等级

3.5 风险控制策略

当机构管理人员发现，信息安全威胁的风险产生了竞争劣势时，就通过信息技术和信息安全利益团体来控制风险，一旦信息安全发展项目组建立了漏洞等级表，就可以选择 4 项基本策略中的一项，来控制这些漏洞产生的风险。这 4 个策略如下：

（1）采取安全措施，消除或者减少漏洞的不可控制的残留风险（避免）。

（2）将风险转移到其他区域，或者转移到外部（转移）。

（3）减少漏洞产生的影响（缓解）。

（4）了解产生的后果，并接受没有控制或者缓解的风险（接受）。

3.5.1　避免

避免是试图防止漏洞被利用的风险控制策略。这是一种首选方法，通过对抗威胁，排除资产中的漏洞，限制对资产的访问，加强安全保护措施来实现。风险避免有3种常用的方法。

（1）通过应用政策来避免：这种方法允许管理人员颁布特定的后续步骤。例如，如果机构需要更严格的控制密码的使用，就应该执行一项政策，要求所有的IT系统都使用密码。注意，仅有政策是不够的，高效的管理人员总是使政策与教育培训，或者技术的应用，或者两者协调起来。

（2）教育培训：必须使员工了解政策。另外，新技术通常需要培训。如果希望员工的行为比较安全、有控制，认识、培训以及教育就是必不可少的。

（3）应用技术：在信息安全中，通常需要技术解决方案来确保减少风险。如密码可用于大多数现代的操作系统，但一些系统管理员可能没有配置系统，以使用密码。如果政策要求使用密码，管理员也意识到它的必要性，并参加了培训，这个技术控制就会得到成功的使用。

风险可以通过对抗资产面临的威胁或者禁止暴露资产来避免。消除威胁是非常困难的，但有可能实现。避免威胁的另一个风险管理办法是实现安全控制和防护，使针对系统的攻击发生偏离，因此将攻击成功的概率降到最小。

3.5.2　转移

转移是将风险转移到其他资产、其他过程或其他机构的控制方法。它可以通过重新考虑如何提供服务、修改部署模式、外包给其他机构、购买保险或与提供商签署服务合同来实现。

在畅销书“In Search of Excellence”中，管理顾问Tom Peters和Robert Waterman介绍了一系列高效率公司的案例。优秀机构有8个特征,其中一个特征是“只管自己的事情”，对于了解的业务保持合理的关注度。它意味着，柯达公司是一个照相器材和化学制品的制造商，它只关注照相器材和化学制品。通用汽车公司只关注汽车和卡车的设计和建造。它们都不把精力浪费在开发网站的技术上，而是将精力和资源集中于其优势业务上，而其他的专业技术则依靠顾问或者承包商来完成。只要机构开始扩大业务，包括信息及系统的管理，甚至信息安全，都应考虑这个原则。如果机构还没有质量安全管理人员和管理经验，就应聘用提供这种专业技术的人员或公司。例如，许多机构需要Web服务，包括Web内容、域名注册、域和Web主机。精明的机构一般不管理自己的服务器，而是雇佣Web管理员、Web系统管理员和专业的安全专家，雇佣ISP或咨询机构，为它们提供这些产品和服务。

这样，机构就可以将管理复杂系统的风险转嫁给对处理这些风险有经验的另一个机构。使用专业合同的一个好处是提供商对灾难恢复负责，并通过服务级别协定，来保证服务器和网站的可用性。但是外包并非不存在风险。信息资产的所有者、IT管理人员和信息安全组要保证外包合同中的灾难恢复要求足够多，并在进行恢复工作前得到满足。如果外包商没有履行合同条款，结果就可能比预计的要糟糕得多。

3.5.3 缓解

缓解是一种控制方法，它试图通过规划和预先的准备工作，来减少漏洞造成的影响。这种方法包括3类计划，事件响应计划（IRP）、灾难恢复计划（DRP）和业务持续性计划（BCP）。每种计划都取决于尽快检测和响应攻击的能力，依赖于其他计划的建立和质量。缓解起源于早期发现的攻击和机构快速、高效的响应能力。缓解策略如表3-5所示。

表3-5 缓解策略

计划	描述	实例	何时使用	时间范围
事件响应计划（IRP）	在事件（攻击）进行过程中机构采取的行动	●灾难发生期间采取的措施 ●情报收集 ●信息分析	当事件或者灾难发生时	立即并实时做出响应
灾难恢复计划（DRP）	发生灾难时的恢复准备工作:灾难发生之前及过程中减少损失的策略;逐步恢复常态的具体指导	●丢失数据的恢复过程 ●丢失服务的重建过程 ●结束过程来保护系统和数据	在事件刚刚被确定为灾难后	短期恢复
业务持续性计划（BCP）	当灾难的等级超出DRP的恢复能力时,确保全部业务继续动作的步骤	●启动下级数据中心的准备步骤 ●在远程服务位置建立热站点	在确定灾难影响了机构的持续运转之后	长期恢复

3.5.4 接受

与缓解不同，接受风险是选择对漏洞不采取任何保护措施，接受漏洞带来的结果。这可能是一个明智的业务决策，也可能不是。这种策略的有效使用只在机构。

（1）确定了风险等级。

（2）评估了攻击的可能性。

（3）估计了攻击带来的潜在破坏。

（4）进行了全面的成本效益分析。

（5）评估了使用每种控制的可行性。

（6）认定了某些功能、服务、信息或者资产不值得保护。

这种控制，或者说不进行控制，是基于这样一种结论：保护资产的成本抵不上安全措施的开销。

如果机构中每个已识别的漏洞都通过接受策略来处理，就说明其没有能力采取安全措施，总体上对安全是漠不关心的。机构不能将无知当做一种福气，以不知道有责任保护员工客户的信息为借口，来避免被起诉。管理人员不能认为，如果他们不保护信息，攻击者就会觉得通过攻击不会获得有价值的信息。

理解了用于控制风险的策略，下面将需要选择正确的策略，防范特定信息资产中的特定

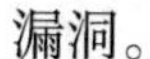

漏洞。

3.6　选择风险控制策略

风险控制要为每个漏洞选择 4 个风险控制策略中的一个。图 3-2 所示的流程图可以决定如何选择 4 个策略中的一个。在信息系统设计好后，就可弄清这个受保护的系统是否存在漏洞，是否可以利用。如果答案是肯定的，并且存在威胁，就要检查攻击者可以从成功的攻击中获得什么。要确定这个风险是否能接受，应估算该风险会对机构造成多大的损失。

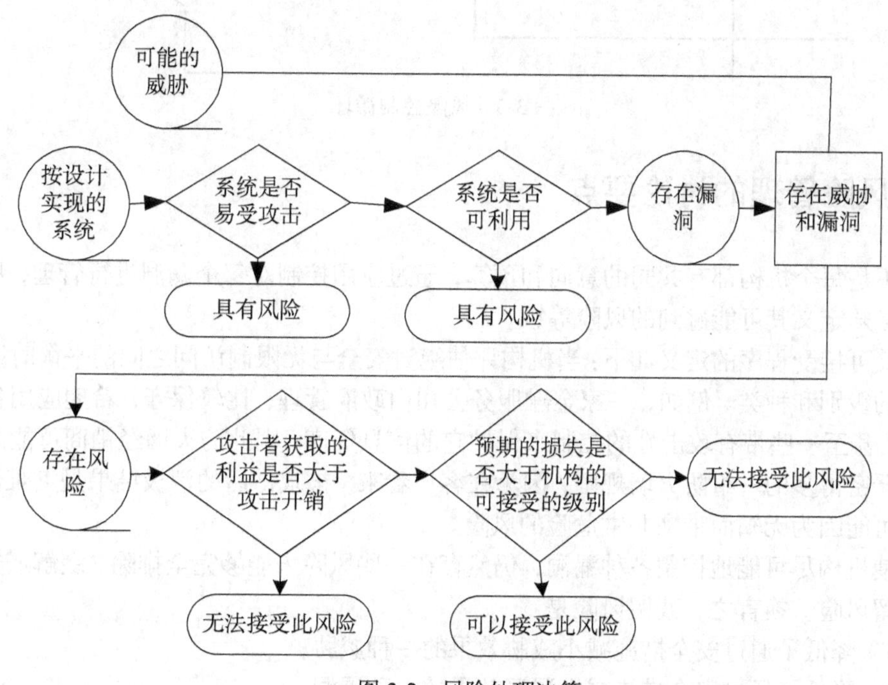

图 3-2　风险处理决策

下面介绍选择策略的一些规则，作为进一步的指导。在计算不同策略的益处时，要注意威胁的等级和资产的价值在策略选择中有着非常重要的作用。

存在漏洞（缺陷或者缺点）：实现安全控制，来减少漏洞被利用的可能性。

（1）漏洞可以利用：应用分层保护、结构设计和管理控制，使风险降至最小，或者防止风险发生。

（2）攻击者的开销少于收益：通过保护来增加攻击者的成本（例如，使用系统控制限制系统用户能够访问的资源，从而明显减少攻击者的收益）。

（3）可能的损失非常大：应用设计原理设计、技术和非技术保护手段，来限制攻击的范围，从而减少可能的损失。

一旦实现了控制策略，就应对控制效果进行监控和衡量，来确定安全控制的有效性，估计残留风险的准确性。图 3-3 说明了连续此循环过程来确保控制风险的过程。注意这个循环不会终止，只要机构继续运转，这个过程就会继续。

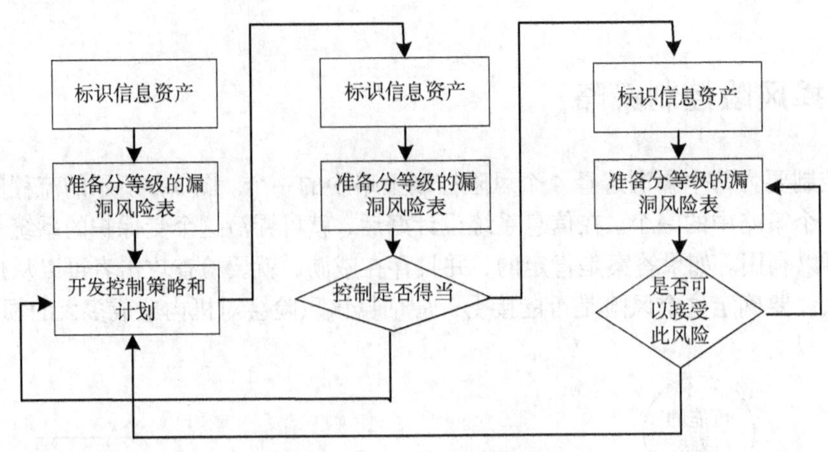

图 3-3 风险控制循环

3.7 风险管理的讨论要点

并不是每个机构都有共同的意向和预算，通过应用控制对每个漏洞进行管理，所以，每个机构必须定义其可能碰到的风险等级。

风险可接受程序的定义如下：当机构评估绝对安全与无限制访问之间的平衡时愿意接受的风险的级别和种类。例如，一家金融服务公司由政府管理，比较保守，希望应用各种合理的控制，甚至一些带有攻击性的控制来保护它的信息资产。因此防火墙经销商可能制定较正常情况严密得多的一组防火墙规则，因为在客户看来，被攻击后的消极结果是灾难性的。其他机构可能因为无知而带来非常危险的风险。

即使机构尽可能地控制各种漏洞，仍然存在一些风险未能够完全排除、缓解或规划，这称为残留风险。换言之，残留风险是：

（1）降低了通过安全措施减小威胁效果的一种威胁；

（2）降低了通过安全措施减少漏洞效果的一种漏洞；

（3）降低了通过安全措施保护资产价值的效果的一种资产。

必须在机构内部判定残留风险的重要性。尽管这是违反直觉的，信息安全的目标并不是将残留风险降低为 0，而是将残留风险保护在机构可能的范围内。如果决定者发现有未受控制的风险，而各利益团体内部的权威机构决定不再理睬残留风险，这个信息安全计划就达到了它的主要目的。

3.8 验证结果

风险评估的结果可以用许多方式来提交：执行控制风险的系统方法、风险评估项目和特定主题的风险评估。

机构在开始制定全面的风险管理计划时，需要准备一个系统的报告，列举控制风险的各种方法。在这个报告中，应给出一系列提议，每个提议都通过一个或者多个可行或合理的方法进行证明。每对信息资产/威胁至少有一个证明有效的控制策略，清晰地说明在执行所提议的策略后的残留风险。而且，每个控制策略应清楚地说明使用降低风险的 4 个基本方法中

的哪一个，或联合使用它们。最后参考可行性研究，证明该方法是有效的。项目管理人还应在需要时完成其他相应的工作。

系统报告的另一个方法是在行动计划中，证明每对信息资产/威胁的控制策略达到了预期的结果。这个行动计划包括具体的任务，每项任务分配给一个机构单位或者个人。它可能包括硬件和软件需求，预算估计以及具体要求的时间表，来启动实时控制所需的项目管理工作。

在一些情况下，要为特定的IT项目进行风险评估，有时这是在IT项目经理的要求下完成的。有时，如果审计员或高级管理人员认为，IT 项目偏离了机构的信息安全目标，就可能要求进行项目的风险评估。项目的风险评估应在完成的 IT 系统中找出风险的来源，并为控制风险提出建议，因为这些风险可能会阻止项目的完成。例如，新应用程序常常需要在系统设计阶段进行项目风险评估，在完成项目的过程中，也要定期进行项目的风险评估。

最后，当管理人员需要某个信息系统主题的详细信息和机构面临的风险信息时，就可以在特定主题报告中进行风险评估，这些通常是向高级管理人员汇报时必须准备的报告，主要探讨信息系统操作风险的狭窄领域。例如，给管理人员报告新产生的漏洞，然后进行特定的风险评估。

第4章 安全规划

学习目标

- 管理人员在信息安全政策、标准、实践、过程及方针的发展、维护和实施中的作用；
- 英国标准协会（BSI）制定的《信息安全管理标准》（BS 7799）；
- 安全管理策略的制定与实施以及制定和实施安全策略时要注意的问题；
- 组织、机构或部门如何通过教育、培训和意识提升计划，使它的政策、标准和实践制度化；
- 什么是意外事故计划，它与事件响应计划、灾难恢复计划和业务持续性计划有什么关系。

4.1 引　　言

要建立信息安全计划，应首先建立和检查组织、机构或部门的信息安全政策和程序，然后选择或建立信息安全体系结构，开发和使用详细的信息安全蓝本，为将来的成功制定计划。机构的信息安全蓝本只有与信息安全政策相互配合，才能起作用。没有政策、蓝本和计划，机构就不能满足各个利益团体的信息安全需求。在现代组织、机构或部门中，计划的作用无论怎样强调都不过分。除了最小的机构之外，其他机构都承担着制定计划的任务：管理资源分配的策略计划和为商业环境的不确定做准备的意外事故计划。

4.2 信息安全政策与程序

4.2.1 为什么要制定安全政策与程序

在当今快速发展的信息社会中，由信息技术支持的业务活动在技术、环境、管理等方面的脆弱性在不断增加，业务信息的安全性与业务持续性面临着各种各样的威胁，在保障组织、机构或部门正常运营的过程中，信息安全充当着极其重要的角色。

在国内，大部分企业对信息安全的理解还只停留在技术层面上，以为企业外部网建立了防火墙能防黑客，内部网能杀病毒就达到安全要求了。最近国内的几次信息安全事件，如××的电信方案被盗版，××与美国思科及上海××的知识产权诉讼案都生动地告诉我们，在信息安全中最活跃的因素是人，人的因素比技术因素更重要。对人的管理包括法律、法规与政策的约束，安全指南的帮助，安全意识的提高，安全技能的培训，人力资源管理措施以及企业文化熏陶，这些功能的实现都是以完备的安全政策的制定作为前提的。

安全政策的制定与正确实施对组织的安全有着非常重要的作用，不仅能促进全体员工参

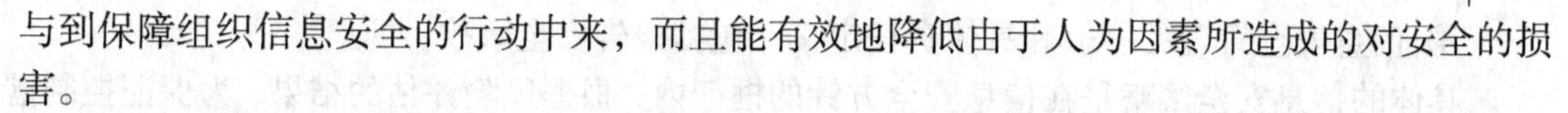

与到保障组织信息安全的行动中来，而且能有效地降低由于人为因素所造成的对安全的损害。

为更有效地实施信息安全政策，需要制定详细的执行程序。例如，防范恶意软件的安全政策就需要建立一套完整的防范恶意软件的控制程序。安全程序是保障信息安全政策能有效实施的、具体化的、过程性的措施，是信息安全政策从抽象到具体，从宏观管理层落实到具体执行层的重要一环。

4.2.2 什么是信息安全政策与程序

1. 信息安全政策的内容

信息安全政策从本质上来说是描述组织、机构或部门具有哪些重要信息资产，并说明这些信息资产如何被保护的一个计划，其目的就是对组织、机构或部门中的成员阐明如何使用这些信息系统资源，如何处理敏感信息，如何采用安全技术产品，用户在使用信息时应当承担什么样的责任，详细描述对员工的安全意识与技能要求，列出被禁止的行为。

信息安全政策通过为组织、机构或部门中的每一个人提供基本的规则、指南、定义，从而建立一套信息资源保护标准，防止员工的不安全行为引入风险。信息安全政策是进一步制定控制规则、安全程序的必要基础。它应当目的明确、内容清楚，能广泛地被组织中的成员接受与遵守，而且要有足够的灵活性、适应性，能涵盖较大范围内的各种数据、活动和资源。建立了信息安全政策，就设置了信息安全基础，可以使员工了解与自己相关的信息安全保护责任，强调信息系统安全对组织业务目标的实现、业务活动持续运营的重要性。

（1）信息安全政策涉及的问题。

制定信息安全政策是规范各种保护组织信息资源的安全活动的重要一步，安全政策可以由组织中的安全负责人、业务人员、信息系统专家等制定，但最终都必须由组织中的高级管理人员批准和发布。信息安全政策的发布应当得到管理层无条件的支持，因为安全政策是管理层表明对信息安全已明确承诺并期望员工遵守安全规则和承担责任的有效工具。

一个好的安全政策应当能解决如下问题：

① 敏感信息如何被处理?

② 如何正确地维护用户身份与口令，以及其他账号信息?

③ 如何对潜在的安全事件、入侵企图进行响应?

④ 怎样以安全的方式实现内部网及互联网的连接?

⑤ 怎样正确使用电子邮件系统?

（2）信息安全政策的层次。

信息安全政策可以分为两个层次：一个是信息安全方针，另一个是具体的信息安全策略。

所谓信息安全方针就是组织、机构或部门的信息安全委员会或管理当局制定的一个高层文件，用于指导如何对资产，包括敏感性信息进行管理、保护和分配的规则和指示。信息安全方针应当阐明管理层的承诺，提出管理信息安全的方法，并由管理层批准，采用适当的方法将方针传达给每一个员工。信息安全方针应当简明、扼要，便于理解，但至少应包括以下内容：

① 信息安全的定义，总体目标、范围，安全对信息共享的重要性；

② 管理层意图、支持目标和信息安全原则的阐述；

③ 信息安全控制的简要说明，以及依从法律、法规要求对组织的重要性；

④ 信息安全管理的一般和具体责任定义，包括报告安全事故。

具体的信息安全策略是在信息安全方针的框架内，根据风险评估的结果，为保证控制措施的有效执行而制定的明确具体的信息安全实施规则。

信息安全中一般有下列 3 种政策：

① 企业信息安全政策（Enterprise Information Security Policy，EISP）；

② 特定问题安全政策（An issue-Specific Security Policy，ISSP）；

③ 特定系统政策（System-Specific Policies，SysSP）。

下面将具体介绍各种政策：

企业信息安全政策（EISP）也称为一般安全政策、IT 安全政策和信息安全政策。EISP 基于企业的任务、构想和方向，并直接支持它们。EISP 为所有的安全工作制定战略方向、范围以及基调。它是一个行政级别的文件，通常由组织中的信息安全总负责人来起草，并由组织中的信息安全总负责人协调。这项政策通常有 2～10 页，并形成了 IT 环境中的安全原则。除非组织的战略方向发生变化，否则通常不需要修改 EISP。

EISP 指导安全计划的发展、实施和管理。它包含信息安全蓝本或者框架必须满足的要求，定义了组织的安全计划的意图、范围、限制和适用性，还指定了各个领域的责任，包括系统管理、信息安全政策的维护以及用户的实践和责任。依照国家标准协议，EISP 一般遵循以下两个范围：

① 确保满足建立计划的要求，并给组织中的各个部门分配职责；

② 使用特定的处罚以及采取处罚性措施。

特定问题安全政策（ISSP）：在使用特定的技术时（如电子邮件、因特网）所定义的可被接受的行为规则。

一般而言，特定问题安全政策涉及下面的特定技术领域：

① 电子邮件；

② 因特网的使用；

③ 防御病毒时计算机的最低配置；

④ 禁止攻击或者测试机构的安全控制；

⑤ 在家中使用公司的计算机设备；

⑥ 在公司网络上使用个人设备；

⑦ 电讯技术的使用（传真和电话）；

⑧ 影印设备的使用。

在组织内部制定和管理 ISSP 时，可以采用许多方法。最常见的是建立下列 3 种 ISSP 文件：

① 独立的 ISSP 文件，每份文件针对一个特定问题；

② 一个包括所有问题的全面的 ISSP 文件；

③ 一个模块化 ISSP 文档，它统一了政策的制定和管理，并考虑了每个特定问题的需求。

在制定和管理 ISSP 时，采用独立的文件，效果一般不理想。每个负责特定技术应用的部门都需要制定一项策略，来指导它的使用、管理和控制。这种制定 ISSP 的方法可能没有包括所有的问题，导致政策颁布、管理和实施的失败。

制定全面的文件，可以进行集中的管理和控制。有了管理 ISSP 的正规规程，这个全面的文件所制定的方针覆盖了问题的所有方面，为宣传、实施及评估这些方针确定了明确的步

骤。通常，这些政策由管理信息技术资源的人员制定。但是，这些政策对问题过于概括，而忽略了漏洞。

在独立 ISSP 文件和全面 ISSP 文件之间，最理想的折中方案是模块化方法。它也进行集中的管理和控制，同时针对具体的技术问题。模块化方法在问题定位和管理之间提供了一个平衡。通过这个方法制定的政策包括各种模块，由负责解决问题的人制定和更新每一项政策。这些人员向政策管理中心汇报，管理中心再将特定问题合并到一个全面的政策中。

图 4-1 是一个 ISSP 例子的提纲，它可以用做模型。使用者应给这个框架添加具体的细节，说明一般方针没有包括的安全措施。

有效电讯使用政策的思考

1. 政策综述
   （1） 范围和适用性
   （2） 使用技术的定义
   （3） 责任
2. 设备的授权访问和使用
   （1） 用户访问
   （2） 合理并负责的使用
   （3） 隐私的保护
3. 设备的禁止使用
   （1） 破坏性的使用或者滥用
   （2） 与犯罪有关的使用
   （3） 攻击性和扰乱性材料
   （4） 版权、许可，或者其他知识产权
4. 系统管理
   （1）存储资料的管理
   （2）雇主监视
   （3）病毒防护
   （4）加密
5. 政策的违反
   （1）报告违反行为的过程
   （2）违反行为的惩罚
6. 政策的检查及修改
   政策预定的检查以及修改的步骤
7. 责任限制
   责任或者拒绝的声明

图 4-1 一个 ISSP 例子提纲

下面讨论图 4-1 的安全政策中的每个主要类别。各 ISSP 的细节可能有所不同，模块化政策的一些部分还可能结合在一起，但是管理人员必须解决和完成每个部分的工作。

政策综述：

ISSP首先应清晰地陈述其意图。考虑一个ISSP实例，它包含“正当和负责任地使用万维网和因特网”的问题。这个ISSP的引言部分应该概括如下主题：这个政策的适用范围是什么?谁对政策的执行负责?它使用什么技术，解决什么问题?

设备的授权访问和使用：

这一部分确定了谁能够使用由ISSP支配的技术及其使用范围。机构的信息系统是该机构的专有财产，用户没有使用特权。每项技术和过程都是为业务的运转而准备的。任何其他意图的使用都会导致设备的滥用。

设备的禁止使用：

上面描述的政策部分详细说明了这些问题和技术的适用范围，这个部分简单阐述了禁止使用它的范围。除非明确禁止在某个方面使用，否则机构不能以滥用为借口惩罚员工。下面的行为可能会被禁止：用于个人，用于破坏或者滥用，用于犯罪，用于攻击和扰乱性材料，侵害版权、许可或者其他知识产权。另外，图4-1的第2条和第3条可压缩为一个类别——合理使用。许多机构使用标题为“合理使用”的ISSP，综合这两个条目。

系统管理：

ISSP和基于系统的政策之间有一些重叠，但是ISSP政策的系统管理部分关注的是用户与系统管理的关系。管理规则包括管理电子邮件的使用、资料的存储、员工的授权监视、电子邮件和其他电子文档的物理和电子审查。将这些责任分配给系统管理员或用户非常重要，否则他们会认为这是另一方的责任。

政策的违反：

制定好设备使用规则，分配了责任后，执行政策的人员还必须清楚违反政策将受到的惩罚。对违反政策的惩罚应该是适当的，而不是苛刻的。政策的此部分不仅应包括对于每类违反行为的详细惩罚措施，还应指导机构人员如何报告所发现或怀疑的违反行为。许多人觉得机构中一些有势力的人会歧视、选出或者报复那些报告违反政策行为的人。所以，个人用户通常将匿名报告作为惟一的方式来报告其他更具影响力的人的未授权行为。

政策检查及修改：

因为任何文件只有在多次检查之后，才能成为一份好文件，所以每项政策都应该包含定期检查的步骤和时间表。组织、机构或部门的技术和需求在不断变化，管理其使用的政策也必须不断变化。此部分应该包含一套特定的方法来检查和修改政策，确保用户不会因为它的陈旧过时而放弃使用它。

责任限制：

图4-1的最后一个部分是责任的概述，或者是一组拒绝声明。如果一个员工因为对组织、机构或部门的设备或者资产进行了非法的活动而被捕，组织、机构或部门不会承担责任。所以政策应该声明：如果员工使用公司的技术违反了该公司的政策或者任何法规，这个公司将不会保护他们，也不会对他们的行为负责。这就意味着，公司不知道或不认可这样的违反行为。

特定系统政策（SysSP）：它实际上是采用技术或管理措施来控制设备的配置。例如，访问控制列表就是这种政策，它定义了对某个特殊设备的访问权限。

特定系统政策可以分成两个普通的类别：

① 访问控制列表（ACL）。访问控制列表管理某个用户使用某个系统的特权的列表、矩阵或者功能表。ACL是一个由文件存储系统、对象代理或者其他通信设备使用的访问权列

表，用来确定哪些人员或者团体可以访问一个被其控制的对象（对象代理指的是处理系统的软件组件之间的消息请求的系统组件）。与用户和团体相关的类似列表，称为功能表。它指定用户或者团体可以访问的主题和目标。功能表通常是一个复杂的矩阵，而不是简单的列表或者图表。

② 配置规则。配置规则是输入到安全系统的具体配置代码，在信息流经它时，该规则指导系统的执行。基于规则的策略比 ACL 规定得更为详细，并且他们可以和用户直接交涉，也可以不和用户直接交涉。一些安全系统要求特定的配置脚本，这些脚本告诉系统它们处理每种信息的时候，系统需要执行哪种相应操作。例如，防火墙、入侵监测系统（IDSs）和代理服务器。

2. 安全程序的内容

程序是为进行某项活动所规定的途径或方法。程序可以形成文件，也可以不形成文件，为确保信息安全管理活动的有效性，信息安全管理体系程序通常要求形成文件。

（1）安全程序的组成。

信息安全管理程序包括两部分：一部分是实施控制目标与控制方式的安全控制程序（例如信息处置与储存程序），另一部分是为覆盖信息安全管理体系的管理与运作的程序（例如：风险评估与管理程序），程序文件应描述安全控制或管理的责任及相关活动，是信息安全政策的支持性文件，是有效实施信息安全政策、控制目标与控制方式的具体措施。

（2）安全程序涉及的问题。

程序文件的内容通常包括：活动的目的与范围（Why）、做什么（What）、谁来做（Who）、何时（When）、何地（Where）、如何做（How），应使用什么样的材料、设备和文件，如何对活动进行控制和记录，即人们常说的“5W1H”。在编写程序文件时，应遵循下列原则：

① 程序文件一般不涉及纯技术性的细节，细节通常在工作指令或作业指导书中规定。

② 程序文件是针对影响信息安全的各项活动目标的执行做出的规定，它应阐明影响信息安全的那些管理人员、执行人员、验证与评审人员的职责、权力和相互关系，说明实施各种不同活动的方式、将采用的文件及将采用的控制方式。

③ 程序文件的范围和详细程序应取决于安全工作的复杂程度、所用的方法以及这项活动涉及人员所需的技能、素质和培训程度。

④ 程序文件应简练、明确和易懂，使其具有可操作性和可检查性。

⑤ 程序文件应具有统一的结构与格式编排，便于文件的理解与使用。

4.2.3 安全政策与程序的格式

1. 安全方针的格式

安全方针属于高层管理文件，简要陈述信息安全宏观需求及管理承诺，应该篇幅短小，内容明确。例如，一个通用的信息安全方针格式，如表 4-1 所示。

表 4-1　　通用的信息安全方针

总体目标： 信息安全的目标就是通过防止和最小化安全事故的影响，保证业务持续性，并最小化业务损失。
信息安全方针内容： （1）方针的目标是保护组织的信息资产，防止所有的威胁，无论是内部的还是外部的，有预谋的

续表

还是突发的。 （2）最高管理者要批准信息安全方针，并承诺支持方针的执行。 （3）组织的方针要保证： A. 信息应该防范未经授权的访问； B. 确保信息的机密性； C. 维持信息的完整性； D. 应该满足法规和规章的要求； E. 制定、维护和测试业务持续性计划； F. 所有员工都要接受信息安全培训； G. 对信息安全的所有破坏，包括实际存在的或可疑的，都要报告，对此信息安全管理员要进行研究。 （4）现有的支持方针的程序，包括病毒控制、密码技术、业务持续性计划。 （5）应该满足信息及信息系统可用性的业务要求。 （6）信息安全管理者应该对维持方针负有直接责任，并在方针实施过程中，提供建议和指导。 （7）所有的管理者对在他们的工作区域执行的方针负有直接的责任，并且保证员工遵守方针。 （8）遵守方针是每一个员工的职责。

2. 安全策略的格式

安全策略的主要功能就是要建立一套安全需求、控制措施及执行程序，定义安全角色赋予管理职责，陈述组织、机构或部门的安全目标，为安全措施的强制执行建立相关舆论与规则的基础，安全策略的格式如表 4-2 所示。

表 4-2　安全策略

目　标
建立信息系统安全的总体目标，定义信息安全的管理结构和提出对组织成员的安全要求。 信息安全策略必须有一定的透明度并得到高层管理层的支持，这种透明度和高层支持必须在安全策略中有明确和积极的反映。 信息安全策略要对所有员工强调“信息安全，人人有责”的原则，使员工了解自己的安全责任与义务。
范　围
信息安全策略应当有足够的范围广度，包括组织的所有信息资源、设施、硬件、软件、信息、人员。在某些场合下，安全可以定义特殊的资产，比如：主站点、各种重要装置和大型系统。此外，还应包括组织的所有信息资源类型的综述，例如，工作站、局域网、单机等。
策略内容
根据 BS7799 的中定义，对信息安全策略的描述应该集中在三个方面：机密性、完整性和可用性，这三种特性是组织建立信息安全策略的出发点。机密性是指信息只能由授权用户访问，其他非授权用户或非授权方式不能访问。完整性就是保证信息必须是完整无缺的，信息不能被丢失、损坏，只能在授权方式下修改。可用性是指授权用户在任何时候都可以访问其需要的信息，信息系统在各种意外事故、有意 破坏的安全事件中能保持正常运行。 根据给定的环境，应当给员工明确描述与这些特性相关的信息安全要求，组织的信息安全策略应当

续表

以员工熟悉的活动、信息、术语等方式来反映特定环境下的安全目标，例如，组织在维护大型但机密性要求并不高的数据库时，其安全目标主要是减少错误、数据丢失或数据破坏；如果组织对数据的机密性要求高时，安全目标的重点就会转移到防止数据的非授权泄露。
角色责任
信息安全策略除了要建立安全程序及程序管理职责外，还需要在组织中定义各种角色并分配责任，明确要求，比如：部分业务管理人员、应用系统所有者、数据用户、计算机系统安全小组等。 在某些情况下，信息安全策略中要理顺组织中的各种个体与团体的关系，以避免在履行各自的责任与义务时发生冲突。例如，要明确规定谁应该负责批准新系统所使用的安全措施，是相关业务部门的负责人，还是内部专职信息系统人员。如果可能的话，还应该由安全程序的负责人签署授权书。
执行纪律
没有一个正式的、文件化的安全策略，管理层不可能制定出惩戒执行标准与机制，信息安全策略是组织制定和执行纪律措施的基础。信息安全策略中应当描述与安全策略损害行为的类型与程度相对应的惩戒办法。对于严重安全事件，例如：盗窃、内部破坏、密谋犯罪等行为，要执行开除、起诉等惩戒措施；对于一般安全事件，例如：使用盗版软件，要执行相应的处罚条款。 还要考虑到有时员工违反安全策略并非是有意的，比如，由于缺乏必要的知识或训练，员工可能会有违规行为；有时也可能是对安全策略缺乏必要的了解造成的。对于这种情况，信息安全策略要预先采取措施，在合理的期限内，进行相关安全策略介绍和安全意识教育培训。
专业术语
对于信息安全策略中涉及的专业术语作必要的描述，使组织成员对策略的了解不会产生歧义。
版本历史
对策略版本在各个阶段的修订情况做出说明。

3. 程序文件的内容与格式

格式示例如表4-3所示。

表4-3 程序文件格式

编号和标题
编号可以根据活动的层次进行编排，同一层次的文件应统一编号，以便识别。标题应明确说明开展的活动及其特点。
目的和适用范围
一般简单说明为什么要开展此项活动，涉及哪些方面。
相关文件与术语
相关文件是指须引用的或与本程序相关联的文件；术语指本程序中涉及的并需要说明的术语或名词。
职责
明确实施此项程序的主管部门及相关部门的职责权限、接口及相互关系。
工作程序

续表

列出开展此项活动的详细步骤，保持合理的编写顺序；明确各项活动的接口关系与协调措施；明确每个过程中各项要素的5W1H及所要达到的要求，所需形成记录和报告内容；出现意外情况的处理措施等。 必要时附有流程图。
报告与记录格式
明确使用该程序时所产生的记录和报告的格式，记录保存期限，写明记录的编号和名称。
版本历史
对程序版本在各个阶段的修订情况做出说明。

4.3 信息安全管理标准

信息安全管理正在逐步受到安全界的重视，加强信息安全管理被普遍认为是解决信息安全问题的重要途径。但由于管理的复杂性与多样性，信息安全管理制度的制定和实施往往与决策者的个人思路有很大关系，随意性较强。信息安全管理也同样需要一定的标准来指导。这就是英国标准协会（BSI）制定并于1999年修订的《信息安全管理标准》（BS 7799）受到空前重视的原因。如今 BS 7799 的一部分已经在 2000 年末被采纳为国际标准，以标准号 ISO/IEC17799 发布，全名为《信息安全管理实施细则》。我国很多行业已经在参照 BS7799 或 ISO/IEC17799 制定自己的行业信息安全管理法规。

BS 7799 作为信息安全管理领域的一个权威标准，是全球业界一致公认的辅助信息安全管理的手段，该标准的最大意义就在于它给管理层一整套可"量体裁衣"的信息安全管理要项、一套与技术负责人或在高层会议上进行沟通的共同语言以及保护信息资产的制度框架，这正是管理层能够接受并理解的。而此前与之对应的情形是：一旦出现信息安全事件，IT部门负责人就想到要采用最先进的信息安全技术，如购买先进的防火墙等，客观上让人感觉到IT部门总是在花钱，这是管理层难以理解和不能接受的。BS 7799 管理体系将 IT 策略和企业发展方向统一起来，确保 IT 资源用得其所，使与 IT 相关的风险受到适当的控制。该标准通过保证信息的机密性、完整性和可用性来管理和保护组织的所有信息资产，通过方针、惯例、程序、组织结构和软件功能来确定控制方式并实施控制，组织、机构或部门按照这套标准管理信息安全风险，可持续提高管理的有效性和不断提高自身的信息安全管理水平，降低信息安全对持续发展造成的风险，最终保障组织的特定安全目标得以实现，进而利用信息技术为组织创造新的战略竞争机遇。

1. 信息安全标准简介

BS 7799 主要提供了有效地实施 IT 安全管理的建议，介绍了安全管理的方法和程序。用户可以参照这个完整的标准制定出自己的安全管理计划和实施步骤，为公司发展、实施和估量有效的安全管理实践提供参考依据。该标准是由英国标准协会（BSI）制定，是目前英国最畅销的标准。在此，顺便介绍一下英国标准协会，英国标准协会是全球领先的国际标准、产品测试、体系认证机构。大家所熟知的 ISO 9000（质量管理体系）、ISO 14001（环境管理体系）、OHSAS 18001（职业健康与安全管理体系）、QS-9000/ISO/TS 16949（汽车供应行业的质量管理体系）以及 TL 9000（电信供应行业的质量管理体系）均是由英国标准协会发起

制定的，因此，如果企业已经实施了ISO 9000，就很容易整合实施其他的管理标准，当然也包括BS 7799。

BS 7799标准包括如下两部分：

（1）BS 7799-1：1999《信息安全管理实施细则》。

（2）BS 7799-2：1999《信息安全管理体系规范》。

其中，BS7799-1：1999于2000年12月通过国际标准化组织（ISO）认可，正式成为国际标准，即ISO／IEC17799：2000信息技术信息安全管理实施细则。

2. 标准的适用范围

BS 7799-1《信息安全管理实施细则》于1995年首次出版，标准规定了一套适用于工商业组织使用的信息系统的信息安全管理体系（ISMS）控制条件，包括网络和沟通中使用的信息处理技术，并提供了一套综合的信息安全实施规则，作为工商业组织的信息系统在大多数情况下所遵循的惟一参考基准，标准的内容定期进行评定。BS 7799-1：1999是1995版本的一个修订和扩展版本，它充分考虑了信息处理技术，尤其是网络和通信领域应用的最新发展，同时还强调了涉及商务的信息安全责任，扩展了新的控制。例如，新版本包括关于电子商务、移动计算机、远程工作和外部采办等领域的控制。

在该标准中，信息安全已不只是人们传统意义上的安全，即添加防火墙或路由器等简单的设备就可保证安全，而是成为一种系统和全局的观念。信息安全是指使信息避免一系列威胁，保障商务的连续性，最大限度地减少业务的损失，从而最大限度地获取投资和商务的回报。信息安全的涵义主要体现在以下三个方面：

① 安全性：确保信息仅可让授权获取的人士访问。

② 完整性：保护信息和处理方法的准确和完善。

③ 可用性：确保授权人需要时可以获取信息和相应的资产。

虽然实施细则中的指南内容尽可能趋于全面，并提供一套国际现行的最佳惯例的安全控制，但是实施细则中的控制方法并非适合于每一种情况，也不能将当地或技术方面的限制考虑在内，因此它还需指南文件加以补充。

BS 7799-2：1999《信息安全管理体系规范》规定了建立、实施和文件化信息安全管理体系（ISMS）的要求，规定了根据组织的需要应实施安全控制的要求。即本标准适用以下情况：

① 组织按照本标准要求建立并实施信息安全管理体系，进行有效的信息安全风险管理，确保商务可持续性发展。

② 作为寻求信息安全管理体系第三方认证的标准。

BS 7799-2：1999明确提出安全控制要求；BS 7799-1：1999对应给出了通用的控制方法（措施）。因此可以说，BS 7799-1：1999为BS 7799-2：1999的具体实施提供了指南。但标准中的控制目标、控制方式的要求并非信息安全管理的全部，一个组织可以根据需要考虑另外的控制目标和控制方式。

BS 7799-2：1999《信息安全管理体系规范》强调风险管理的思想。传统的信息安全管理基本上还处在一种静态的、局部的、少数人负责的、突击式、事后纠正式的管理方式，导致的结果是不能从根本上避免、降低各类风险，也不能降低信息安全故障导致的综合损失。而BS 7799标准基于风险管理的思想，指导组织、机构或部门建立信息安全管理体系ISMS。ISMS是一个系统化、程序化和文件化的管理体系，基于系统、全面、科学的安全风险评估，体现预防控制为主的思想，强调遵守国家有关信息安全的法律法规及其他合同方要求，强调全过程和动态控制，本着控制费用与风险平衡的原则合理选择安全控制方式保护组织、机构或部门所拥有的关键信息资产，使信息风险的发生概率和结果降低到可接受水平，确保信息的保密性、完整性和可用性，保持组织、机构或部门业务运作的持续性。

3. 标准的主要内容

下面主要以 BS 7799：1999 为例介绍标准的主要内容。该标准主要由两大部分组成：BS 7799-1：1999，以及 BS 7799-2：1999。

（1）第一部分（BS 7799-1）简介

信息安全管理实施细则，是作为国际信息安全指导标准 ISO/IEC17799 为基础的指导性文件，主要是给负责开发的人员作为参考文档使用，从而在他们的机构内部实施和维护信息安全。这一部分包括十大管理要项，三十六个执行目标，一百二十七种控制方法，如图 4-2 所示。其详细内容如表 4-4 所示。

<table>
<tr><td colspan="4">一、安全方针（Security Policy）（1，2）（附注）</td></tr>
<tr><td colspan="4">二、安全组织（Security Orangnization）（3，10）</td></tr>
<tr><td colspan="4">三、资产分类与控制（Asset Classification and Control）（2，3）</td></tr>
<tr><td>四、人员管理（Personal Security）（3，10）</td><td>五、物理与环境（Physical and Environmental Security）（3，13）</td><td>六、通信与操作管理（Communication and operations management）（7，24）</td><td rowspan="2">八、系统开发与维护（Systems development and maintenance）（5，18）</td></tr>
<tr><td colspan="3">七、访问控制（Access Control）（8，31）</td></tr>
<tr><td colspan="4">九、业务持续管理（Business continuity management）（1，5）</td></tr>
<tr><td colspan="4">十、符合性（Compliance）（3，11）</td></tr>
</table>

附注：（m，n）– m：执行目标的数目　　n：控制方法的数目图

图 4-2　信息安全十大管理要项

表 4-4　　BS 7799 的内容列表

标　　准	目　　的	内　　容
安全方针	为信息安全提供管理方向和支持	建立安全方针文档
安全组织	建立组织内的管理体系以便安全管理	组织内部信息安全责任；信息采集设施安全；可被第三方利用的信息资产的安全；外部信息安全评审；外包合同的安全
资产分类与控制	维护组织资产的适当保护系统	利用资产清单，分类处理，信息标签等对信息资产进行保护
人员安全	减少人为造成的风险	减少错误，偷窃，欺骗或资源误用等人为风险；保密协议；安全教育培训；安全事故与教训总结；惩罚措施

续表

标　准	目　的	内　容
物理与环境安全	防止对关于IT服务的未经许可的介入，损伤和干扰服务	防止对关于IT服务的未经许可的介入，损伤和干扰服务
通信与操作管理	保证通信和操作设备的正确和安全维护	确保信息处理设备的正确和安全的操作；降低系统失效的风险；保护软件和信息的完整性；维护信息处理和通信的完整性和可用性；确保网络信息的安全措施和支持基础结构的保护；防止资产被损坏和业务活动被干扰中断；防止组织间的交易信息遭受损坏、修改或误用
访问控制	控制对商业信息的访问	控制访问信息；阻止非法访问信息系统；确保网络服务得到保护；阻止非法访问计算机；检测非法行为；保证在使用移动计算机和远程网络设备时信息的安全
系统开发与维护	保证系统开发与维护的安全	确保信息安全保护深入到操作系统中；阻止应用系统中的用户数据的丢失、修改或误用；确保信息的保密性、可靠性和完整性；确保IT项目工程及其支持活动在安全的方式下进行；维护应用程序软件和数据的安全
业务持续管理	防止商业活动中断和灾难事故的影响	防止商业活动的中断；防止关键商业过程免受重大失误或灾难的影响
符合性	避免任何违反法令、法规、合同约定及其他安全要求的行为	避免违背刑法、民法、条例，遵守契约责任以及各种安全要求；确保组织系统符合安全方针和标准；使系统审查过程的绩效最大化，并将干扰因素降到最小

（2）第二部分（BS 7799-2）简介

信息安全管理体系规范，详细说明了建立、实施和维护信息安全管理系统（ISMS）的要求，指出实施机构需遵循某一风险评估来鉴定最适宜的控制对象，并对自己的需求采取适当的控制。本部分提出了应该如何建立信息安全管理体系的步骤，如图 4-3 所示。

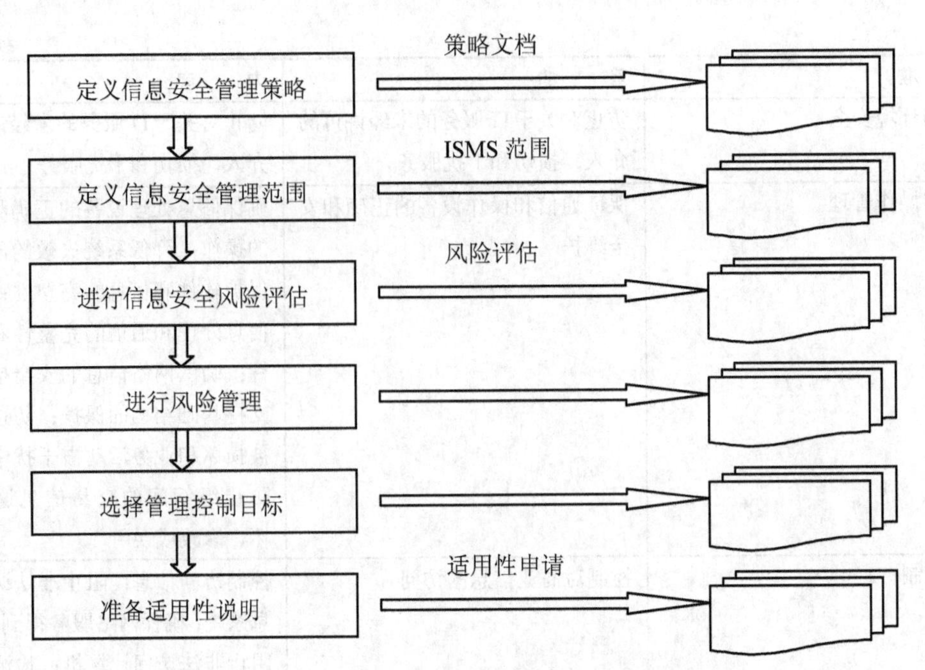

图 4-3　建立信息安全管理体系的步骤

① 定义信息安全策略

信息安全策略是组织、机构或部门信息安全的最高方针，需要根据组织内各个部门的实际情况，分别制定不同的信息安全策略。例如，规模较小的组织可能只有一个信息安全策略，并适用于组织内所有部门、员工；而规模大的组织则需要制定一个信息安全策略文件，分别适用于不同的子公司或各分支机构。信息安全策略应该简单明了、通俗易懂，并形成书面文件，发给组织内的所有成员。同时要对所有相关员工进行信息安全策略的培训，对信息安全负有特殊责任的人员要进行特殊的培训，以使信息安全方针真正植根于组织内所有员工的脑海并落实到实际工作中。

② 定义 ISMS 的范围

ISMS 的范围确定需要重点进行信息安全管理的领域，组织需要根据自己的实际情况，在整个组织范围内或在个别部门或领域构架 ISMS。在本阶段，应将组织划分成不同的信息安全控制领域，以易于组织对有不同需求的领域进行适当的信息安全管理。

③ 进行信息安全风险评估

信息安全风险评估的复杂程度将取决于风险的复杂程度和受保护资产的敏感程度，所采用的评估措施应该与组织对信息资产风险的保护需求相一致。风险评估主要对 ISMS 范围内的信息资产进行鉴定和估价，然后对信息资产面对的各种威胁和脆弱性进行评估，同时对已存在的或规划的安全管制措施进行鉴定。风险评估主要依赖于商业信息和系统的性质、使用信息的商业目的、所采用的系统环境等因素，组织在进行信息资产风险评估时，需要将直接后果和潜在后果一并考虑。

④ 信息安全风险管理

根据风险评估的结果进行相应的风险管理。信息安全风险管理主要包括以下几种措施：

降低风险：在考虑转嫁风险前，应首先考虑采取措施降低风险。

避免风险：有些风险很容易避免，例如通过采用不同的技术、更改操作流程、采用简单的技术措施等。

转嫁风险：通常只有当风险不能被降低或避免，且被第三方（被转嫁方）接受时才被采用。一般用于那些概率较小，但一旦风险发生时会对组织产生重大影响的风险。

接受风险：用于那些在采取了降低风险和避免风险措施后，出于实际和经济方面的原因，只要组织进行运营，就必然存在并必须接受的风险。

⑤ 确定管制目标和选择管制措施

管制目标的确定和管制措施的选择原则是费用不超过风险所造成的损失。由于信息安全是一个动态的系统工程，组织应实时对选择的管制目标和管制措施加以校验和调整，以适应变化了的情况，使其信息资产得到有效、经济、合理的保护。

⑥ 准备信息安全适用性声明

信息安全适用性声明记录了组织内相关的风险管制目标和针对每种风险所采取的各种控制措施。信息安全适用性声明的准备，一方面是为了向组织内的员工声明对信息安全面对的风险的态度；另一方面则是在更大程度上为了向外界表明本组织的态度和作为，以表明其已经全面、系统地审视了自己的信息安全系统，并将所有有必要管制的风险控制在能够被接受的范围内。

（3）新版本 BS 7799-2：2002 的特点

新版本 BS 7799-2：2002 于 2002 年 9 月 5 日在英国发布。新版本同 ISO 9001：2000（质量管理体系）和 ISO 14001：1996（环境管理体系）等国际知名管理体系标准采用相同的风格，使信息安全管理体系更容易和其他的管理体系相协调。新版标准的主要更新在于：

- PDCA（Plan-Do-Check-Act）的模型；
- 基于 PDCA 模型的基于过程的方法；
- 对风险评估过程、控制选择和适用性声明的内容与相互关系的阐述；
- 对 ISMS 持续过程改进的重要性；
- 文档和记录方面更清楚的需求；
- 风险评估和管理过程的改进；
- 对新版本使用提供指南的附录。

新版本在介绍信息安全管理体系的建立、实施和改进的过程中也引用了 PDCA 模型，按照 PDCA 模型将信息安全管理体系分解成风险评估、安全设计与执行、安全管理和再评估四个子过程，特别介绍了基于 PDCA 模型的过程管理方法，并在附录中为解释或采用新版标准提供了指南，如图 4-4 所示。组织、部门或机构通过持续地执行这些过程而使自身的信息安全水平得到不断的提高。PDCA 模型的主要过程如下：

P——计划（PLAN）：根据组织、部门或机构的商务运作需求（包括顾客的信息安全需求）及有关法律法规要求，确定安全管理范围与方针，通过风险评估建立控制目标与方式，包括必要的过程与商务持续性计划。

D——实施（DO ）：实施过程，即要按照组织的方针、程序、规章等规定的要求，也就是按照所选定的控制目标与方式进行信息安全控制。

C——检查（CHECK）：根据方针、目标、安全标准及法律法规要求，对安全管理过程和信息系统的安全进行监视与验证，并报告结果。

A——改进（ACTION）：对方针适宜性进行评审与评估，评价 ISMS 的有效性，采取措施，持续改进，以满足环境的变化。

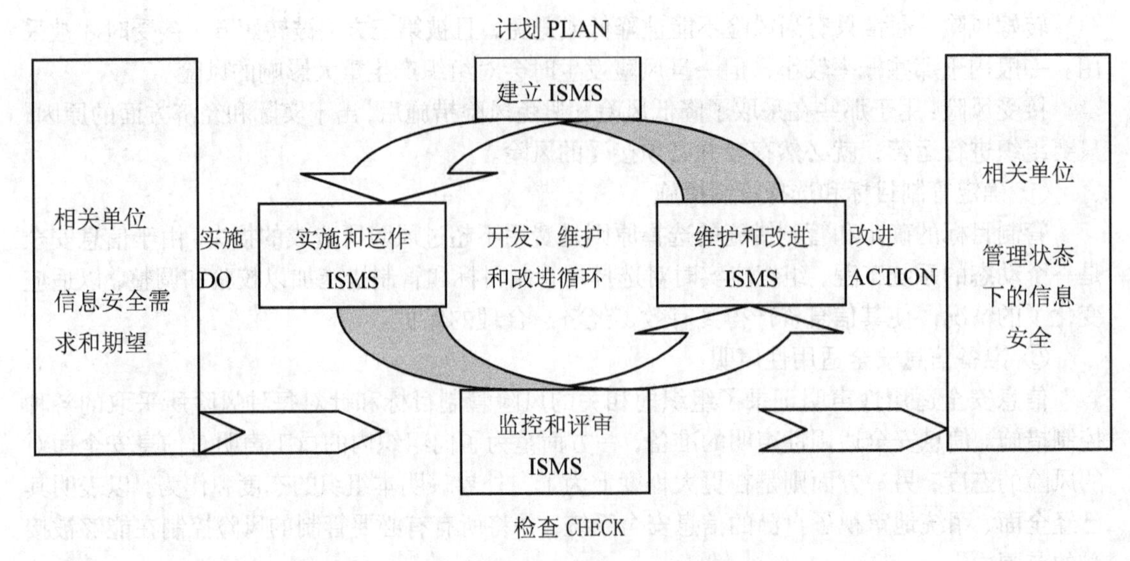

图 4-4 PDCA 模型应用与信息安全管理体系过程

新版标准较 BS 7799-2：1999 没有引入任何新的审核和认证要求，新标准完全兼容依据 BS 7799-2：1999 建立、实施和保持的信息安全管理体系（ISMS）。新版标准没有增加任何控制目标和控制方式，所有的控制目标和控制方式都是来自 ISO/IEC 17799：2000。只是新版标准将原来 BS7799-2：1999 的第四部分作为附件 A 放在了标准后面，而且采用了不同的编号方式，将 BS7799-2：1999 和 ISO/IEC 17799：2000 结合起来了。

4. BS 7799 的简单评价

BS 7799 为组织、机构或部门提供了一个进行有效安全管理的公共基础，反映了信息安全的"三分技术，七分管理"的原则。它全面涵盖了信息系统日常安全管理方面的内容，提供了一个可持续提高的信息安全管理环境。包括安全管理的注意事项和安全制度，例如磁盘文件交换和处理的安全规定、设备的安全配置管理、工作区进出的控制等一些很容易理解的问题。这些管理制度易于理解，一般的单位都可以制定，具有可操作性，推广信息安全管理标准的关键在于重视程度和制度落实方面。

BS 7799 是对一个组织、机构或部门进行全面信息安全评估的基础，可以作为组织实施信息安全管理的一项体制。它规定了建立、实施信息安全管理体系的文档，以及如何根据组织的需要进行安全控制，可以作为一个非正式认证方案的基础。

然而，BS 7799 仅仅提供一些原则性的建议，如何将这些原则性的建议与各个组织单位自身的实际情况相结合，构架起符合组织自身状况的 ISMS，才是真正具有挑战性的工作。BS 7799 在标准里描述的所有控制方式并非都适合于每种情况，它不可能将当地系统、环境和技术限制考虑在内，也不可能适合一个组织中的每个潜在的用户，因此，这个标准还需结合实际情况进一步加以补充。

此外，信息安全管理建立在风险评估的基础上，而风险评估本身是一个复杂的过程，不同组织面临不同程度和不同类型的风险，风险的测度需要有效的方法支持，因此按照该标准

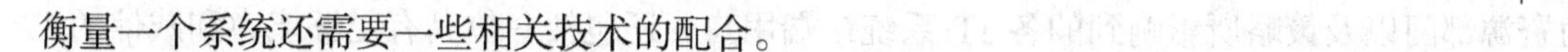

衡量一个系统还需要一些相关技术的配合。

4.4 安全管理策略的制定与实施

4.4.1 安全管理策略的制定

1. 理解组织业务特征和文化

充分了解组织的业务特征是设计安全管理策略的前提，只有了解组织的业务特征，才能发现并分析组织的业务所处的风险环境，并在此基础上提出合理的、与组织业务目标相一致的安全保障措施，定义出技术与管理相结合的控制方法，从而制定有效的的安全管理策略和程序。

对组织业务的了解包括对其业务内容、性质、目标及其价值进行分析，在信息安全中，业务一般是以资产形式表现出来，它包括信息／数据、软／硬件、无形资产、人员及其能力等。安全风险管理理论认为，对业务资产的适度保护对业务的成功至关重要。要实现对业务资产的有效保护，必须要对资产有很清晰的了解。

对组织文化及员工状况的了解有助于知道员工的安全意识、心理状况和行为状况，为制定合理的安全政策打下基础。

2. 得到管理层的明确支持与承诺

要制定一套好的安全管理策略，必须与决策层进行有效沟通，并得到组织高层领导的支持与承诺。这有三个作用：一是制定的安全管理策略与组织的业务目标一致；二是制定的安全方针政策、控制措施可以在组织的上上下下得到有效的贯彻；三是可以得到有效的资源保证，比如在制定安全策略时必要的资金与人力资源的支持，以及跨部门之间的协调问题都必须由高层管理人员来推动。

3. 组建一个安全策略制定小组

安全策略制定小组应当由以下人员组成：

① 高级管理人员；

② 信息安全管理人员；

③ 负责安全政策执行的管理人员；

④ 熟悉法律事务的人员；

⑤ 用户部门的人员。

小组成员人数的多少视政策的规模与范围的大小而定，通常一个小规模的安全策略制定小组只需 1～2 人，较大规模的安全策略制定小组可能需要 5～10 人。要具体指定策略的起草人、检查审阅人、测试用户，要确定政策由什么管理人员批准发布，由什么人员负责实施。

安全策略制定小组在调查阶段应当具备以下要素：

① IT 管理人员（特别是首席信息官）的支持并主动参与。策略制定只有得到 CIO 的主动支持，技术部门的管理人员才会积极地参与策略制定。一旦制定完成，他们才会支持策略的实施部署。

② 目标阐述明确。

③ 策略所涉及的利益团体中相应人员的参与。通过确保策略覆盖的各团体中的相应代表均参与进来，从而形成适合的团队是非常重要的。这样，该团队将包括来自法律部门、人

力资源部门以及策略所影响到的各 IT 系统终端用户，还包括一位具有足够能力和威信的工程带头人领导实现目标，以及一位干练的工程经理对整个工程进行监理。

④ 一份策略制定工程范围的详细纲要，以及对工程成本与时间进度的全面评估。

4. 确定信息安全整体目标

描述信息安全宏观需求和预期达到的目标。一个典型的目标是：通过防止和最小化安全事故的影响，保证业务持续性，并最小化业务损失，为企业的实现业务目标提供保障。

5. 确定范围

确定安全管理策略要涉及的范围，组织或机构需要根据自己的实际情况，可以在整个范围内或者在个别部门或领域制定安全管理策略，这需要与组织实施的信息安全管理体系范围结合起来考虑。

6. 风险评估与选择安全控制

组织信息安全管理现状调查与风险评估工作是建立安全管理策略的基础与关键，在安全体系建立的整个过程中，风险评估工作占了很大的比例，风险评估的工作质量直接影响安全控制的合理选择和安全政策的完备制定；根据风险评估的结果，在 BS 7799-2 附录 A 中选择适合组织或机构的控制目标与控制方式。组织只有在选择出适合自己安全需求的控制目标与控制方式后，安全策略的制定才有了最直接的依据。

7. 起草拟订安全策略

根据前面风险评估与选择安全控制的结果，起草拟订安全策略，安全策略要尽可能地涵盖所有的风险和控制，没有涉及的内容要说明原因，根据具体的风险和控制来决定制定什么样的策略，表 4-5 给出了一些常用信息安全策略的示例。

表 4-5　　一些常用信息安全策略

政策名称	内容简介
可接受的使用策略（AUP）	为了保护组织的信息资产，定义组织内部的设备、计算服务、安全方法的使用规范，这些规范是员工必须遵守的，组织可以接受的
物理安全	保护信息处理设施、数据、人员免受物理入侵、盗窃、火灾、水灾和其他自然灾害的影响
网络设备安全	定义组织的信息系统环境中网络设备最小安全需求，包括各类交换机、路由器等
服务器安全	定义组织的信息系统环境中服务器最小安全需求，包括各类应用系统服务器、数据库服务器、事务处理服务器等
信息分类	对信息资产要有详细的记录与分类并做适当的价值与重要性评估，以便采用相对应的安全措施来保护其机密性、完整性与可用性
信息保密	定义组织中的哪些敏感信息必须进行加密保护，并采用什么样的加密算法
用户账号及口令	定义用户账号及口令的规范，及采用、保护和改变口令的标准
远程访问	定义外部用户通过网络连接，访问组织的内部资源的规则与要求
反病毒	定义组织中预防病毒与检测病毒的技术与管理措施
防火墙及入侵检测	定义组织中预防与检测外部非法入侵所采取的技术与管理措施

续表

政策名称	内容简介
员工使用 E-mail	定义员工使用 E-mail 的有关规定
员工使用 Internet	定义使用 Internet 的有关规定
第三方使用组织的 Extranet	定义外部第三方（如客户、厂商、合作伙伴）连接组织内部网，访问资源时必须遵守的规定
外购评审	对组织的外购信息设施进行安全评审，并定义最小安全要求
使用软件	对在组织内使用商业与非商业软件的版权与许可证的要求
软件获得与开发	定义组织在进行软件开发或外购软件所要遵守的安全规定
安全事件的调查与响应	对于组织中发生的任何安全事件，员工都要及时报告给相关信息安全部门与人员，安全事件要得到及时的调查与处置
灾难恢复与业务持续性计划	定义灾难发生时，应对灾难的措施与程序，相关人员的职责，联系办法等
风险评估	为信息安全人员识别、评估和控制风险而提供授权和定义需求
信息系统审计性	为信息安全人员实施风险评估和审计活动，提供授权和定义需求，以保证信息与资源的完整与法律法规的符合性，并监测系统和用户的活动

8. 评估安全策略

安全策略被制定出来后，要进行充分的专家评估和用户测试，以评审安全策略的完备性、易用性，确定安全策略能否达到组织所需的安全目标。可以提出如下问题：

① 安全策略是否符合法律、法规、技术标准及合同的要求？

② 管理层是否已批准了安全策略，并明确承诺支持策略的实施？

③ 安全策略是否损害了组织、员工及第三方的利益？

④ 安全策略是否实用、可操作并可以在组织中全面实施？

⑤ 安全策略是否满足组织在各个方面的安全要求？

⑥ 安全策略是否已传达给组织中的员工与相关利益方，并得到了他们的同意？

4.4.2 安全管理策略的实施

1. 安全管理策略的实施

安全策略通过测试评估后，需要由管理层正式批准实施。可以把安全方针与具体安全策略编制成组织的信息安全策略手册，然后发布到每个员工与相关利益方，明确安全责任与义务。这是因为：

① 几乎所有层次的所有员工都会涉及这些策略；

② 这些策略涵盖了组织中的主要资源；

③ 将引入许多新的条款、程序、活动来执行安全策略。

为了使员工更好地理解安全策略，要开展各种方式的策略宣传、安全意识教育工作，要造成“信息安全，人人有责”的企业文化氛围。宣传方式可以是：管理层的集体宣讲、小组讨论、网络论坛、内部通讯、专题培训、安全演习等方式。

在实施阶段，策略制定团队必须确保依照一定的标准。

① 确定策略是可实施的，一项不可行的策略，比如禁止员工之间讨论私人事务，是无效的策略。

② 准备策略发布，这项工作并不总是如你想像的那样简单。只是在电子公告牌上传达策略是不够的，除非需要员工在指定时间（每日、每周等）阅读电子公告牌。策略在最终用户获知以前，不能强制执行。与民法和刑法不同的是，对策略的忽视，在其宣传不力时，还是可接受的。在某些情况下，必须极力宣传策略或用其他语言和形式提供策略。

③ 确定策略具有可读性，减少技术和管理术语，可读性统计是确定阅读水平的有用工具，它在多数产品程序如 Microsoft Word 中均有提供。

2. 策略的持续改进

安全策略制定实施后，并不能“高枕无忧”，组织要定期评审安全策略，并进行持续改进，因为组织所处的内外环境是不断变化的，组织的信息资产所面临的风险也是一个变数，组织中的人的思想、观念也在不断的变化，在这个不断变化的世界中，要想把风险控制在一个可以接受的范围内，就要对控制措施及信息安全策略持续的改进，使之在理论上、标准上及方法上与时俱进。

4.4.3 制定和实施安全政策时要注意的问题

1. 控制成本

制定和实施安全政策会有一定的潜在成本，这些成本是由于在起草、评审、发布、宣传过程中举办大量行政与管理活动形成的；在一些组织中，要成功地实施安全政策还需要增加员工、举办培训、购买设备。对这些投入都需要在制定安全策略时考虑周全，并加以控制，以免成本超出预算。

2. 在安全可靠性与业务灵活性之间进行平衡

实施安全控制在大多数情况下是对员工安全行为进行约束，对员工活动进行限制，但安全策略的执行不能影响业务的正常运行。因为过于严格的策略或要求，只会阻碍安全策略的执行，最后大家只好敷衍了事，结果适得其反，非但无法确实执行安全策略，反而造成更多的信息安全问题。所以要掌握好控制的程度，在安全可靠性与业务灵活性之间取得平衡。

3. 制定合适的人力资源政策

通过人力资源政策，加强对员工的安全管理，这是执行安全策略的有效控制手段。

有效的人力资源政策有以下几个方面：

新员工的筛选，要考虑是否符合职位的信息安全的需要，要仔细验证新员工提供的证明材料及文凭是否真实。

与新员工签署的劳动合同中要明确信息安全责任，使新员工从一开始就了解组织对信息安全的要求，这样容易在员工心目中形成较深的印象。

① 对新员工进行岗前教育与培训，使员工在较短的时间内熟悉组织的信息安全政策与程序。

② 对要接触到敏感与机密信息的员工，要与员工签署保密协议，要让员工知道敏感与机密信息对组织的重要性，以及违反保密协议要承担的责任。

③ 明确规定员工必须遵守国家的法律法规与组织的信息安全策略，任何与法律法规及组织安全策略相违背的行为，都会被视为安全事件并受到相应的惩罚。

④ 要与员工明确知识产权的所有者关系，员工要签署协议明确承诺工作中所产生的技术成果和知识产权归组织所有。

⑤ 向员工声明组织尊重员工的个人隐私，所有员工的个人信息属于机密信息，在组织中要受到妥善保管，只有得到授权的管理人员才能访问。但对在工作中产生的并存储在组织的应用系统中的任何信息，组织保留随时检查的权利。

⑥ 在员工工作说明书中，详细描述工作流程的每一环节对信息安全的要求及相应的责任，向员工提供使用组织的软硬件设施的要求及相关规定。

⑦ 组织中人力资源管理人员与安全主管要高度关注对组织心怀不满的员工，他们常常是信息安全事件的策划者与发起者。员工的报复性行为会对信息安全造成极大的损害。组织要完善沟通渠道，鼓励员工把对组织的不满通过正常途径及时地表达出来，并做妥善处理，把危险的动机消灭在萌芽中。

⑧ 要及时中止离职员工对系统的访问权限，并对离职员工的信息终端做好安全调查工作。

人力资源管理在信息安全的管理中充当十分重要的作用，信息安全管理人员要与人力资源管理人员密切合作，协同作战，才能实现信息安全中对员工的有效管理。

4. 注重企业安全文化的建设

企业实施安全策略的目的主要是用管理的强制手段约束被管理者的个性行为，使其符合管理者的需要。企业信息安全管理是通过制定法律、规范、制度、标准等，约束员工的不安全行为，同时通过宣传教育等手段，使员工学会安全的行为，以保证组织信息资产目标的实现。管理手段虽然有一定的效果，但是管理的有效性很大程度上依赖于对被管理者的监督和反馈，对于信息安全管理尤其是这样。被管理者对信息安全策略、规章制度的漠视或抵制，必然会体现在他的不安全行为上，然而不安全行为并不一定都会导致事故的发生，相反可能会给他带来相应的利益或好处，例如省时、省力等，这会进一步促使他的不安全行为的产生，并可能“传染”给同事。在信息安全管理上，时时、事事、处处监督企业每一位员工遵章守纪，是一件困难的事情，甚至是不可能的事情，这就必然带来安全管理上的漏洞。安全文化概念的应运而生，正是为了弥补信息安全管理手段的不足。

安全文化之所以能弥补信息安全管理的不足，是因为安全文化注重人的观念、道德、伦理、态度、情感、品行、心理等深层次的人文因素，通过教育、宣传、奖惩、创建群体氛围等手段，不断提高企业员工的安全修养，改进其安全意识和行为，从而使员工从不得不服从管理制度的被动执行状态，转变成主动自觉地按安全要求采取行动，即从“要我遵章守纪”转变成“我要遵章守纪”。

在企业中开展信息安全文化建设，不应该把信息安全文化看做特立独行的事务，没有必要成立单独的部门和开展单独的活动，而是应该在企业的总体理念、形象识别、工作目标与规划、岗位责任制制定、生产过程控制及监督反馈等各个方面融合进安全文化的内容。在企业中也许看不见听不到“安全文化”的词语，但在各项工作中处处、事事体现安全文化，这才是安全文化建设的实质。

4.5 安全教育、培训和意识提升

来自人员的信息安全威胁，通常是由于安全意识淡薄、对信息安全方针不理解或专业技能不足等原因。为确保人员意识到信息安全的威胁和隐患，并在他们正常工作时遵守组织的信息安全方针，需要组织提供必要的信息安全教育与培训。这种教育和培训有时候要扩大到有关的第三方用户。

4.5.1 安全教育

信息安全部的一些员工可能预先并没有信息安全的相关背景或经验，当环境允许并根据需要，可以鼓励他们参加脱产的正式培训。

信息安全培训项目必须包括：

① 所有安全专业人员的信息安全教育需求。

② 所有信息技术专业人员的必备知识教育。

大量的高等教育机构提供了信息安全的正式学习课程。不幸的是，最近一次对这些机构的调研发现，大多数授予学位（博士或硕士）的高等院校中，计算机科学或信息系统专业实际上只包括了少量信息安全方面的课程。虽然一些学位确实提供了深入和广泛的信息安全教育，但是，将来有志于从事信息安全工作的学生必须仔细审核这些高校所提供的课程数量和课程内容。

4.5.2 安全培训

1.培训范围

应定期对从事操作和维护信息系统的工作人员进行培训，包括信息系统安全培训、政策法规的培训等。

人员培训一般可分 3 个层次：领导层的计算机应用管理培训，软件、硬件技术人员和应用系统管理人员的技术培训，计算机操作员的上岗培训。

对计算机系统的所有工作人员都要不断地进行教育和系统的培训。从基层终端的操作员到系统管理员、从程序设计员到系统分析员、软件维护的所有技术和管理人员，都要进行全面的安全保密教育、职业道德和法制教育、职业技术教育与培训。

对于从事涉及国家安全、军事机密、财政金融或人事档案等重要信息的工作人员更要重视教育，并且应该挑选素质好、品质可靠的人员担任。具体地说，要对与计算机系统工作有关的人员，如终端操作员、系统管理员和系统设计人员等，进行全面的安全、保密教育，进行职业道德和法制教育，因为他们对系统的功能、结构比较熟悉，对系统的威胁很大。

培训应该包括关于安全类型的信息，以及可以应用到网络系统开发、操作和维护等各个方面的每台机器的控制技术的信息。

负责网络安全的人员更需要接受深入的关于下列问题的安全培训：

① 安全技术。

② 对威胁和脆弱性进行评估的方法学。

③ 选择安全工具的标准和实施。

④ 在无法保证安全性的情况下，了解哪些设备有危险。

负责发布口令的人员也应该进行培训。

对新员工的培训要强调数据的重要性，任何危及专用数据的非法行为将受到纪律处分、开除，甚至受到法律制裁。

2. 培训内容

（1）法律、制度和道德培训

从社会学的角度来说，安全管理的核心内容即是有关计算机人员及其计算机活动参与者的社会化问题。计算机从业人员的社会化问题有两个层面的含义：其一是指从业人员个体的社会化，即从业人员通过社会互动，通过教育与训练形成的人的社会属性和一定的生活模式的过程；其二是指个体从事的计算机职业所必经的社会化过程。由于计算机是由人操作的，所以计算机从业人员的社会化程序控制的高低（包括其思想素质、职业道德素质和业务素质）直接关系到计算机信息系统的安全。因此，要求系统主管部门和直接经营单位都要全面强化计算机从业人员的社会化意识，通过不适应——适应——再不适应——再适应的反复训练与教育，使其达到计算机从业人员所要求的素质标准，以此保证计算机信息系统的良性运行。

除了不可抗拒的自然灾害和机器故障，计算机信息系统的威胁主要来自人，他们未经许可就入侵或占用计算机信息系统为自己的目的服务。他们可能是内部人员，也可能是非法侵入系统的外部人员。除了计算机实体安全技术，从本质上讲，计算机信息系统的安全治理，是职业道德的培养与教育，或者说是培养具有不危害他人的公德。所有的工作人员除进行业务培训外，还必须进行相应的计算机安全课程和职业道德的培训，才能进入系统工作。

计算机职业道德既具备其他职业道德的共性，又有其职业突出的特点。计算机职业道德是用以约束计算机从业人员以及与计算机活动相关的人们的言行指导其思想的行为规范的总和。计算机职业道德是建立在公共道德基础上的一整套计算机职业及其相关活动的行为规范。它是用以调整计算机从业人员之间、从业人员与计算机活动相关人员之间以及计算机活动与社会之间关系的原则规范、行为活动、心理意识乃至善恶评价的总和。首先，它是一种原则规范。它能够指导计算机从业人员的行为举止，帮助从业人员在处理各种关系时，在其职业活动中，迅速做出判断和抉择。其次，它既是一种行为活动，又是一种心理意识。它是符合计算机职业特点和职业要求的一种行为活动；同时，在这种行为活动中，社会舆论、评价等特殊手段的作用逐步影响着计算机从业人员以及与计算机活动相关的人们的心理意识，形成计算机活动的善恶观念、情感和意向，进而表现为计算机活动的道德理想。再次，计算机职业道德是针对计算机职业及其相关活动而言的一种善恶评价。计算机从业人员在其职业活动中，每一具体行为，每一意向思维，是善是恶，全由计算机职业道德来评判和裁决。

计算机活动发展迄今，已向社会展示了这样一个道理，不运用计算机职业道德对计算机活动进行控制将影响其进一步健康发展。长期以来，由于人们的道德观念没有跟上计算机技术的发展，因此导致了人们对计算机系统的非法破坏，这是一种不符合社会伦理道德的行为。特别是一些青少年计算机罪犯，他们往往把从事计算机犯罪看做是展示自己"才智"的途径。因此，应加强对各级计算机从业人员以及参与计算机活动的人员必要的职业道德教育，使其树立正确的观念。

从宏观角度讲，计算机职业道德对计算机活动的控制作用大致如下：

① 计算机职业道德可以提高从业人员的素质，它能激励和督促从业人员恪尽职守，能增强从业人员的职业神圣感与荣誉感，培养良好的职业习惯与职业心理，从而保证了计算机活动的健康发展。

② 它可以调整计算机行业与社会其他行业的关系。计算机职业道德指导着从业人员在处理同其他行业的关系时的行为和表现。

③ 它可以调整计算机行业内部从业人员的关系，从而增强其凝聚力。

从微观角度讲，计算机职业道德对计算机活动的控制作用大致如下：

① 计算机职业道德是从业人员的精神"防弹衣"。若欲减少计算机犯罪，就要建立一整套行之有效的计算机职业道德规范，加强计算机从业人员的职业修养教育，提高其思想认识水平，端正其服务态度。通过一系列职业道德规范教育，使其充分认识到计算机职业活动的重要性。

② 计算机职业道德是从业人员心理平衡的调节器。所有的人员都应建立正确的得失观，发扬科学技术人员"重成就，爱事业"的传统美德，为了计算机事业的进一步发展与人类社会的进步，舍"利"而取"义"。计算机从业人员有利用工作职务之便进行计算机犯罪的条件，腐化与滥用权力是计算机部门最头疼的问题，虽然用严格的职业纪律进行约束，但是计算机职业的复杂性，使得尚有许多职业纪律未及的微妙之处，这也需要对计算机职业道德进行调整。

由于计算机职业是一种在较大程度上依赖于从业人员的主观能动性的职业，是一种需要高度自觉的职业，因此各国计算机界历来十分强调计算机从业人员的职业道德修养及职业道德教育，并对其所属成员进行控制。

（2）规章制度的培训

计算机系统的安全问题是涉及整个系统、整个组织的大问题。要建立健全各岗位的规章制度，必须落到实处，必须进行规章制度的培训。

① 系统运行维护管理；

② 计算机控制管理制度；

③ 文档资料管理制度；

④ 操作人员（如管理人员）的管理制度；

⑤ 计算机机房的安全管理规章制度；

⑥ 其他的重要管理制度；

⑦ 详细的工作手册和工作记录。

（3）系统管理员的技术培训

应加强对系统管理员的技术培训，相关的培训内容如下：

① 与安全对策相关的信息的普及及其使用方法和系统用户的培训；

② 在管理系统用户时应该实施的对策；

③ 在管理整个系统的信息时应该实施的对策；

④ 在管理硬件、软件、通信线路与通信设备以及这些组合时应该实施的对策；

⑤ 在记录、分析和保管管理系统的工作历史、使用记录时应该实施的对策。

3. 培训技术

对于一个成功的培训项目而言，好的培训方法与培训内容同等重要。错误的方法会阻碍知识的传播并导致不必要的浪费、失败。好的培训项目，不管教授方法如何，都利用了最新的学习技术和最好的实践。应该尽量减少集中式的公共授课而采用更多的定点培训。对个人或小组需要进行经常的培训，而对于大型部门却没必要。其他好的方法包括短期的任务明确的在职培训，既紧凑又连贯。

（1）传授方式

培训过程中传授方式的选择并不总是以最好的培训效果为惟一标准。通常应首先考虑其他因素——最常见的预算、进度表以及组织的需要，表 4-6 列出了最常见的传授方式。

表4-6 常见的传授方式

方式	优点	缺点
一对一：一个专门培训者与每一个特定区域的被培训者。	● 信息化 ● 个人化 ● 适应被培训者需要的用户化 ● 可制定计划以适应被培训者需要	资源太密集，效率低
正式课程：单个培训者对多个被培训者	● 正式培训计划，高效 ● 被培训者可以相互学习 ● 培训者间的交流成为可能 ● 通常称为有效花费	● 相对死板 ● 可能不能充分符合所有被培训者的需要 ● 制定计划困难，特别是在不只一个培训需要时
基于计算机的培训CBT：预打包软件在培训工作站提供培训	● 灵活，无专门的计划需要 ● 自我安排，被培训者根据需要可快可慢 ● 可能是相当的有效花费	● 软件可能很昂贵 ● 内容可能非用户化，可能不适应组织要求
远程教学／网上讨论：被培训者在其计算机上接受所提供的研讨会。可以是视频，也可以是文本	● 实时，用户可以不存档和查看方便 ● 可以低花费或免费	● 若存档，就不灵活，没有培训的反馈机制 ● 实时，有别于课程培训
用户支持组：来自用户群体的支持，由产品生产企业赞助	● 允许用户相互学习 ● 通常在一个信息社会环境中加以引导	● 不采用正式的培训模式 ● 集中于特定话题或特定产品
基于工作培训：被培训者学习在工作、运用软件和硬件时的具体知识	● 非常适用于手边的任务 ● 廉价	● 一种漂浮不定的方法 ● 可能导致工作完成不了，致使培训提速
自我学习（非计算机化）：被培训者自我学习材料，通常在不能积极完成工作时	● 组织的最低花费 ● 材料置于被培训者手中 ● 被培训者可以选择需要重点关注的材料 ● 自我安排	● 变换了对被培训者的培训方式 ● 培训责任，缺少正式支持

（2）挑选培训人员

组织或机构为员工提供培训时，可以利用当地的培训项目、继续教育部门或者另外的对外培训机构。可供选择的是，组织能够请专业培训人员、顾问或者来自可信赖机构的人员进行定点培训；可以利用自己的员工来组织和引导培训，后一选择不推荐采用。需要一套专门的技巧和能力来指导有效培训，教授有5个或更多学生的班级与给同事们提供友好忠告完全不同，前者需要请有培训经验的专家。

（3）实施培训

根据上面讨论的技术来开发自身战略时，普遍采用以下7个步骤：

第1步：确定项目的范围、目的和目标；

第2步：确定培训教师；

第 3 步：确定培训对象；

第 4 步：激发管理层和员工；

第 5 步：管理项目；

第 6 步：维护项目；

第 7 步：评估项目。

确定项目范围、目的和目标。培训项目的范围应该是所有与计算机系统相关的人员；除了内容广泛的培训项目外，还应制定有针对性的培训项目；安全培训的目标是通过提高员工的保护意识、执行能力，增强对计算机的安全责任感来加强对计算机资源的保护。

确定培训教师。无论教师来自何处，他们的知识水平必须与内容要求相符合，同时培训教师应当具有良好的培训技能。

确定培训对象。培训项目因人而异，它只提供学员最急需的知识，在大型机构中，有些人员要参加不同的培训班，而较小的机构就不必如此。

根据实际情况可以将学员按以下方式分组：

① 按理解能力分组。要研究培训对象是否理解计算机安全的相关进程以及它们与自身工作的关系，在此基础上进行分组。

② 按工作任务和功能分组。把培训对象分为数据提供者、处理者或使用者。

③ 按特定的工作类别分组。不同人员有不同的任务，每一类工作有不同的工作责任，培训就要因人而异。工作分类包括一般管理、技术管理、应用开发和安全。

④ 按计算机水平分组。计算机专家会更关注包含高科技信息的项目而非计算机安全管理问题的项目；而一个新手会从基础知识的培训项目中受益。

⑤ 按技术类型或采用的系统分组。安全技术通常会随着应用系统而改变。大多数应用系统的使用者通常要求得到基于该系统的详细培训。

激励管理者和员工。意识和培训项目的成功，很大程度上取决于管理者和员工的支持，因此，应该使用激励手段。激励手段应该让管理者和员工明确参与安全培训项目是如何有利于组织的。为了激励管理人员，例如，使他们了解潜在的损失和计算机安全培训的作用，员工必须懂得计算机安全如何有益于他们和组织以及信息安全是如何与他们的工作相关联的。

项目管理。当管理安全培训项目时，要思考以下几个重要方面：

① 知名度。一个安全培训计划的知名度在它的成功中起着关键的作用。如果想在一个机构里引人注目，应该在安全培训项目开发的早期就开始努力。

② 培训方法。安全培训项目里使用的方法应该与所用的材料一致，应该适合具体对象的需要。

③ 培训主题。应该根据对象的要求选择题目。

④ 培训材料。高水平的材料容易被接受，但比较昂贵，为了降低费用，可以从其他组织获得培训材料，修改现有的材料通常要比开发新材料便宜。

⑤ 培训介绍。要介绍培训的频率（例如，每年进行还是按需要进行），培训的时间（例如，普通的介绍要 20 分钟，升级要一个小时，脱产班大约要一周时间），培训的类型（例如，正式的介绍、非正式的商谈、基于计算机的训练、幽默的讲解）。

项目改进。应该努力适应计算机技术和由此产生的安全要求的变化。如果组织在它的信息系统中使用新的应用程序或者改变它的环境，例如通过连接因特网，一个曾经满足组织需求的培训项目可能变得无效。同样，法律、组织策略或者常用规则发生了改变，一个意识提

升项目可能变得过时。例如，如果一个安全意识提升项目正在培训员工一个新的策略，关于电子邮件的用法和使用来自 Eudora（一个受欢迎的客户电子邮件服务程序）的例子。如果组织同时转向 Outlook（另一个客户电子邮件服务程序），它可能就变得不那么有效，因此，如果不向员工及时提供这方面的最新信息，员工就可能轻视安全培训项目，以及轻视计算机安全的重要性。

项目评估。一个组织或机构能够通过确定有多少信息被保留、采用的计算机安全程序达到什么程度以及对待计算机安全是什么态度，来评估他们的培训项目，其结果能够帮助鉴定和改正错误，下面是一些通用的评估方法（能够相互结合使用）：

① 让学员打分，并收集反馈；
② 观察员工被培训后，在工作中是否遵循有关安全程序；
③ 用已经在培训中涉及的材料来测试员工；
④ 监控培训项目实施前后报告的计算机安全事件的数量和种类。

4.5.3 安全意识

安全意识指通过改变组织或机构的观点，让他们意识到安全的重要性和没有保证安全所带来的不利后果，并建立培训阶段和提醒后继者。

安全意识的提升使用户在日常工作中首先想到的就是保护信息的安全，在控制和处理信息的员工之中慢慢地灌输责任感和目标意识，并引导员工更关心他们的工作环境。当开展一个新的意识提升项目时，有一些重要的观念要记住：

① 人既能制造问题又能解决问题；
② 尽量少使用技术术语，讲用户理解的语言；
③ 至少确定一个关键学习目标，清楚地说明它，提供充分的细节和报道来加强学习；
④ 尽量使事情简单，不要喋喋不休地向员工进行宣传；
⑤ 不要用海量信息淹没用户；
⑥ 帮助用户明白他们在信息安全中的任务和破坏安全将如何影响他们的工作；
⑦ 利用内部通信介质来传送消息；
⑧ 使意识提升项目正规化，策划和记录全部活动；
⑨ 尽快提供好的信息。

好的安全意识提升项目应该是管理者以身作则，简单易懂并且为之付出持续努力。他们应该不断重复重要的消息以确保信息被传送，应该让人感到愉快，并且抓住用户感兴趣和感到幽默的地方使口号容易记住。他们应该告诉员工什么危险是威胁，以及如何保护对工作至关重要的信息。

意识提升项目应该集中于那些和员工有关系的主题，这些主题包括对有形资产和存储信息的威胁，对开放式网络环境的威胁和它们要遵守的国家法律，包括与侵犯版权或者个人隐私有关的法律；此外除了怎样存储、标识和传送信息的安全方法，也应包括具体某个组织或部门的策略以及关于如何确定和保护敏感信息的资料。意识提升也应该说明一旦发生安全事件应该向谁报告。

（1）员工的行为和意识

安全意识培训可以纠正员工所有危害机构信息安全的行为。通过教导员工怎样正确地处理信息、应用信息，能够降低偶然损害或者信息破坏的风险性；通过让员工了解信息安全的威胁、这些威胁能够导致的潜在损坏以及这些威胁发生的方式，降低因员工认为这些威胁不严重而带来的潜在风险；通过使员工了解策略、没有遵循策略将受到的惩罚和策略破坏被发现的机制，降低一个员工试图有意错用和滥用信息的可能性。如上所述，惩罚性策略主要是想达到以下效果：

① 员工害怕惩罚；

② 员工认为他们可能被抓住；

③ 员工认为如果被抓住，他们将被惩罚。

如果管理者不树立一个好榜样，安全意识培训活动可能被破坏。管理者特别是上层管理者没有遵循组织的策略将很快被所有员工的行为和活动反映出来。举个例子，假设一个策略就是所有员工任何时间在显眼的位置佩戴统一的徽章，如果一段时候后员工发现高级主管没有佩戴徽章，那么逐渐就没有人佩戴徽章，而惩罚没有佩戴徽章员工的事也会不了了之。上层管理者对策略的破坏总是被认为缺乏对策略的支持，因此，如果管理者期望所有人员都遵循策略，他们就必须做好榜样。

（2）员工的责任

有效的意识培训使得员工能为他们的行为负责。在法庭上，“不知者不罪”的辩护对触犯法律的人没有什么帮助。全面而适当的传播策略能够使员工顺从。适当的意识培训可使策略的传播和实施变得更容易。

明确地警告员工信息资源的处理不当、滥用和误用将不能被容忍，一个机构不会保护这样的员工——从而对簿公堂时使组织能防止被犯法的员工反咬一口。

（3）安全意识策略

安全意识策略的本质是：安全意识针对不同的对象能够呈现出不同的形式。管理者适当的安全意识能够在建立组织安全观念时起到关键的作用。其他如系统程序员或者信息分析家的安全意识，一定要称职，因为这和他们的工作相关。在今天的系统环境中，几乎每个成员都可能接触系统资源，因此造成潜在的危害。

一个安全意识提升项目可使用很多方法宣传它的理念，包括录像带、通信、广告画、布告牌、基本情况介绍会、交谈或者演讲。安全意识经常被包含进基础安全培训并且能使用多种方法来改变员工的态度。有效的安全意识项目需要不断改进，例如，一幅安全广告画，不管设计得如何，早晚都将被忽视，因此，意识策略应该有创造性并且被经常改变。

（4）提高安全意识的方式

许多安全意识用较低的成本就可以获得，除了时间和精力之外，并不花费资金，安全意识表现手法包括以下项目：

① 通信；

② 广告画和旗帜；

③ 演讲和会议；

④ 基于电脑的培训；

⑤ 录像；

⑥ 小册子和飞行物；

⑦ 小饰物（咖啡杯、钢笔、铅笔、T 恤衫）；

⑧ 布告牌。

下面将详细讨论这些内容：

安全通信。安全通信是传播安全信息和消息的最为廉价的方法。安全通信能够使用纸质文件、电子邮件或者在内部网上发送。目的是在用户内心深深地保持信息安全的思想和激励他们关心安全。

关于如何出版通讯的决定将根据组织或机构需求的变化而变化。即使机构拥有自己的复印设备，装潢精美的纸质文件，可能也会觉得非常昂贵。大一点的组织可能喜欢 Adobe（PDF）的复制品，或者使用电子邮件或内部网的 HTML 资料。

一些公司可能选择创建一个连接用户的 HTML 站点和电子邮件信箱，而不是传送纸质文件或者传送附件。

安全广告画。一套安全广告画系列是让人们在头脑中保持安全意识的一种简单而廉价的方式。专业制作安全广告画可能十分昂贵，内部制作可能是最好的解决方案（但不是简单地拷贝别人的工作）。

一个好的广告画系列有下列几个关键：

① 改变内容使广告画更新；

② 简单，但视觉上有趣；

③ 提供清楚的信息；

④ 提供报告破坏的信息。

信息安全意识站点。建立致力于促进信息安全意识的网页或者网站，如 Kennesaw 州立大学的网站 infosec. Kennesaw.edu。这种方法的困难在于不断地更新信息以保证它们的实时性。

以下是关于创建和维护教育站点的一些建议：

① 他山之石可以攻玉。正如不必重新发明车轮一样，看看其他组织对他们的站点已经做了什么。不过需要确定所有权，因为你不想侵犯另一个机构的知识产权。采纳一个好想法是一回事；使其成为自己的是另外一回事。好的经验法则是大量地查看网站，然后用你看到的最好的东西设计自己的站点。

② 制定计划。在计算机上设计 Web 网站之前要先在纸上设计，把文件标准化，也就是把风格、文件、映像的位置和其他开发组件标准化，这样的话，如果中途改变了开发风格，就不必对链接和网页重新编码。

③ 把网页加载的时间保持到最小。避免大图像和复杂冗长的网页。典型的是用 VGA 图像的 800×600 显示器，尽可能地使用以 jpg 为后缀的图形文件，不使用大文件格式。

④ 外观问题。用模板或可视化有吸引力的格式，为网页生成“视觉和触觉”的主题。在旁边、底端或浮动菜单上确保有快速链接。

⑤ 寻求反馈。让别人来检查你的工作，接受最好的建议。用统计的方法来决定网站的哪一部分被浏览得最频繁。

⑥ 不对任何事作假设但要检查每件事。用别人的计算机浏览你的文档以检查标准。用多个浏览器、平台、系统考验你的 Web 网站，它们每一个都要求使用标准化的解释器，但它们的本质可能会产生不可预料的结果。

⑦ 花时间宣传你的网站。让公司里的每个人都知道它在那里，当新内容发布的时候要发送通知。在网站上发布消息可以减少 E-mail 流量。

最后推荐把 Web 网站放在企业内部网上，包括电话号码和一般不向外部公布的信息，例如违规和违例的通知，公司的策略和处理问题的程序。

安全意识会议。另一个更新信息安全消息的方法是确立一个致力于这个主题的客户发言人或小型会议——或许可以和计算机安全日联系起来。虽然 1998 年就有了这种做法，但计算机安全日（11 月 30 日）并没有被推广，正如信息安全本身（要查看更多信息，请浏览信息安全日协会网站 www.geocities.com/a4csd/index.html）。客户发言人或发言人能够讨论具体行业的信息安全关键问题。缺点是发言人很少免费演讲，并且没有几个组织或机构愿意为这件事暂停手头的工作。

4.6 持续性策略

管理者的一个重要任务是计划。IT 和信息安全团体的管理者通常需要提供策略计划，以确保信息系统的持续可用。但对于管理者来说，发生某种形式的攻击的可能性非常高，无论是来自内部还是外部，蓄意还是无意，人为还是非人为，令人讨厌还是造成灾难。因此，组织或机构内每个利益团体的管理者都必须准备好在受到攻击时采取行动。

对此类事件有许多不同的计划：业务持续性计划（BCP）、灾难恢复计划（DRP）、事故响应计划（IRP）和应急计划（CP）。在某些组织或机构里，这些计划也可看做一个计划。在大型、复杂的组织或机构里，这些计划表示独立但相关的计划功能，在范围、应用性和设计上不同。在小型组织或机构里，安全管理员（或系统管理员）可以进行一个简单的计划，由媒体备份、恢复策略，以及一些来自公司服务提供商的服务协议组成。但糟糕的现实情况是，许多机构的计划层次都不完善。

本节把事件响应、灾难恢复和业务持续性计划作为应急计划的元素，如图 4-5 所示。应急计划（CP）是组织或机构准备的一个完整计划，当发生威胁机构中信息和信息资产的安全事件时，该计划可以预估、响应和恢复该事件，之后，把机构恢复到商务操作的正常模式。对 CP 的讨论开始于解释 CP 各元素之间的差别，找出每个元素起作用的点。组织或机构需要制定灾难恢复计划、事故响应计划和业务持续性计划，作为整体 CP 的子集。事故是对组织或机构信息资产的明确攻击，它可威胁资产的机密性、完整性或者可用性。事故响应计划（IRP）处理事故的识别、分类、响应和恢复。灾难恢复计划（DRP）是为灾难（自然或人为灾难）做准备，并从灾难中恢复。业务持续性计划（BCP）则确保发生灾难事故或灾难时重要的业务功能能够持续。这 3 种计划的基本功能如下：

① IRP 关注的是立即响应，但如果攻击升级或成为灾难（如火灾、水灾、地震或整体中断），就要进行灾难恢复和 BCP。

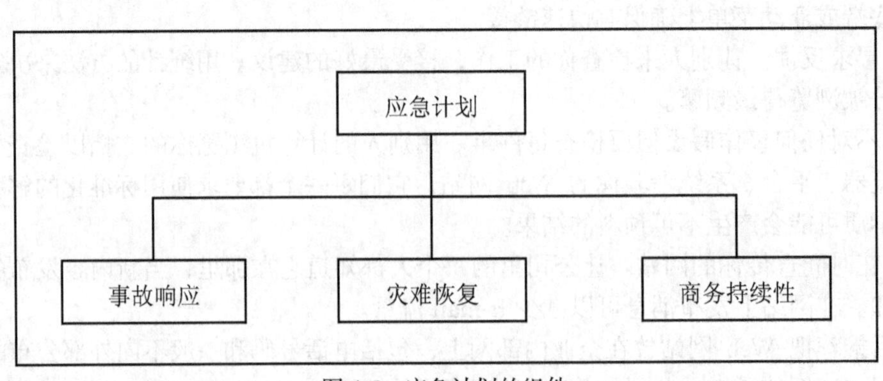

图 4-5　应急计划的组件

② DRP 一般关注在灾难发生后，将系统恢复到最初状态，这一点与 BCP 紧密相关。

③ 当损害很大或时间很长时，需要的不止是单纯的信息和信息资源的恢复，BCP 就要与 DRP 同步进行。BCP 在可替代站点上重新建立重要的业务功能。

在任何计划开始前，必须指定一个承担人或计划小组，在通常情况下，应为此组建应急计划小组。此小组的成员可由如下人员组成：

① 首脑：与任何战略性功能一样，CP 项目必须有一个高层管理者，由他来支持、增强和签署项目资金。在 CP 项目中，此人可为 CIO，理想人选则是 CEO。

② 项目经理：首脑提供战略性预见，与机构的权力结构联系，但必须有人管理项目本身。项目经理，可能是中层经理，甚至是 CISO，他必须领导项目，确保使用可靠的项目计划过程，开发完整有效的项目计划，谨慎地管理项目资源，以达到项目的目标。

③ 小组成员：此项目的小组成员应是各利益团体（如商务、信息技术和信息安全团体）的经理或代表。业务经理熟悉其领域的操作过程，所以应提供其活动的细节，说明他们能承受多大危险。项目小组的信息技术经理应熟悉可处于风险之中的系统和所需的 IRP、DRP 和 BCP，以提供计划过程中的技术内容。信息安全经理需要监视项目的安全计划，提供威胁、漏洞、攻击的信息和计划过程中需要的恢复需求。

4.6.1 业务影响分析

应急计划过程开发的第一阶段是业务影响分析（BIA）。BIA 研究和评估各种攻击对机构产生的影响。BIA 在风险评估过程停止时开始。它是最初计划阶段的重要组成部分，因为它提供了每个攻击可能对机构产生的潜在影响的详细结果，可设计机构为响应攻击而必须采取的措施，使攻击所造成的损失达到最小，并从攻击结果中恢复，返回到正常的操作。风险管理方法识别出威胁、漏洞和攻击，并判定保护信息可以采取的控制。BIA 则假定这些控制已被忽略、已经失败，或无法阻止攻击，攻击是成功的。这时，需要回答的问题是：如果攻击成功，我们该怎么做？很明显，机构的安全组织应尽其所能来阻止攻击，但正如所见，某些攻击不可能停止，如自然灾害、服务器提供商的服务质量差、人为失败或错误和蓄意的破坏行为。

应急计划小组在下列阶段进行 BIA，这些阶段如图 4-6 所示。

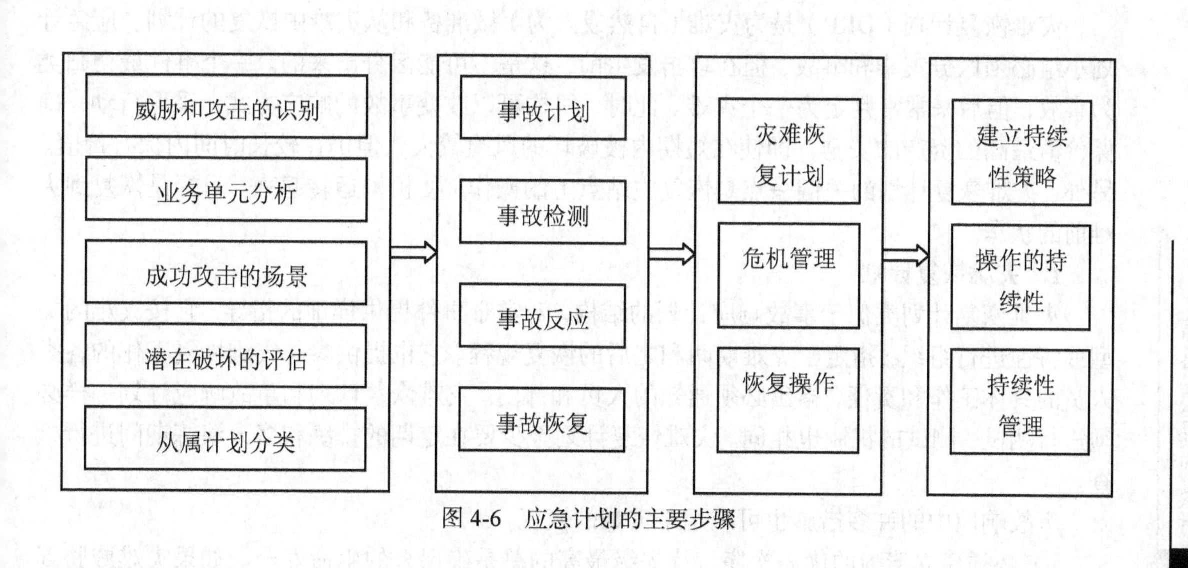

图 4-6 应急计划的主要步骤

① 威胁和攻击的识别与分级；
② 业务单元分析；
③ 攻击成功场景的开发；
④ 潜在损坏的评估；
⑤ 从属计划分类。

4.6.2 事故响应计划

事故响应计划（IRP）是对事故的识别、分类和响应。事故响应计划由识别事故后进行的一系列活动组成。在制定这样一个计划前，应理解什么是事故。如前所述，事故是对信息资产的一个攻击，它明显威胁着信息资源的机密性、完整性和可用性。如果发生了威胁信息的行为并且已完成，则该行为就界定为一个事故。为讨论方便，具有下列特征的攻击才界定为事故：
① 直接面向信息资产；
② 具有成功的现实可能性；
③ 可威胁信息资源的机密性、完整性或可用性。

因此，事故响应（IR）是为计划、检测和改正事故对信息资产的影响而采取的一系列行动。防御措施是有意忽略的，因为这些措施是信息安全的功能，而不是事故响应的措施。换言之，事故响应主要是事后响应，而不是提前防御，除非是为事故响应小组准备响应事故而制定的计划。

事故响应由 4 个阶段组成，这些阶段如图 4-6 所示。
① 计划；
② 检测；
③ 反应；
④ 恢复。

4.6.3 灾难恢复计划

灾难恢复计划（DRP）是为灾难（自然或人为）做准备和从灾难中恢复的计划。应急计划小组必须区分灾难和事故，但在攻击发生前，这是不可能区分出来的。一个事件最初归类为事故，但后来常常判定为一个灾难。此时，机构可以改变事故的响应方式，采取行动，确保价值最高的资产的安全，即使在短期内被破坏的风险较大，但仍在较长时间内保有价值。另外，灾难恢复计划的关键一点是恢复主站点上的操作，使机构运转起来。目标是恢复到灾难前的状态。

1. 灾难恢复计划

灾难恢复计划类似于事故响应计划的结构，对灾难事件提供详细的指导。它按灾难的类型或特性进行组织，指定了灾难期间和之后的恢复规程。它也提供参与灾难恢复工作的各类人员的具体工作和责任，指出必须通知的人员和部门。灾难恢复计划和事故响应计划一样必须进行测试，测试的机制也相同。灾难恢复计划至少要在定期的排练和多人演练期间进行检查。

事故响应中的许多措施也可应用于灾难的恢复。

① 必须建立清晰的优先次序。优先级最高的总是确保人的生命安全。如果灾难威胁到

机构员工或机构利益团体成员的生命、健康或福利，则应把数据和系统放在一边。只有所有的员工和邻居都已脱险，灾难恢复小组才能去保护非人员资产。

② 必须清晰地指派工作和责任。每个分配到灾难恢复小组的人都应该知道他在灾难期间应做什么。一些人负责协调本地职权机关，如消防、警察和医疗机构，其他人负责必要时疏散人员，还有一些人只需自己走开即可。

③ 必须有人启动警告人员过程，通知重要人员。要通知的人可能是前面提及的消防人员、警察和医疗人员，还有保险公司、红十字会等救灾小组和管理小组。

④ 必须有人对灾难进行归档。与事故响应反应一样，必须有人记录所发生的情况，以便以后调查事件的原因和发生方式。

⑤ 尽可能减轻灾难对机构运转的影响。如果每个人都安全，也通知了所有需要通知的人，就应开始保护物理资产。一些人负责确保所有的系统都安全地切断，以免数据进一步受损。

2. 危机管理

灾难当然比事故的规模更大，更难以处理，但它们的计划过程是一样的，在许多情况下，计划的实施方式也类似。响应小组应把事故和灾难区分开。事故响应小组一般是从办公室或家里赶到事故现场，第一步是实施事故响应计划，准备做出反应。而灾难恢复小组不必翻看标记段，就知道他们必须要做的工作。灾难恢复人员必须在没有任何文档支持的情况下知道自己应做出什么响应。这是准备、培训和预演才能产生的功效。因此，灾难恢复计划预演现在和过去一样重要。

灾难期间和之后采取的行动称为危机管理。危机管理与事故响应差别很大。因为它首先关注的是所涉及的人，之后才是商务。灾难恢复小组和危机管理小组必须密切合作。

危机管理小组应在灾难结束后，建立一个操作或命令中心，以支持这些交流活动。危机管理小组包括机构所有功能区域的人员，以促进交流和协作。危机管理的关键部分包括：

① 核查人员：必须检查每个人，包括休假、缺席和出差的人。

② 检查警报人员名单：使用警报人员名单和常用的人员电话列表，来通知每个可能有帮助的人，或是简单告诉员工，在灾难结束前不要来上班了。

③ 检查紧急事件信息卡：每个员工都要有两种紧急事件信息卡。第一个是列出了个人紧急事件信息，包括在发生紧急事件时要通知的人员（家属）、医疗条件和某种鉴别形式；第二种类型是在发生紧急事件时应采取的行动的指令集。这个灾难恢复计划的微缩版应至少包含联系或热线电话号码、紧急事件服务号码（消防队、警察局和医院）、离开和集合地点、灾难恢复协调人的名字和电话号码，以及其他必需的信息。

3. 恢复操作

人们对灾难的反应可能互不相同，所以不可能准确描述该过程。因此，每个机构必须在制定应急计划之前，研究各种方案，确定如何响应。如果灾难之后物理设施未受到损害，灾难恢复小组就应开始恢复系统和数据，重建全部操作功能。如果机构的设备被损坏，必须采取替代措施，直到购置了新的设备为止。当灾难威胁到机构的正常运转时，灾难恢复过程就转化成业务持续性计划过程。

4.6.4 业务持续性计划

当灾难影响到机构的正常运转时，业务持续性计划可以重建重要的业务功能。如果灾难致使业务在当前情况下不能继续运转，则必须有一个使业务继续运转的计划。不是每项业务都需要这样的计划或设备。一些公司或财政健全的机构只是停止运转，直到恢复物理设备为止。但生产和零售等机构不能这样，因为他们依赖于具体的商品，没有它们就不能重新运转。

1. 开发持续性程序（BCP）

一旦事故响应计划和灾难恢复计划准备就绪，组织或机构就需要购置暂时设备，在灾难发生时，支持业务的持续运转。持续性程序的开发比事故响应计划或灾难恢复计划要简单，因为它主要是选择持续性策略，把站外的数据存储和恢复功能集成到这个策略中。开发持续性程序的某些元素已经是机构正常运转的一部分，如站外备份服务，其他则需要特别的考虑和协商。业务持续性计划的第一部分在"灾难恢复计划／开发持续性程序"联合计划时执行。确定重要的业务功能以及支持这些功能所需要的资源是开发持续性程序的基础。当灾难发生时，这些功能是第一个在预备站点重建的。应急计划小组需要任命一组人，来评估和比较各种可用的预备站点，推荐应选择和实行的策略。选中的策略通常涉及某种形式的站外设备，并定期检查、配置、保护和测试它。这种选择应定期评估，判断是否有更好的替代品，或者机构是否需要另一个方案。

2. 持续性战略

制定业务持续性计划时，有许多策略可供组织或机构选择。在这些选项中，决定性因素通常是成本。通常有三种互不相同的选项：热站点、暖站点和冷站点，以及三种共享功能：时间共享、服务台和共有协议。

热站点：热站点是一个完全配置好的计算机设备，带有所有的服务、通信链接和物理设备操作，包括暖气和空调。热站点复制计算资源、外围设备、电话系统、应用程序和工作站。热站点是应急计划的最上端，只需要最新的数据备份和操作人员，作为具有最初全部功能的实际翻版。需要时，热站点可以在几分钟内完全运转起来，在某些情况下，还可以建立热站点，从发生故障的站点中获得处理负载，进行无缝的故障恢复。因此，它是最昂贵的可用替代品。缺点包括需要维护热站点内所有的系统和设备，确保物理和信息安全。然而，如果机构希望具有实时恢复的不间断功能，则热站点是其选择方式。

暖站点：比热站点低一级的是暖站点。暖站点提供与热站点相同的许多服务和选项。但它一般不包括公司需要的实际应用程序，或未安装和配置的应用程序。暖站点经常包括带有服务器的计算设备和外围设备，但不包括客户工作站。暖站点有热站点的许多优点，且成本较低。缺点是需要几个小时甚至几天才能使暖站点完全运转。

冷站点：最后一个站点是冷站点。冷站点只提供初步的服务和功能，不提供计算机硬件或外围设备。所有的通信服务必须在站点运转后安装。冷站点基本上是一个有暖气、空调和电力的空房间，其他都是可选的。虽然明显的缺点可能排除该选择，但有冷站点总比没有好。相比于热站点和暖站点，冷站点的主要优点是成本低。而且，热站点和暖站点的功能是共享的，而冷站点不必与共享空间和设备竞争。如果发生了大范围的灾难，冷站点就是一个更易控制的选项，只是运转起来比较慢。尽管有这些优点，某些机构还是觉得，与其支付冷站点的维护费用，不如短期租借一个新空间。

时间共享：三个共享选项的第一个是时间共享。顾名思义，时间共享是与商务伙伴或兄弟机构合租热站点、暖站点或冷站点。时间共享允许机构提供灾难恢复和业务持续性选项，同时降低了整体成本。其优点与所选的站点类型相同（热站点、暖站点或冷站点）。主要的缺点是时间共享中所涉及的多个机构可能同时需要某个设备。其他缺点包括需要装备所有相

关机构的设备和数据，协商时间共享的安排。如果一方或多方决定取消协议，或转租其设备，还要就相关协议进行协商。这有些类似于一群朋友为合租一套公寓达成协议。机构之间最好能保持友好的态度，因为他们都有对彼此数据的物理访问权。

服务台：服务台是一个提供收费服务的代理。在制定灾难恢复和持续性计划时，该服务就是在灾难发生时提供物理设备的协议。这些代理也经常提供收费的站外数据存储。有了服务台，就可以仔细地建立合同，精确地指定机构所需，而不需要保留专门的设备。服务协议通常可确保所需要的空间，但在发生大范围的灾难时，服务台必须有额外的空间。这类似于保险单上租用汽车的条款。缺点是，它是一个服务，必须定期签订。另外，使用服务台也比较昂贵。

共有协议：共有协议是两个或多个组织或机构之间的一个合同，指定发生灾难时彼此互助的方式。它规定，每个机构都有义务提供必要的设备、资源和服务，直到机构可以从灾难中恢复为止。这种类型的协议类似于亲戚甚至是朋友之间的走动：彼此不需要过于客套。这似乎是一个可行的方案，如果其他协议方需要一些服务和资源，但又不想投资（即使是短期），那么复制这些服务和资源的确很划算。如果需要别人的帮助，就可以进行这种协商，如果不需要，就会吃亏。大公司的各个下属部门之间、子机构和上级机构之间或商务伙伴之间的共有协议仍是一个具有成本效益的方案。

其他选项：还有一些特殊的可用替代品，如为拖拉机和拖车的载重部分配置的机动车站点或外部存储资源。它可以包括一个租用的存储区，其中包含发生紧急事件时使用的相同或第二代设备。机构也可以和建筑承包人就灾难事件中要放到站点上的即时、暂时设备（可移动办公室）达成协议。至少，在评估策略选项时应考虑这些替代品。

站外灾难数据存储：为使此类站点快速启动和运转，机构必须把数据移到新站点的系统上。操作的快速启动和运转有许多选项可供选择。有些选项可用于恢复持续性之外的其他意图。其中包括电子拱桥、远程日志和数据库镜像。

① 电子拱桥：把大批数据转移到站外设备上，称为电子拱桥。这种转移一般通过租借的线路或收费的服务来进行。接收服务器在接收到下一个电子拱桥过程之前归档数据。一些灾难恢复公司专门从事电子拱桥服务。

② 远程日志：把实时交易转移到站外设备上，称为远程日志。它与电子拱桥的区别在于：

a. 只传输交易，不传输归档的数据。

b. 传输是实时的。电子拱桥类似于传统的备份，把大量数据转移到站外存储，而远程日志包含系统级的行为，如服务器容错，把数据同时写入两个位置。

③ 数据库镜像：它改进了远程日志过程，不只处理完全相同的实时数据存储，而且把远程站点的数据库复制到多个服务器上。它把前面提到的服务器容错和远程日志结合起来，同时写入数据库的 3 个或更多副本。

第5章 信息安全管理的实现

学习目标

- 信息安全的项目管理;
- 实现项目计划所需的技术策略和模型;
- 在快速发展时期机构所面临的非技术问题。

5.1 引言

安全系统开发生命周期是收集组织、机构或部门的目标、技术体系结构以及信息安全环境等信息的过程。这些元素形成了信息安全蓝本，根据该蓝本，建立机构信息的机密性、完整性和可用性的保护。无论这些信息是存储、传输还是处理，都要采用各种控制措施来保护，例如策略、教育和培训、技术等。

信息安全实践中需要项目管理技能起初可能不是不证自明的。信息安全是一个过程，而不是一个项目。然而，信息安全项目的每一个元素都必须作为一个项目来管理，即使它正在进行中。机构一般让技术熟练的 IT 或者信息安全专家来领导信息项目，或者指派经验丰富的项目经理或总经理来领导信息安全项目。有些机构同时使用这两种方法，有时把项目管理任务指派给技术经理，有时又指派给总经理，以确保信息安全项目的每一个元素能够在保证质量、及时和不超支的前提下完成。

在实现阶段，机构把信息安全的蓝本转换成具体的项目计划。该项目计划给完成实现阶段的人提供指令。这些指令主要考虑了必要的安全控制修改，以提高组成机构信息系统的硬件、软件、过程、数据和人员的安全性。整个项目计划必须描述获得和实现必要的安全控制，并搭好一个框架，使这些控制获得预期的效果。

但在开发项目计划前，管理层应该清晰地说明机构信息安全的前景和目标，和实现该计划的各个利益团体协调。如果还没有说明机构信息安全计划的前景和目标，就必须做出说明，并加入项目计划。前景说明应该很简明，它应指出信息安全计划的任务及其目标。也就是说，该项目计划应构建在这个前景说明之上，用做指导修改实现阶段的指南。项目计划的内容不应与机构对前景和目标的说明相抵触。

5.2 信息安全的项目管理

5.2.1 项目管理

在美国项目管理协会编制的《项目管理知识体系指南》中项目管理被定义为：把知识、

技巧、工具和技术应用到项目活动中以满足项目的需要。项目管理是通过以下过程完成的：启动、计划、实施、控制和结束。换句话说，项目管理侧重于完成项目的目标。

和正在进行的操作不同，项目管理就是临时组建一个团队以完成整个项目，在项目完成后，其成员解散，也可能被指派到其他的项目中去。员工们总是在努力提高自己的技能，以获得更大的提升机会，而项目有时能使员工和管理者增长技能。这就会在机构中导致一个常见的隐患："首席女歌手效应"，即在项目团队中，一些人被认为比其他人更优秀、技能更高。当处于支配角色和软件维护的操作人员缺乏活力，而且没有项目主要负责人的工作能力强时，就会看到这种隐患的影响。

尽管项目管理主要关注有结束时间的项目，但这并不意味着这些项目只出现一次。许多项目都是一个重复的过程，而且是有规律的。预算过程是项目重复发生的例子。预算委员会每年都要聚到一起设计下一年的预算，然后提交给相关的管理人员。直到进行下一年的预算提案，这个委员会可能 6~9 个月后就会再举行预算会议。另一个常见的典型例子就是一系列连续项目的创建过程中每一个子项目都必须是一个可交付的单元。每个项目阶段都定义了一套阶段目标和可交付成果，授权进入下一个阶段不但依赖于资金和其他重要资源，还要依赖于前一阶段的成功。

一些机构长期以来都依赖项目管理。他们通过实施培训和奖励机制，希望培养高技能的项目经理和高技术员工等核心人才。而其他一些机构则从头开始实施每个项目，并按照自己的方式定义该过程。机构把项目管理技术放在首位自然会获得很多好处，包括：

① 方法论的实施确保没有遗漏的步骤。

② 建立详细的项目活动蓝图作为通用的参考工具，并在项目进行中，让所有项目小组成员通过缩短学习过程而提高效率。

③ 明确所有项目涉及人员的具体责任，当一个人被派往新的或不同的项目时减少责任的不明确性。

④ 明确定义项目约束条件，包括时间框架、预算、最低质量要求，以此来增加项目被控制在约束范围内的可能性。

⑤ 建立业绩的衡量措施，并确定项目的里程碑，以此简化对项目的监控。

⑥ 尽可能早地发现质量、时间和预算的偏差以便及早地更正。

成功的项目管理依靠细心、现实的项目计划，也依赖于实施人员积极主动的控制。每个机构对项目成功的定义可能不一样，但普遍认为成功的项目应该具备：

① 准时完成或者提前完成。

② 刚好达到预算或者低于计划的预算（可以考虑把"计划的"全部删去）。

③ 达到被批准的项目定义的全部要求，交付的各种成果要被最终用户或者授权实体认可。

5.2.2 信息安全的项目管理

一旦机构的前景和目标形成书面文档并得到认可，就可以定义把蓝本转换成项目计划的过程。

执行项目计划的主要步骤如下：

① 给项目制定计划；

② 监督任务和行动步骤；

③ 综合。

项目计划可以用许多方式来制定。每个机构都必须为 IT 和信息安全项目确定自己的项目管理方法。只要可能，信息安全项目就应遵从机构的项目管理实践经验。如果机构对项目管理实践没有清晰的概念，则可应用项目管理的一般指导方针。

① 制定项目计划；

② 项目计划的考虑；

③ 范围的考虑；

④ 项目管理需求。

下面将具体阐述上述内容。

1. 制定项目计划

制定项目计划是把项目的所有要素整合成为一个综合计划的过程，该计划要求在规定的时间、分配的资源内达到项目目标。如图 5-1 所示，这三个元素——工作时间、资源和项目可交付成果——项目计划中的核心元素。改变其中的任何一个元素往往会影响对其他两个元素评估的准确性和可靠性，并且很可能意味着项目计划必须被修改。例如，如果改变了可交付成果的质量和数量，就要改变工作时间和资源分配来保障项目仍然是可实现的。

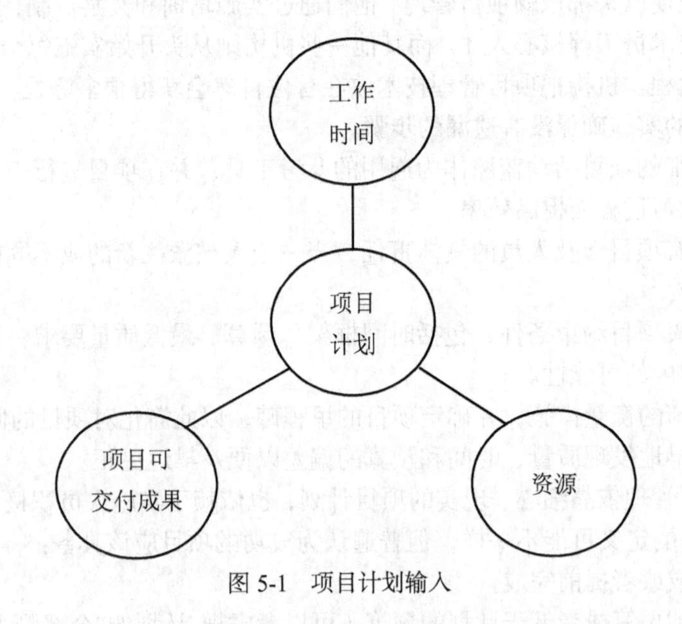

图 5-1 项目计划输入

创建实现信息安全蓝本的项目计划经常由项目主管或项目的领导人物来完成。这个人可以管理项目，并把项目的各个部分委派给其他的决策制定者。项目主管经常是来自 IT 分部的人，因为其他员工大都缺乏信息安全背景和机构内完成信息安全项目的相应管理权限和技术知识。

项目计划的创建本身可使用简单的计划工具来完成。采用工作细目结构方法，首先把项目计划分解为几个主要任务，将每个主要项目任务（及其必要的属性）放在工作细目结构中。

① 要完成的工作（活动和可交付的工作）；

② 完成任务的人员（或技术装置）；

③ 任务的开始和结束日期（已知）；

④ 完成工作所需的工时（小时或工作日）；

⑤ 估计的资金开销；

⑥ 估计的非资金开销；

⑦ 任务之间的相互依赖性。

然后进一步将工作细目结构上的每个主要任务分解成子任务或特定的行动步骤。为简单起见，本章描述的示例项目计划只把每个主要任务分解为行动步骤。注意，在实际的项目计划中，主要任务常常复杂得多，必须先分解为子任务，才能确定行动步骤，再分配给人员或技术装置。对于各种不同的项目，细节的划分达到何种程度（即在哪一级上任务或子任务才应是一个行动步骤）很少有正式的指导规则，但仍可以使用一个硬性规则来确定这个级别：任务或子任务可由一个人或一个技术装置完成，且只包含一个可交付工作时即可变成一个行动步骤。

可以使用简单的电子制表程序来为工作细目结构做准备，也可以使用更复杂的项目管理软件工具。

（1）要完成的工作

在工作细目结构方案中，第一步是确定要完成的工作，其中包括各种活动和可交付的任务。可交付的任务是一个已完成的文档或程序模块，它可以用做后期任务的起点，也可以成为已完成项目中的一个元素。理想情况下，项目的计划者给出任务的标签和详细描述。描述应非常完整，以避免在后续追踪过程中产生模糊，但也不必特别详细，以至于工作细目结构毫无用武之地。

（2）完成任务的人员

项目计划者应描述完成任务所需的技术装置或人员的类型（常称为资源）。但在计划过程的早期应避免指定人员。计划不应指定人员，而应考虑人员在机构中的作用或已知的技术装置。例如，如果网络组的工程师可以编写路由器的规范，则在工作细目结构上，资源应标记为“网络工程师”。然而在计划的制定过程中，就可以也应该将特定的任务和行动步骤分配给各个人员。例如，如果只有网络组的主管可以评估请求提议的响应，并能为合同做出贡献，项目计划者就应把网络主管确定为完成该任务的资源。

（3）任务的开始和结束日期

在计划的早期阶段，项目计划者应只判断项目中里程碑式任务的完成日期。里程碑是项目计划中某个特定的点，在该点上，该任务及其行动步骤完成后，会对整个项目计划的进程产生显著的影响。例如，给厂家发送最终请求提议的日期就是一个里程碑，因为它说明所有的请求提议准备工作都已完成。在过程的早期，计划者应只设定关键任务或里程碑式任务的开始和结束日期，以避免这种缺陷。在计划过程的后期，计划者可以在必要时加入其他任务的开始和结束日期。

（4）工作量

计划者需要评估完成每个任务、子任务或行动步骤所需的工作量。评估技术工作的工作量是一个很复杂的过程。即使机构有正规的管理、技术评估过程以及改进控制过程，也应询问最熟悉此工作或类似工作的人，来进行评估。然后，所有确定了行动步骤的人都应仔细检查所评估的工作量，理解任务，对估计值达成一致。

（5）估计的资金开销

计划者需要估计完成每个任务、子任务或行动步骤所期望的资金开销。每个组织或机构都会依据自己建立的规程进行预算和开销，大多数机构在固定资产的开销和其他用途的开销之间都有差别。一定要了解使用计划的机构的实际情况。例如，价值 4 万元的防火墙设备对一个机构来说是一笔资金开销，但该机构不会把价值 4 万元的软件包作为一笔资金开销，因为它的会计规则把所有的软件看做开支，而不是成本。

（6）估计的非资金开销

计划者需要估计完成每个任务、子任务或行动条款所期望的非资金开销。某些机构认为此开销应包括上班时间的恢复性充电开销，而其他机构则把雇佣时间排除在外，只把计划合同或咨询时间看做非资金开销。机构在把不同种类的开销界定为资金或非资金开销时，都遵循自己建立的规程。如前所述，了解使用计划的机构的实际情况是很重要的。例如，在一些公司中，实现防火墙的项目只把防火墙硬件的成本看做资金开销，劳务和软件费用则看做开支，它们认为，硬件是固定资产，其有效期是若干年。另一类机构则将与实现防火墙相关的所有现金开支都看做资金开销，没有开支。这个总开销包括硬件、劳务和运输的费用。该机构认为，新防火墙的有效期是若干年，是对机构基础设施的改善。另一种极端，在第三类公司中，如果总开销在一定的范围内，就把这个项目的开销看做开支，其理论是，这些小项目是机构持续运转的成本。

（7）任务相互依赖性

计划者应注意其他任务或行动步骤和目前的任务或行动步骤之间的相互依赖性。在特定任务之前完成的任务或行动步骤称为先驱。在目前任务之后出现的任务或行动步骤称为后继。相互依赖性有多种，但这些内容一般在项目管理等课程中介绍，超出了本书的范围。

下面给出一个示例项目计划，以便更好地理解创建项目计划的过程。该项目要为一个小办公室设计和实现防火墙。硬件是一个标准厂商的产品，安装在已有网络连接的位置上。

第一步是列出主要的任务。

① 联系区域办公室，确认已有的网络连接。

② 购买标准防火墙硬件。

③ 配置防火墙。

④ 打包防火墙，上传到区域办公室。

⑤ 利用本地技术资源进行安装和测试。

⑥ 通过渗透测试队伍，协调漏洞的评估。

⑦ 获得远程办公室的广播信息，并升级所有的网络简图和文档。

基于工作细目结构的项目计划初稿如表 5-1 所示。

表 5-1　示例项目计划的工作细目结构（初稿）

任务或子任务	资源	开始和结束日期	估计的工作时间（小时）	估计的资金开销	估计的非资金开销	相互依赖性
联系区域办公室，确认已有的网络连接	网络设计师	S：9/22 E：	2	0	200	
购买标准防火墙硬件	网络设计师和购买小组	S： E：	4	4 500	250	1

续表

任务或子任务	资源	开始和结束日期	估计的工作时间（小时）	估计的资金开销	估计的非资金开销	相互依赖性
配置防火墙	网络设计师	S： E：	8	0	800	2
打包防火墙，上传到区域办公室	学生实习	S： E：10/15	2	0	85	3
利用本地技术资源进行安装和测试	网络设计师	S： E：	6	0	600	4
通过渗透测试队伍完成漏洞的评估	网络设计师和渗透测试队伍	S： E：	12	0	1 200	5
获得远程办公室的广播信息，并更新所有的网络简图和文档	网络设计师	S： E：11/30	8	0	800	6

当计划被评估和推敲过后，就修订计划，给列出的任务设定更多的日期。表5-2给出了更为详细的版本。注意，项目计划的这个版本已进一步修订，把任务2和6细化为行动步骤。

表5-2 **示例项目计划的工作细目结构（后期草案）**

	任务或子任务	资源	开始和结束日期	估计的工作时间（小时）	估计的资金开销	估计的非资金开销	相互依赖性
1	联系区域办公室，确认已有的网络连接	网络设计师	S：9/22 E：9/22	2	0	200	
2	购买标准防火墙硬件						
2.1	通过购买小组订购防火墙	网络设计师	S：9/23 E：9/23	1		100	1
2.2	从厂家订购防火墙	购买小组	S：9/24 E：9/24	2	4 500	100	2.1
2.3	防火墙交货	购买小组	E：10/3	1		50	2.2
3	配置防火墙	网络设计师	S：10/3 E：10/5	8	0	800	2.3
4	打包防火墙，上传到区域办公室	学生实习	S：10/6 E：10/15	2	0	85	3
5	利用本地技术资源进行安装和测试	网络设计师	S：10/22 E：10/31	6	0	600	4
6	渗透测试						

续表

	任务或子任务	资源	开始和结束日期	估计的工作时间（小时）	估计的资金开销	估计的非资金开销	相互依赖性
6.1	请求渗透测试	网络设计师	S：11/1 E：11/1	1	0	100	5
6.2	执行渗透测试	渗透测试队伍	S：11/2 E：11/12	9	0	900	6.1
6.3	验证正在传送渗透测试的结果	网络设计师	S：11/13 E：11/15	2	0	200	6.2
7	获得远程办公室的广播信息，并更新所有的网络简图和文档	网络设计师	S：11/16 E：11/30	8	0	800	6.2

2. 项目计划的考虑

下面讨论项目计划者决定在工作计划中包含的内容，如何把任务分解为子任务和行动步骤，以及如何达到项目的目标时应考虑的重要问题。在建立项目计划时应包含的考虑和限制可以分为以下几大类。

（1）资金的考虑

除了考虑机构内信息安全的需要之外，是否投入更大的努力常依赖于机构的资金状况。成本效益分析通常在项目计划的早期就做准备，必须在项目计划定案之前被验证。成本效益分析确定一个具体的技术或方法可能对机构的信息资产产生的影响，以及它可能花费多少资金。

每个机构有自己创建、管理预算和支出的方法。许多情况下，信息安全预算是整个 IT 预算的一部分。在一些机构中，信息安全是一个独立预算种类，可能和 IT 预算等同。不管信息安全在预算中被放置到那里，资金投入就决定了什么能够被完成。虽然性质不同，但私人机构和公共机构都有预算限制。

公共资金资助机构（特别是政府机构）在资金预算中都很有预测性。基于立法预算会议的结果，他们通常能够提前知道下一个财政年度预算的数量。在财政年度中，如果需要额外的资金来保障例如信息安全之类的活动，资金必须从不同的花费种类中获得。另外，一些机构依赖临时性财政拨款或者追加新的财政拨款。申请拨款时必须决定机构的开支。如果出现新的开销，必须在新的财政拨款申请书中进行申请。这种拨款资金通常被审计且不能滥用。另外，很多公共机构有自己的预算要求，这些要求很少存在于私营企业中：所有的预算资金必须在一个财政年度内用完；如果没有用完本财政年度资金，下一个财政年度预算总额就会减少。结果就出现了一个“到了财政年度末，花完所有的拨款金额”的现象，这可能就是申请信息安全技术资金的最佳时间。

非营利性机构同公共资金资助机构一样，也面临着同样的资金难题，但另外更面临着年终缺乏可靠的资金来源等问题，并且有寻求捐款者来赞助机构的非核心任务的活动。很少有人认为信息安全活动对核心任务有促进作用。

营利性机构有不同的预算限制，这是由市场而非法律来支配的。如果一个营利机构没有

充分的收入，就常常没有足够的资金来支付信息安全费用。

当一个营利机构要寻求一个项目以改善其安全性时，这种资金一般来自公司的资金和开支预算。每个营利机构决定自已的资金预算，也有各自不同的资金花费管理原则。但在任何情况下，预算都极大地引导着信息安全的实施。例如，一个不太理想的技术和方案只因为机构能够支付得起费用就可能被选用。

为公共机构或者营利机构的安全项目评审预算时，把其支出和相似的机构做比较可能很有用。大多数的盈利机构要向外发布其支出的状况。公共资金资助机构通常被要求公布其资金是如何花费的。明智的安全项目经理发现，很多相似规模的机构在安全方面的投入较大，并且把其支出作为自己制定支出计划的标准。虽然这种策略不会增加本年度财政预算，但是可能增加未来的年度预算。如果在这一年当中，攻击事件多次威胁到信息系统的安全，管理层可能更愿意支持信息安全预算。

（2）优先权的考虑

一般来说，应该首先考虑项目计划中最重要的信息安全控制。然而，因为有资金约束的限制，所以在确定优先权时也会有所限制。风险管理是用来识别威胁信息资产安全控制的过程。一个花费较高、优先权较低，但负责解决更多漏洞和威胁的控制过程，可能比一个花费较低但优先权较高的过程优先实施，这是由于后者只处理个别漏洞（例如加密）问题。

（3）时间和进度安排的考虑

时间是另一个对制定项目计划有广泛影响的约束条件。时间能够多方面影响项目的制定，包括：订购和收取安全控制的时间、安装和配置控制的时间、培训用户的时间、实现投资回收的时间。如果一项控制必须在一个新的电子商务产品之前实施，那么技术的选择可能受计划和实施时间基准差异的影响。

（4）人员配置的考虑

缺少合格的、受过培训的员工也会限制项目计划。通常需要经验丰富的员工来实施可获得的技术，制定并实施策略和培训计划。如果没有人接受过配置防火墙的培训，那么必须培训一些人，或者雇佣一些在这个专业领域有经验的人。

（5）采购的考虑

在大多数机构，选择设备和服务有很多限制，特别是从制造商和提供商中选择某个服务商或产品。例如，最近一个实验室管理员正考虑采购一个自动风险分析软件包。主要的候选单位承诺交付一个解决方案，该方案满足所有的要求并且成本在预算范围之内。不幸的是，该提供商不在机构授权的采购单位和提供商名单内，因而在预算授权到期之前，该提供商不可能获得资格将其产品卖到该实验室。

（6）机构的可行性考虑

另一个考虑因素是机构适应变化的能力。新的策略需要制定时间，而新的技术也需要安装、配置和测试时间。另外，员工需要接受新策略和新技术的培训。员工需要了解新的信息安全项目是怎么影响他们工作、生活的。安全要素的变化应该对系统用户透明，除非这个新技术要求过程的改变，例如要求额外的鉴别和验证。因此，机构必须在新技术实施前，开发和进行培训过程，使改进的影响达到最小。在新规程开始生效之后才制定培训计划（即用户还没有准备好如何应对这些改进），就会创建紧张的气氛，员工会抵制这些改进，并可能破坏整个安全操作。用户除非得到了正确的培训，否则会觉得工作很难做，或不熟悉安全规程，他们可能绕过控制，创建出其他的漏洞。当然，用户不应过早培训以至于忘记了新的培训技术和要求。最佳培训时间是在新策略和新技术正式运用之前的1~3周。

（7）培训的考虑

可以进行一场大规模的新安全过程和技术培训。因而，机构应采用阶段性或引领式的方案来完成培训。例如一次对一个部门进行滚动式培训，或者进行阶段培训。在一些策略中，让所有的监督人员先了解新的策略，并要求他们在日常的例行会议中向员工传达策略思想就足够了。所有的员工应当收到一个包含服从要求的文档，要求他们阅读、理解和同意新的策略。

3. 范围考虑

机构一次性安装所有的信息安全组件是不现实的。项目范围这个概念涉及时间限制（如最长和最短时间）和使项目的可交付工作达到计划的特性和质量等级所需的工作时间。任何项目的范围都应仔细评估，确保尽可能与项目的目标一致。在信息安全领域，项目计划不应试图一次性实现整个安全系统。信息安全项目的范围必须小心地评估和调整。首先，除了一次性处理如此多复杂任务的限制之外，实现信息安全还会出现的问题是，在信息安全控制的安装和机构的正常运转之间会出现相关抵触。其次，新信息安全控制的安装可能和已有的控制相互抵触。例如，同时安装新的包过滤路由器和新的应用代理防火墙，可能会引起控制间的冲突，结果机构的用户将不能访问Web。什么技术引发了冲突？是路由器、防火墙还是两者之间的交互？这个例子说明，最好限制可管理任务的实现范围。这并不意味着项目一次只允许改进一个组件，它意味着合理的计划应仔细考虑一个部门里同时计划的任务数。

4. 项目管理需求

项目管理需要一组独特的技术和对大量专业知识的全面理解。下面将介绍项目管理的基本要素。注意这里讨论的项目管理只是一个概述，并不适合所有规模的项目管理。实际上，大多数信息安全项目都需要一个经过培训的项目经理，他应是一个 CISO 或经验丰富的 IT 经理，精通项目管理技术，并能监视该项目。另外，当为选择高级或集成技术或外购服务而进行正规的投标时，即使是经验丰富的项目经理，也应寻求专家的帮助。

（1）管理的实现

一些机构乐于从一般管理团体中选择一个负责人来监督信息安全项目。在这种情况下，各项任务就被指派给来自IT或信息安全利益团体的个人或小组。另一种选择就是指派一个高级IT经理或机构CIO来领导项目的实施。在这种情况下，详细的任务就被指派给多功能组。最好的方法通常是从信息安全利益团体中指派合适的人，因为他们关心的是机构的信息安全需要。每个机构都要寻找最佳的领导人员，要求他们适应机构的具体需要、适合该机构文化的特色和理念。

（2）执行计划

一旦项目开始进行，就应当设法采用一个负反馈循环的过程，确保对任务进展进行定期的测量。把结果和预计结果进行比较，当发生重大的偏差时，就要采取纠正措施，把任务带回项目计划；或者根据新信息对评估进行修改，图5-2说明了这个过程。

在两种情况下要求进行更正活动：评估有缺陷或执行延迟。当一项评估有缺陷，或者对工作量和工时做了错误的评估时，计划就应当修正，并且剩下的任务也要求更新以反映变化。当执行延迟时，例如由于熟练员工的快速流失，就应采取矫正措施，增加资源，延长时限，或降低可交付工作的质量或数量来进行更正工作。这些更正活动一般用术语“平衡”来表示。

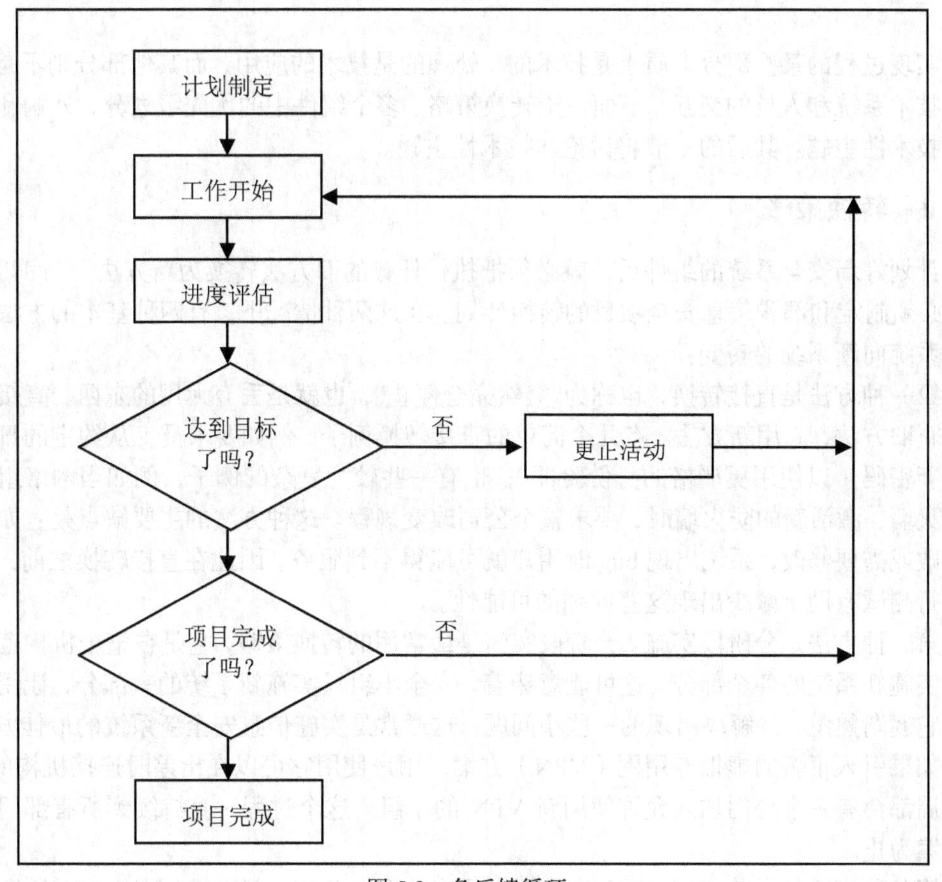

图 5-2　负反馈循环

通常，一个项目经理可以从以下三个方面调整项目：

① 分配的工作量和资金；

② 已用的时间或进度影响；

③ 可交付工作的质量或数量。

当任务比预期延后时，就应调整这三种参数的一个或多个。如果工作量或资金太多，可以减慢项目任务的完成速度，考虑用更长的时间，或者降低可交付工作的质量或数量。如果完成任务所需的时间太长，则应增加工作时间或资金，或者降低可交付工作的质量或数量。如果可交付工作的质量太低，则必须增加工作时间或资金，或者花费更长的时间来完成任务。当然，这些变量之间具有复杂的动态性，这些简化的方案不能满足所有的情况，但是这个简单的平衡模型可以帮助项目经理分析可行的操作。

（3）项目总结

项目总结通常是一个中级 IT 或者信息安全主管的任务。他们收集文档，完成状态报告，在总结会议上交付最终报告。总结的目的在于解决悬而未决的问题，评价全面的工作，并总结怎样改进未来项目的过程。

5.3 实现的技术主题

实现过程的某些部分本质上是技术的，处理的是技术的应用，而其他部分则不是，处理的是技术系统和人员的交互。下面讨论转换策略、多个组件中的优先级划分，外购和技术监督等技术性主题。其后的一节将讨论非技术性主题。

5.3.1 转换策略

计划好新安全系统的组件后，就必须把执行任务的旧方法转换为新方法。与 IT 系统相同，必须制定和部署信息安全项目的转换计划。在这两种情况下，有四种基本的方法来实现从旧系统向新系统的转变：

第一种方法是直接转换，也称为“突然完全停止”，也就是丢弃无用的东西。直接转换就是终止旧方法，起用新方法。有几个简单的直接转换例子，例如要求员工从约定的日期开始使用新密码（以使用更严格的身份验证）；也有一些较为复杂的例子，例如当网络组禁用旧的防火墙，激活新的防火墙时，要求整个公司改变规程。这种方法的主要缺点是：如果新系统失败或需要修改，系统出现 bug 时用户就可能得不到服务。因此在直接转换之前，对新系统进行测试有助于减少出现这些问题的可能性。

第二种方法是分阶段实施。分阶段实施是最常用的转换策略，它是在整个机构范围内逐渐地实施新系统的各个部分。这可能意味着，安全小组只实施新系统的一部分，让用户有机会对它逐渐熟悉，并解决出现的一些小问题。这通常是实施信息安全新系统的最佳方法。例如，如果引入了新的虚拟专用网（VPN）方案，用户使用它可以在出差时连接机构的网络，则每周都会有一个部门加入允许使用新 VPN 的小组。这个过程一直持续到所有部门都使用新方案为止。

第三种方法是示范实施。示范实施要求只在一个办公室、部门或分支机构对所有的安全系统进行改进，在把它推广到机构的其他部门之前，解决所出现的问题。当对一个单独的部门进行实验时，如果这种方法对机构的整体效能没有太大的影响，那么采用示范实施方法是很有效的。例如，在研究和开发组中实施安全改进工作，可能不会影响机构的实时运作，并且能协助安全部门解决出现的问题。

最后一种方法是并行操作。并行操作就是在使用旧方法的同时，也使用新方法。在信息系统中，这意味着同时运行两个系统。尽管在配置信息系统时并行操作可能太过复杂，但从安全角度讲，它也许是可取的。例如，同时运行两个防火墙，如果新方法失败或受到威胁，就可以让旧系统支持新系统。并行操作的缺点是既需要管理两个系统又必须对它们进行维护。

5.3.2 信息安全项目计划的靶心模型

为复杂且需改进的计划划分优先级的一个证明有效的方法是靶心方法。此模型被许多机构采用，并有许多不同的称谓。其基本概念是把问题按一般到特殊的次序来定位，焦点集中在系统化方案上，而不是各个问题上。增加的功能（也会增加开支）用于以系统、规则的方式改进信息安全计划。如图 5-3 所示，该方案依据评估项目计划的过程，分为 4 层：政策、网络、系统和应用。每一层的定义如下：

① 政策：首先要注意的是政策层，它位于靶心图的最外一层。本书特别强调政策的中

心性。因此，所有有效信息安全计划的基础都是健全的信息安全和信息技术政策。政策为所有系统的使用建立了基本规则，描述了适当和不适当的行为，支持其他信息安全组件的正常运转，使它们在改进机构的信息安全计划方面达到预期的效果。因此，在决定如何实现复杂的改进，选择冲突的选项时，常常要使用政策或制定政策，来阐明机构应如何完成任务。

② 网络：过去，大多数信息安全工作都集中在这一层。直到最近，信息安全也经常被认为是网络安全的同义词。在当今的计算环境中，信息安全的实现更复杂，因为机构的网络基础设施常常与来自公共网络的威胁相联系。这一层的次要工作包括，允许用户通过公共网络连接到机构的系统时，提供所需的鉴定和授权。

③ 系统：许多机构发现，随着信息系统数量和复杂性的增长，以安全方式配置和操作这些系统变得越来越困难。该层包括用做服务器的计算机、桌面计算机以及用于过程控制和制造过程的系统。

④ 应用程序：最后要注意的一层是机构用来完成其工作的应用软件系统。其中包括打包的应用程序，如办公自动化和电子邮件程序，以及遍布整个机构的高端企业资源计划包。机构按其需求开发的定制应用软件也包含在内。

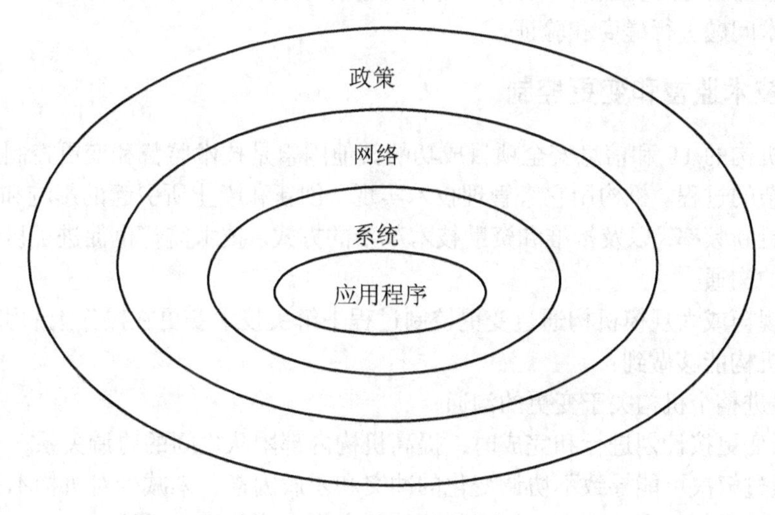

图 5-3　靶心模型

项目计划者根据这个模型的四层，评估信息安全蓝本和机构信息安全工作的当前状态，就可以找出扩展信息安全功能的大门。靶心模型也可用来评估把信息安全蓝本的各个部分集成到一个项目计划中所采取的步骤序列。按照靶心模型的形状，这个模型有四个推论：

① 在制定、传达和实施健全有效的 IT 和信息安全政策后，才能把资源花费到其他控制上。

② 在设计和部署好有效的网络控制前，所有资源都应用于实现此目标（当然，除非该资源需要再次满足机构的政策需求）。

③ 在实现了政策和网络控制后，就应实现机构的信息、处理和生产系统。在确保所有重要的系统都以安全的方式配置和运转前，所有资源都应用于达到此目标。

④ 一旦确信政策已到位，网络已受到保护，系统已安全，注意力就应移向机构应用程序保护的评估和补救。对许多机构来说这是一个复杂而庞大的领域。大多数机构都没有分析

信息安全对已购买的系统和自行开发的系统的影响。因为在所有的计划工作中，应首先关注最重要的应用程序。

记住，实现靶心模型或其他任何模型，都必须使用判断力和经验。

5.3.3 外购还是自行开发

不是每个机构都需要建立一个信息安全部门或制定自己的计划。就像某些机构外购其部分或所有的 IT 操作，机构也可以外购其部分或所有的信息安全计划。制定有效的信息安全计划所需的资金和时间可能超出某些机构的能力，因此最好雇佣专业服务人员，帮助他们的 IT 部门制定这样的计划。

当机构已经外购了大部分或所有的 IT 服务时，信息安全就成为和外购商签订合同的一部分。若机构保留 IT 部门，也可以选择外购某些比较专业的信息安全功能。对于中小机构来说，雇佣外面的顾问搞攻击测试和信息安全项目审计、信息安全项目部署都是完全正常的事。同样，对任何规模的机构来讲，把网络服务质量监测和网络入侵监测外包出去也很常见。

外购 IT、信息安全、其他常见的基础架构，以及机构服务，将继续受到许多机构的青睐。因为这些决定的复杂性，最好雇佣最出色的外购专家，聘用最好的律师，就外购合同的法律和技术问题进行磋商和验证。

5.3.4 技术监督和变更控制

决定机构的 IT 和信息安全项目成功的其他因素是技术监督和变更控制过程。技术监督是一个复杂的过程。机构用它来管理技术实现、创新和废止所引起的影响和效益。它处理技术系统的更新频率，以及批准和资助技术革新的方式。技术监督也促进了机构的技术发展和技术问题的沟通。

中等规模或大规模机构通过变更控制过程来解决技术变更在操作上的影响。通过变更管理过程，机构能够做到：

① 促进整个机构关于变更的沟通；

② 当变更按计划进行和完成时，提高机构内部团队之间的协调关系；

③ 通过解决可能导致不协调变化的冲突和矛盾因素，来减少对机构不利的事件；

④ 消除潜在的失败因素，加强团队间的合作，改善服务质量；

⑤ 管理层要确保所有团队都遵从公司的技术监督、采购、会计和信息安全策略。

有效的变更控制是除了最小的机构外 IT 运作的必要部分。信息安全团队也能利用变更控制过程确保关键步骤，保障机密性、完整性和可用性，并保障整个机构系统的升级。

5.4 实现的非技术方面

信息安全实现过程的其他方面在本质上不是技术性的，处理的是技术系统和人员的交互。下面讨论建立改进管理的文化氛围，以及机构面临改进的考虑事项。

5.4.1 改进管理的文化氛围

在任何重要的项目中，无论改进是员工熟悉的还是不熟悉的，改进的前景都可能引起员工有意识或无意识的抵制。无论改进的前景是好（例如信息安全的实施）还是坏（精简机构或者大规模的结构重组），员工都喜欢旧的做事方式。即使员工支持改进，推行改进的压力和到新过程的调整也会增加出错的可能性，或使系统中出现漏洞。通过理解和应用一些基本的改进管理原则，就能够降低对改进的抵制，甚至能够建立起机构对改进的适应力，因而可使进行中的改进在整个机构更受欢迎。

改进管理的基础要求推行改进的人明白，机构一般存在一种文化，它代表了完成业务的情绪和态度。改进对这种文化的破坏必须正确地认识，将其影响降到最小。改进最古老的一个模型是 Lewin 变更模型，它包括：解冻、移动和再冻结。

解冻是打破已经固定的习惯和已经确立的工作程序的过程。移动是指旧方式和新方式之间的转变过程。再冻结是指将新方法固化到企业文化中，创造一种有利的氛围，让员工以更乐意的方式接受改进。

1. 解冻

解冻的过程可以细分为 3 个子过程。每一个过程必须让员工觉得非常容易，并且激励员工主动去适应改进。

① 让员工对旧习惯产生动摇：必须向员工灌输这种思想，就是除非他们改变自己适应新的标准，否则不能获得他们的目标（生存忧虑），或者他们履行的职责也不能达到令自己满意的程度（生存内疚）。这是让员工打破旧习惯的必要方法。

② 加强员工的生存忧虑和生存内疚感：为了加强这种感觉，必须使员工觉得生存内疚后面的原因是有根据的。这种观念的确立会受到学习忧虑的阻碍——因为你不是很出色或者有缺陷而担心你必须改变。学习忧虑能够助长这种担心，并导致员工失去自信。当为改进编制计划时，能够通过创建一定程度的心理安全感，让改进过程降低这个风险。

③ 创建心理安全感或者克服学习焦虑：这是有效地改进管理的关键，它能够让员工权衡考虑由于不相信带来安全感的数据而导致的威胁，从而达到使员工接受信息的改进目标、感到生存焦虑，因而激励自己主动去适应改进。

2. 移动

和解冻过程一样，移动过程也由 3 个为实现改进所必需的子系统组成。

① 认知的重新定义：移动就是让员工认识到，接受新的学习不会对他们的荣誉造成任何损失。认知的重新定义就是一群个体重新定义哪些行为是可以接受和想要的。认知的重新定义导致认识的结构改革，也叫做打破框架或再构造。当新的信息使员工接受新的行为方式时便发生结构变革。

② 仿效模型角色、积极或保守地识别角色模型：让员工接受新的工作程序的最简单办法就是使用角色模型。机构可以把受他人尊敬的一个人指定为角色模型，这个人接受新的方法，并且证明新的方法不会威胁到人们的地位和福利。如果不存在积极的角色模型，那么就不得不为员工创造一个审视学习的环境。

③ 审视（也叫做洞察力，或者反复试验学习）：该过程是指员工对其环境进行审视、和同事交流并且自己学习新的方法，员工依靠此过程进行学习。审视的问题是很容易使雇员产生负面影响或者提高不大。如果改进代理（受训过的雇员和顾问）能够在培训上让员工增强信心并且证明改进过程的积极作用，那么就能够起到支持审视过程的作用。一旦出现了新的东西，员工就要经历一个反复试验学习的阶段。在这段时间里，如果员工没有学到新的知识，就会导致再一次的审视过程。

3. 再冻结

为了让变革的利益可以保留，让新的价值观与行为持续出现，就必须通过个人和相关再冻结过程来固定这个变化结果。当每个员工开始认识到新的行为方式是最佳方法时，就会出现个人再冻结过程。当一个群体开始有相似的决定时就出现群体再冻结。二者都可以通过用新的程序和方法进行群体培训而达到目标。每个人在新的工作环境中通过新的培训，加强群体学习，加固个人再冻结过程。

5.4.2 机构改进需要考虑的因素

应当采取措施使机构更适应各种改进。这些措施可以在计划的开始阶段减小员工的抵制情绪，并且让机构对项目实施中发生的改进有更强的适应能力。

1. 在开始阶段减小员工的抵制情绪

原来的方法和行动方式越根深蒂固，改进就越困难。最好在项目的早期阶段，在受改进影响的人员和项目计划者之间建立交互机制。可以通过 3 个步骤来加强各组人员的交互：沟通、教育和参与。

沟通是第一步，也是最关键的一步。应该通报员工机构正在考虑采用新的安全过程，请求他们给出反馈意见。也要告知员工项目的新进展和预期完成日期等信息。当最终发生改进时，这些活动能防止员工对更新变化感到吃惊，有助于员工接受这些转变。

这些更新材料也应当教育员工，让他们知道提出的改进将会如何影响个人和整个机构。尽管在早期也许不能提供细节，但随着项目的进展，就能够获得更多的详细细节。教育也包括教育员工如何使用新系统。这就意味着，在合适的时间应当交付高质量的员工培训项目。最后，“参与”指从用户组选出关键代表作为开发团队的成员。在系统开发中，这指的是联合应用开发（Joint Application Design,JAD）。该代表作为开发团队一员，负责向同事报告工程的进展，而且要就同事们关心的内容向工程组做报告。这种派代表参与的方法很适合团队的早期计划，能应对项目的潜在问题。

2. 建立支持改进的文化氛围

理想的机构应培养对改进的适应力。这意味着，机构认为改进是文化的必要部分，支持改进比抵制它更好。要建立这样一种文化氛围，机构必须成功地完成需要改进的许多项目。顺应的文化氛围可通过管理方案来培养或挖掘。管理层对改进的大力支持，并有一个明确的行政层领导来推动，可以使机构认识到改进的必要性和战略上的重要性。管理层支持不够、推卸责任、没有发起人，必然会导致项目失败。在这种情况下，员工会觉得项目的优先级比较低，也不会和开发小组的代表沟通，因为这样做毫无用处。

第6章　物理安全管理

学习目标

- 物理安全体现在哪些方面；
- 访问控制系统及其方法；
- 提供物理安全的各种方法和措施；
- 为确保机房和设施安全应考虑的因素；
- 各种技术控制方法；
- 为确保环境与人身安全应考虑的因素；
- 抑制计算机中信息泄露的技术途径。

6.1　引　　言

系统安全的物理安全领域是一个十分清楚和简明的领域。简单地说，物理安全是对影响信息系统的保密性、完整性和可用性（C.I.A）的周围物理环境和支持设施中的那些元素进行检查；是设计、实现和维护保护机构物理资源的措施。这就意味着对人员、硬件以及控制信息在所有状态下（传输、存储和处理）的支持系统元素的物理保护。如果攻击者获得被控制设备的物理访问权，就可以绕过对此设备的大多数基于技术的控制。例如，如果员工不能保护服务器控制台的安全，运行在该计算机上的操作系统则很容易受到攻击。换言之，如果很容易偷走计算机系统的硬盘，也就很容易偷走硬盘包含的信息。因此在制定信息安全计划时，物理安全应得到与逻辑安全一样的关注，此关注可确保安全计划有稳固的基础。

对物理安全的威胁有很多，例如，员工不小心把咖啡泼到了手提电脑上，就是对计算机中信息的物理安全的威胁。在这种情况下，该威胁就是来自人为原因。知识产权的威胁包括没有适当安全权限的员工复制了一个机密的市场营销计划副本。蓄意的侦听或入侵行为可表现为竞争对手对设备的偷拍。蓄意的破坏或侵入行为可以对人或财产的物理攻击，蓄意的偷窃行为是这些威胁中最常见的。例如有员工偷窃计算机设备、凭证、密码和膝上型电脑。服务提供商的服务质量差，特别是电力和水力，也是一种物理威胁。下面列出的物理威胁的类型是最常见的。

（1）自然灾害

① 火灾和烟尘；

② 水灾；

③ 地壳运动（地震、山崩、火山爆发）；

④ 暴风雪（大风、闪电、雨、冰雹，等等）。

（2）人的干涉

① 怠工；
② 故意破坏；
③ 战争；
④ 罢工。
（3）紧急事件
① 建筑物倒塌或爆炸；
② 有毒原料释放；
③ 公共事业损失（电力、空气调节装置、供暖系统）；
④ 水渍（管道破裂）。

6.2 访问控制

访问控制系统及其方法论所要处理的课题和问题，涉及准予或限制用户对资源进行访问时的监控、标识和授权。通常，访问控制是指所有硬件、软件、组织管理策略或程序，它们对访问进行授权或限制，监控和记录访问的企图、标识用户的访问企图，并且确定访问是否经过了授权。

6.2.1 访问控制综述

控制对资源的访问是安全性的中心话题。访问控制所涉及的内容要比简单地控制哪些用户可以访问哪些文件或服务多得多。访问控制是对主体和客体如何结合的管理。从客体到主体的信息传输叫做访问。主体（subjects）是活动的实体，它通过访问操作，寻找有关被动实体的信息，或者从被动实体中寻找数据。这个被动实体也可称为客体（objects）。主体可以是用户、程序、进程、文件、计算机和数据库等。客体可以是文件、数据库、计算机、程序、进程、打印机和存储介质等。主体是接收有关客体的信息或来自客体的数据的实体。主体还是改变客体信息的实体，或改变存储在客体中数据的实体。客体始终是提供或控制信息或数据的实体。在主体和客体之间进行通信，执行一项任务时，两个实体的角色可以交换，如程序和数据库、处理过程和文件。

访问控制对于保护客体（其信息和数据）的保密性、完整性和可用性是很有必要的。术语访问控制可以用来描述广泛的控制，包括从强制用户提供有效的用户名和密码进行登录操作，到防止用户获得对资源超出其访问权限的操作。

访问控制可以分为下列三类：

预防性的访问控制。进行预防性的访问控制是为了阻止不必要的或未授权的操作出现。举例来说，预防性访问控制包括防护、安全策略、安全感知训练和反病毒软件。

探查性访问控制。进行探查性访问控制是为了发现不必要的或未授权的操作出现。例如，探查性访问控制包括安全性防护、监督用户、时间调查和攻击监测系统。

纠正性访问控制。进行纠正性访问控制是为了在不必要的或未授权的操作发生后将系统恢复到正常的状态。例如，纠正性访问控制包括报警、圈套和安全性策略。

访问控制的实现可以按照行政、逻辑/技术或物理进行分类。

行政性访问控制。行政性访问控制是依照机构的安全性策略定义的策略和执行过程，实现并加强全局的访问控制。例如，行政性访问控制包括策略、执行过程、雇佣准则、背景调

查、数据分类、安全培训、空缺记录、回顾、工作监督、人员管理和测试。

逻辑/技术性访问控制。逻辑性访问控制和技术性访问控制作为硬件或软件机制，可以用来管理对资源和系统的访问，并且提供对这些资源和系统的保护。例如，逻辑性访问控制和技术性访问控制包括加密、智能卡、密码、生物测定学、受限接口、访问控制列表、协议、防火墙、路由器、入侵检测系统和切割层。

物理性访问控制。物理性访问控制作为物理屏障，可以用来保护对系统的直接访问。例如，物理性访问控制包括防护装置、防护、移动探测器、闭锁的门、密封窗、灯光、线缆保护、笔记本电脑锁、刷卡、加密狗、摄像机、圈套和警报器。

访问控制控制着主体对客体的访问。这个过程的首要步骤是对客体进行标识。实际上，在对客体的实际访问之前还有几个步骤需要执行：标识、验证、授权和责任衡量。

标识（Identification）是一个主体表示其身份并进行责任衡量的过程。提供用户名、登录 ID、个人身份号码（Personal Identification Number，PIN）或智能卡的用户向我们描述了标识的过程。一旦主体完成了标识，那么这个身份标识就要对主体所进行的进一步操作负责了。信息技术（Information Technology，IT）系统通过身份标识来跟踪实际的操作，而不是通过主体自身进行跟踪。一台计算机并不认识我们，但是它却知道操作者的用户账号与其他人的用户账号是不同的。

验证（Authentication）是指对所宣称的身份标识的有效性进行校验和测试的过程。验证需要主体提供额外的信息，这些信息必须与身份标识所指示的内容完全相符。最常见的验证形式是密码。然而，至少有三种其他形式的信息可用于验证。

类型 1。类型 1 验证因素是指一些大家知道的内容，诸如密码、个人身份号码（PIN）、密码锁、母亲的娘家姓和喜欢的颜色等。

类型 2。类型 2 验证因素是指操作者所具有的内容，诸如智能卡、凭证设备和内存卡等。它还可以包括操作者的物理位置，被称为“你在哪里”的因素。

类型 3。类型 3 验证因素是指操作者所具有的一些如指纹、语音波纹、视网膜样本、虹膜样本、面容形状、掌纹和手型等的内容。

一旦提供身份标识和验证因素的登录证书提交给系统，那么系统就会将它们与系统中的身份标识数据库进行核对。如果找到了身份标识，并且提供的验证因素也正确，那么主体通过验证。

然而，每当主体通过了验证，其访问还必须经过授权。授权（authorization）的过程确保了被请求的操作或目标访问可能获得了已经验证的身份标识（我们将它看作是这里的主体）赋予的权利和特权。大多数情况下，系统会估计一个访问控制矩阵，它会对主体、客体（目标）和预计的操作进行比较。如果指定的操作可以进行，那么主体就已经获得了授权。如果指定的操作没有被准许进行，那么主体就没有获得授权。

需要记住，主体只是经过标识和验证，并不同时意味着已经通过了授权。对于主体来说，登录到网络中（例如被标识和验证）却被阻止访问文件或从打印机打印是可能的（例如，没有经过授权来执行这项操作）。大多数网络用户只是被授权在指定的一组资源上执行一些有限的操作。身份标识和验证是访问控制的所有方面或者不是任何一个方面。对于环境中的每个单独的主体和客体，在全部或什么也不是之间，授权有着很大的区别。用户可读取文件，却不能删除它。用户可打印文档，但是不能修改打印队列。用户可登录到系统中，但是无法访问任何资源。

理解身份标识、验证和授权之间的区别是很重要的。虽然它们很相似，并且是所有安全机制的本质内容，但它们是不同的，并且必须搞清楚，不能混淆。这些功能在本章稍后的内容中将进行非常详细的分析。

一个机构的安全策略只能在支持责任衡量的情况下，才可以正确地执行。换句话说，只有在主体对于它们的操作负有责任时，安全性才可以保证。有效的责任衡量依赖于检验主体的身份和跟踪其操作的能力。因此，责任衡量建立在身份标识、验证、授权、访问控制和审核的概念上。

6.2.2 身份标识和验证技术

身份标识是一个十分简明的概念。主体必须对系统提供身份标识，启动验证、授权和责任衡量过程。提供身份标识可以是输入用户名、刷卡、出示凭证设备、说一段话或将你的手或指纹靠在照相机或扫描设备前。没有身份标识，系统是无法将验证内容与主体关联在一起的。主体的身份标识常被看做是典型的公共信息。

身份验证通过对比数据库中有效身份（比如用户的账户）的一个或多个因素对主体的身份进行证实。用来证实身份的验证因素常被认为是私有的信息。系统和主体维护身份验证的保密性的能力，会直接影响到系统的安全性级别。

标识和身份验证总是被放在一起成为单一的双步过程。第一步是提供标识符，第二步是提供身份验证因素。缺少这两步，主体是不能获得系统的访问能力的，只提供其中的任何一项都是没有用的。

一个主体可以提供几种类型的验证信息（例如所知道的、所拥有的等）。每种验证技术或因素都具有其独特的优缺点。因此根据即将运行的环境对每种算法进行评估对于确定其生存能力是很重要的。

1. 密码

身份验证技术最常见到的是密码，但是这些密码也被认为是最弱的保护形式。有很多原因使得密码成为不安全的算法，这其中包括：

① 用户常常选择他们很容易记忆的密码，因此这些密码很容易猜到或被解读。

② 随机生成的密码很难记忆，因此很多用户都会将它们写下来。

③ 密码很容易共享、记录和忘记。

④ 可以通过很多手段盗窃密码，包括观察、录音和回放，甚至对安全数据库的偷盗。

⑤ 密码的传递常常会以明码的形式或易破解的协议进行。

⑥ 密码库常常存储在可访问到的在线公共场所。

⑦ 短密码可以通过暴力攻击很快攻破。

如果密码的选择很巧妙，并且管理得当，那么它们还是很有效的。密码有两种类型：静态的和动态的。静态的密码总是不变的，动态的密码在间隔一段时间或使用后会发生改变。一次性密码或专用密码是不同的动态密码，每次使用时，它们都会发生改变。在维护安全性方面的重要性一再增长的时候，更改密码的需要也变得更加频繁了。密码保持静态不变的时间越长，相同密码的使用越频繁，那么密码被泄露或解读的可能性越大。

比较有效一点的密码是口令短语。口令短语通常是一串字符，其长度要比密码长。一旦输入口令短语，系统将为验证过程的使用将它转换为虚拟密码。口令短语常常是修改过的母语语句，这样可以简化记忆。例如，“She $e11$ C shells ByE the c-shor。

另一个有意思的密码算法是感知密码。感知密码通常是一系列问题，这些问题应该是只有主体才知道的事实或预定义的结果。例如，主体可能期望3~5个下面这样的问题：

① 生日是哪一天?

② 高一时的班主任是谁?

③ 部门的领导是谁?

④ 最近的评估考试得多少分?

⑤ 1984年棒球联赛中你最喜欢的棒球手是谁?

如果所有的问题都答对了，那么主体则通过了身份验证。最有效的感知密码系统每次都会问一系列不同的问题。感知密码系统最大的局限在于，每个问题都必须在用户注册的时候（例如，用户账户建立时）回答，并且在登录期间重复回答，这增加了登录的时间。

很多系统都包括密码的策略，可以限制或规定密码的特性。通用的限制包括最小长度、最小期限、最大期限，需要三种或四种字符类型（例如大写字母、小写字母、数字和符号）和防止密码重复使用。在安全性需求增加时，这些限制应该进行加强。

然而，即使有强大的软件强制密码限制，仍然可能出现易猜到的或易破解的密码。组织机构的安全性策略必须清楚地定义不易破解的密码的需求，以及不易破解的密码是什么。用户需要进行安全性培训，这样他们才会重视机构的安全性策略，并且遵守它的规定。如果密码由最终用户自己制定，那么应该向他们提供建立不易破解的密码的建议。例如：

① 不要再使用名字、登录名、E-mail 地址、雇员号码、社会保险号码、电话号码或其他标识身份的名字或代码。

② 不要使用字典中的词、俚语或行业缩写。

③ 应使用非标准的大写和拼写方法。

④ 应交换字母，并且利用数字来代替字母。

当怀有恶意的用户或攻击者寻求获得密码的时候，他们可以有几种方法。这些方法包括网络传输内容分析、密码文件访问，暴力攻击、字典程序攻击和社会工程学。网络传输内容分析是指当用户输入身份验证的密码时，对网络传输内容的截获（也被看做是探测）。一旦密码被破解，攻击者会试着向网络重新发送这个含有密码的包，以获得对网络的访问。如果攻击者可以获得对密码库文件的访问，那么他可以对这个文件进行拷贝，并且使用密码破解工具获得用户名和密码。暴力攻击和字典程序攻击属于密码攻击类型，这种类型可以对盗取来的密码库文件或系统的登录提示展开攻击。在字典程序攻击中，攻击者会使用由常用密码和字典中的词汇组成的脚本，企图破解用户账户的密码。在暴力攻击中，攻击者会使用所有字符可能的组合进行系统的测试，企图破解用户账户的密码。在社会工程学的攻击中，攻击者企图通过对用户的欺骗，通常是通过电话、对系统执行特定的操作（如改变不在现场的主管的密码，或者为一个不存在的雇员建立一个用户账户）对系统进行攻击。

增强密码的安全性存在几种方法。账户闭锁就是其中一种方法，它可以在失败的登录次数达到指定的数量后，关闭用户的账户。账户闭锁防止了暴力攻击和字典程序对系统登录提示的攻击。一旦达到了登录企图的限制，系统就会显示一则消息，报告最后一次成功或失败的登录企图的时间、日期和位置（例如，计算机名或 IP 地址）。怀疑自己的账户被攻击或已经被破解的用户可以向系统管理员报告这个信息。可以配置审核（Auditing），对登录的成功或失败进行跟踪。入侵检测系统可以轻易地识别登录提示攻击，并通知管理员。

还有一些其他的选择来增强安全性，它们通过密码的验证来实现：

① 对于密码的存储，可以使用单向加密的最强形式。

② 永远不要准许密码以明码的形式或者较弱的加密能力在网络中进行传递。

③ 对自己的密码库文件使用密码验证工具和密码破解工具。要求所有易破解或解读的密码的账户改变它们的密码。

④ 关闭那些短时期内（例如一周或一个月）暂时不使用的用户账户。将那些再也不会使用的用户账户删除。

⑤ 适当地对用户进行培训，告诉他们维护安全性和使用不易破解的密码的必要性。对记录或共享密码的用户进行警告。提供一些技巧减轻维护安全的工作负担，或防止通过键盘记录截获密码。对如何建立不易破解的密码提供一些技巧和建议。

2. 生物测定学

另一个常用的验证和身份标识技术是生物测定学。生物测定学关注于“你是什么”和“你有什么”的验证范畴。生物测定学的一个因素是主体独有的行为或生理上的特点。生物测定学有很多类型的因素，其中包括指纹、面容扫描、虹膜扫描、视网膜扫描、手掌扫描——也被认为是手掌外形或手掌特征、心跳或脉搏取样、语音取样、签字力度、按键取样等。

生物测定学可以作为一项身份标识或验证的技术使用。使用一个生物测定学因素代替用户名或账户 ID 作为身份标识，需要生物测定学取样对已存储的取样数据库中内容进行一对多的查找。作为一项身份标识技术，生物测定学被用做有形的（物理的）访问控制。使用生物测定学因素作为验证技术，需要在生物测定学取样和已存储的取样之间保持主体身份的一对一对应。作为一项验证技术，生物测定学被用在逻辑访问控制当中。

生物测定学的使用保证对世界上的每一个人提供绝对惟一的身份标识。不幸的是，生物测定学技术还没有做到这一点。由于生物测定学将被采用，因此它必须绝对灵敏。为了应用生物测定学作为身份标识的方法，生物测定学设备必须能够读取非常精确的信息，如人的视网膜中的血管变化，或者声音中音调和音质的变化。

除了生物测定学设备的灵敏度问题之外，还有其他一些因素可能会使它们变得不太有效，这些因素包括登记时间、处理能力和认可。对于生物学测定设备来说，主体必须登记或注册，它才能作为身份标识或验证机制使用。也就是说，主体的生物学测定必须被取样并且存储在设备的数据库中。扫描和存储生物测定所需要的时间在很大程度上依赖于采用了什么样的检查或性能特性。利用生物测定学机制登记的时间越长，用户越不能接受这种麻烦。一般来说，登记时间超过两分钟是不能接受的。如果生物测定特性随时间而变化，例如人的语调、头发或签字的方式，那么登记就必须定期重新进行。

主体一旦被登记，系统扫描和处理主体所需要的时间就被看做是处理能力。生物测定特性越复杂、越详细，处理的时间也就越长。主体接受处理能力的典型时间是 6 秒钟或更短。

主体对于安全机制的接受程度依赖于很多主观感觉，包括隐私、侵害和心理或生理上的不舒服。主体还可能关注通过生物测定扫描设备带来的体液交叉和披露健康问题。

3. 标记

标记是密码生成设备，主体必须随身携带。标记设备是“你有什么”的一种形式。标记可以是静态的密码设备，如 ATM 卡。为了使用 ATM 卡，你必须提供标记（ATM 卡）和 PIN（个人身份号码）。标记还可以是一次性或动态的密码设备，它看起来有些像小型的计算器。这个设备向你显示了向系统输入的一串字符（密码）。

有以下四种类型的标记设备：

① 静态标记；
② 同步动态密码标记；
③ 异步动态密码标记；
④ 质询响应标记。

静态标记可以是刷卡、智能卡、软盘、USB RAM dongle 或像开锁的钥匙一样简单的物品。静态标记提供物理的手段来提供身份。静态标记始终需要额外的因素提供验证，例如密码或生物测定。大多数设备的静态标记具有加密密钥、数字签名或加密的登录证书。加密密钥可以当做身份标识或验证机制。由于加密密钥使用难破解的加密协议进行加密，因此它比密码更难破解，并且它只存在于标记中。静态的密钥常被当做身份标识设备，而不是身份验证因素。

同步动态密码标记以固定时间间隔生成密码。时间间隔标记需要验证服务器上的时钟和标记设备上的时钟是同步的。生成的密码由主体协同 PIN、通行口令或密码输入到系统中。生成的密码提供了身份标识，PIN/密码提供了身份验证。

异步动态密码标记基于出现的事件生成密码。事件标记需要主体在标记和验证服务器上压制一个密钥。这个动作先于生成新的密码值。输入生成的密码和主体的 PIN、通行口令或密码进行身份验证。

质询响应标记基于验证系统的指示生成密码或响应。身份验证系统显示质询，通常以代码或通行口令的形式显示。质询被输入到标记设备中。标记基于质询生成响应，并且随后响应被输入到系统中进行验证。

标记验证系统比起单独的密码验证来说，是更加难破解的安全机制。标记系统使用两个或更多因素建立身份标识，并且提供验证。除了知道用户名、密码，PIN、代码等内容外，主体必须在标记设备的物理掌控之中。

然而，标记系统仍然会失效。如果电池用尽或设备损坏，主体则不能获得访问。标记设备可能丢失或被盗。由于一旦标记系统受到损害，替代可能很困难，而且会很昂贵，因此应该巧妙地对标记进行存放和管理。

4. 权证

权证（tickets）验证这种机制采用第三方实体证实身份，并且提供验证。最常用的也是最知名的权证系统是 Kerberos。Kerberos 在麻省理工学院的 Proiect Athena 下进行开发。其名字从希腊神话中来。一条三只头的狗名为 Kerberos，它守护着通往阴间的大门。但是在神话中这条三只头的狗脸朝内，防止逃跑，而不是防止进入。

Kerberos 验证机制集中在一台（或多台）被信任服务器上，它负责提供的功能包括：密钥分布中心（Key Distribution Center，KDC）、权证授权服务（Ticket Granting Service，TGS）和身份验证服务（Authentication Service，AS）。Kerberos 对客户端和服务器使用对称密钥加密。所有的客户端和服务器都与 KDC 注册，这样 KDC 维护着所有网络成员的加密密钥。

在客户端、服务器和 TGS 之间的复杂权证交换被用来证实身份，并且在客户端和服务器之间提供验证。在有十分的把握确保双方都是其所宣称的实体时，这个操作准许客户端从服务器请求资源。加密权证的交换还保证了登录证书、会话密钥或验证信息永远不会通过明码进行传递。

Kerberos 权证具有指定的使用时限，并且使用一些参数进行操作。一旦权证过期，客户端必须请求更新或一个新的权证继续与服务器进行通信。

Kerberos 作为一种通用的身份验证机制，可以用在本地局域网（local LAN）、本地登录、远程访问和客户端——服务器资源的请求中。然而，Kerberos 具有单点故障——KDC。如果KDC 被破解，那么网络中所有系统的安全密钥也都被破解。同样，如果 KDC 掉线，那么将不可能进行主体的验证。

Kerberos 还有其他一些限制或问题：

① 字典程序攻击和暴力攻击对客户端初始 TGS 响应的攻击可能会显露主体的密码。

② 发布的权证被存储到客户端和服务器的内存中。

③ 如果截获到的权证在使用时限内，那么恶意主体可能再次发送这些权证。

6.2.3 访问控制技术

一旦主体通过了识别和验证，那么它们必须被授权访问资源或进行操作。授权可以只在主体的身份通过验证得到证实后进行。系统通过访问控制提供授权。访问控制管理着主体对客体所拥有的访问类型和范围。目前有三种访问控制技术：任意的、强制的和不可任意支配的。

采用任意访问控制的系统允许客体的所有者或建立者控制和定义主体对客体的访问。换句话说，访问控制是基于拥有者的自由处理。举例来说，如果用户建立了一个新的电子表格文件，那么他们就是这个文件的拥有者。作为文件的拥有者，他们可以修改文件的许可权，对其他的主体授予或拒绝服务。任意的访问控制常常利用对客体的访问控制列表（Access Control Lists,ACL）来执行。每个 ACL 定义了对个别或一组主体授予或限制的访问类型。由于拥有者可以修改对客体的 ACL，因此任意的访问控制不提供集中的控制管理系统。这种访问要比强制的访问控制更加动态。

强制访问控制依赖于标签的使用。主体按照它们的分类标准或敏感度被贴上标签。例如军方使用绝密、机密、秘密、敏感但未分类和未分类的标签。在一个强制访问控制系统中，主体能够对具有相同或较低标签或分类的客体进行访问。这种访问控制方法的一种延伸被称为需要知道（need-to-know）。对于级别具有较大差别的主体，只有它们的工作任务需要进行这样的访问时，才被赋予权限访问具有更高机密级别的资源。如果不具备"需要知道（need-to-know）"，那么即使它们的级别差距满足要求，它们的访问仍然会被拒绝。

在强制访问控制中，安全标签的使用引出了一些有趣的问题。首先，强制访问控制系统若要运行，那么每个主体和客体都必须具有一个安全标签。依赖于运行的环境，安全标签可能涉及机密、分类、部门和项目等。前面提到的军方的安全标签从最高机密到最低机密进行了分类：例如军方使用绝密、机密、秘密、敏感但未分类。普通的公司或商业安全标签级别包括秘密的、专利的、隐私的、敏感的和公开的。安全分类指出了敏感度的级别，但是每个级别都是不同的。

不可任意支配的访问控制也被称为是基于角色的访问控制。系统采用不可任意支配的访问控制，定义了主体通过主体的角色或任务访问客体的能力。如果主体处在管理位置上，那么他们将比那些处于临时位置的人具备更大的资源访问能力。由于访问基于工作的描述（如角色或任务）而不是主体的身份，因此基于角色的访问控制在人员频繁变动的环境中很有用。

角色和组（group）服务于相同的目的，但是在使用和配置中它们是不同的。在作为客体将用户集中于可管理的单元方面，它们是类似的。然而，用户可以是多个组的成员。除了从每个组中获取权限和许可权之外，个人用户账户还可能具有直接分配给他的权限和许可权。当使用角色时，用户可以只有一个单一的角色。用户只具有分配给这个角色的权限和许可权，并且没有额外的个别分配的权限和许可权。

格状访问控制是不可任意支配的访问控制的一种变化形式。格状访问控制为主体和客体间的所有关系定义了访问的上限和下限。这个上下限可以是任意的，但是常常遵循军方或公司的安全标签级别。如图6-1所示的具有格状许可权的主体可以访问最高到私有的，最低到敏感的资源，但是他不可以访问秘密的、专利的或公共的资源。根据主体所分配的格子位置，在格状访问控制下的主体可以说具有了对标记客体最小的访问上限和最大的访问下限。

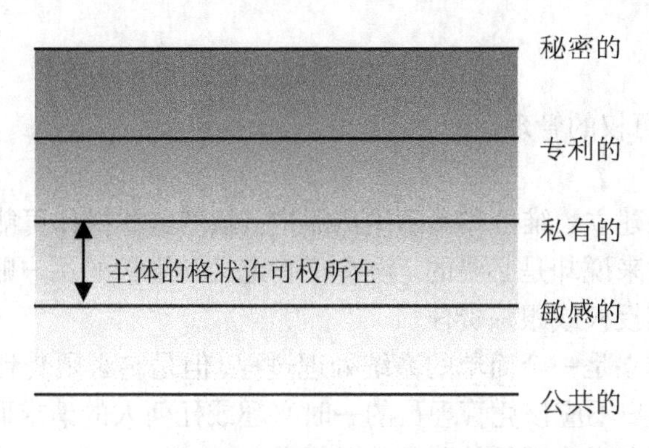

图6-1　格状基础上的访问控制所表现出的上限

规则基础上的访问控制是强制访问控制的一种变化形式。规则基础上的系统使用一系列规则、限制或过滤器决定在系统上可以做什么，不可以做什么，如准许主体对客体进行访问或执行某个操作，或者访问某个资源。防火墙、代理和路由器是规则基础上的访问控制系统的常见例子。规则基础上的访问控制由系统管理员建立和维护，用户不能对其进行修改。

6.2.4　访问控制方法及实施

有两种主要的访问控制方法：集中式和分散式（或分布式）。集中式访问控制（Centralized access control）暗示所有的授权验证都由系统中的单一实体执行。分散式访问控制（Decentralized access control）或分布式访问控制（Distributed access control）暗示授权验证由贯穿于系统中的不同实体执行。

这两种访问控制方法具有所有集中或分散式系统的优缺点。集中式访问控制准许小型团队或个人进行访问控制的管理。由于所有的更改都发生在单一位置，因此管理的负担较小。单个更改可以影响整个系统。然而，集中式访问控制也会成为单一故障点。如果系统组件不能访问集中式访问控制系统，那么主体和客体将不能相互联系。

分散式访问控制常常需要几个团队或多个人对访问控制进行管理。由于更改必须在许多地方进行实施，因此管理的负担比较重。随着访问控制点的增加，系统的一致性维护工作变得越来越困难。单独的更改只会对与特定访问控制点相关的系统内容产生影响。分散式访问控制没有单点故障。如果一个访问控制点出现故障，那么其他的访问控制点可以均衡流量，直到控制点修复。加上那些与故障访问控制点无关的主体和客体。它们继续进行正常的通信。域和信任常常用在分散式访问控制系统中。

域（domain）是一个信任范围，或者说共享共同安全性策略的主体和客体的集合。当涉及多个域时，就会形成分散式访问控制。为了从一个域到另一个域进行资源的共享，必须建立信任关系。信任（trust）是一种建立在两个域之间的简单安全桥梁，它准许用户从一个域访问另一个域的资源。信任可以是单向的，也可以是双向的。

6.2.5 访问控制管理

访问控制管理是分配给管理员管理用户账户、访问和责任衡量的一组任务和责任。系统的安全性以有效的访问控制管理为基础。需要记住，访问控制依赖于四个原则：身份标识、验证、授权和责任衡量。在涉及访问控制管理时，这些原则转换为三个主要的职责：

① 用户账户管理；

② 操作跟踪；

③ 访问权利和许可权的管理。

1. 账户管理

用户账户管理涉及建立、维护和关闭用户账户。虽然这些操作可能看起来很普通，但是对于系统访问控制效力来说却是必要的。没有正确定义和维护的用户账户，系统就不能建立标识、实施验证、证实授权或跟踪责任。

新的用户账户的建立是一个简单的系统处理过程，但是它必须受到组织机构安全性策略的保护或保障。用户账户不应该凭管理员的一时兴趣或任何人的请求而建立。相反，应该遵循人事部门的聘任或职务提升手续执行严格的操作。

人事部门应该对新员工的用户账户做出证实的要求。要求应该包括分配给新员工用户账户的分类或安全性级别。新员工的部门经理和公司安全管理员应该检验安全分配。只有要求得到了验证，才能随后建立新的用户账户。不遵循已建立的安全性策略和手续建立用户账户，会带来漏洞和疏忽，被恶意主体利用。增加或减少现有用户账户安全性级别也应遵循类似的过程。

作为人员聘任的手续，新员工应该接受公司安全性策略的手续的培训。在完成聘任前，员工应该签署一份协议，承诺支持公司的安全标准。许多组织机构已经选择构思一份文档，规定违反安全性策略就会被解雇，以及依照我国法律进行起诉。当将用户的账户 ID 和临时密码交给新员工时，应当执行密码策略（passowrd policy）的检查和可接受的使用约束。

新用户账户的最初建立常常被称为注册。注册过程生成新的身份，并建立起系统进行验证所需要的要素。正确并完整地完成注册过程是很关键的。通过组织机构采用的任何必要且充分的手段对注册个体的身份进行证实也是很关键的。在向安全系统注册这些人时，带照片的身份证（photo ID）、出生证（birth certificate）、背景调查（background check）、信用调查（credit check）、安全性级别证实（security clearance verification），甚至职业证明（calling references）都是证实一个人身份的有效形式。

用户账户的整个生命周期内，持续的维护是必不可少的。那些有着相当稳定的组织结构和较少人员变动或升迁的组织，比起那些有着灵活的或动态的组织结构并且具有较高的人员变动和升迁的组织，将具有相当少的账户管理工作。大多数账户维护工作围绕着账户的权限和特权的更改而进行。应当建立起类似于新的账户建立时的那些过程，它们管理着在整个用户账户的生命周期内对访问的更改。未授权账户访问能力的增加或减少可以产生严重的安全影响。

当一个员工不再为公司工作时，其用户账户应该被关闭、删除或废除。无论何时，只要

可能，这项工作就应该自动完成，并且应当与人事部门相配合。在大多数情况下，当薪水停止支付的时候，这名员工就应不再具有登录的能力。临时或短期的员工应当在他们的用户账户中拟订特定的截止日期。这样，账户生成时建立的控制级别得以维护，并且不会出现管理疏漏。

2. 账户、日志和定期监控

操作审计、账户跟踪和系统监控也是访问控制管理中的重要内容。没有这些内容，把握主体的责任将是不可能的。在身份建立、验证和授权的过程中，跟踪主体的操作（包括他们访问了客体多少次）提供了直接且明确的责任。

3. 访问权限和许可权

为客体分配访问权限是实施组织机构安全性策略的重要部分。不是所有的主体都应当被赋予对所有客体的访问权限，也不是所有的主体都应具有的相同的功能。一些特定的主体只应当访问一些客体。否则，某些功能只应当由一些特定的主体访问。

最少特权的原则（principle of least privilege）来自于当主体被赋予对客体进行访问的权限时所形成的复杂结构。这个原则规定主体只应当被授权访问那些完成其工作所需要的客体。这个原则还具有一个应当遵循的转换：应当阻止主体访问那些工作内容不需要的客体。

决定哪些主体对哪些客体具有访问权限，这是组织机构安全性策略、人员所在的组织层次和访问控制模型的实施的一项功能。因此，建立或定义访问权限的标准可以建立在身份、角色、规则、分类、位置、事件、接口和需要知道的等基础上。

讨论对客体的访问要用到三个主体标记：用户、所有者和管理人。用户就是任意的主体，他可以访问系统中的客体，执行一些操作或完成工作任务。所有者或信息所有者是对分类和标记客体、保护和存储数据负有最终法人责任的人。如果所有者在建立和执行安全性策略保护和维护敏感数据时没有做到很充分，那么可能要对疏漏承担责任。日常要对客体进行适当的存储和保护的工作，被分配或委派了这种工作的人称为管理员（custodian）。

用户就是系统中的任意最终用户。所有者常常就是 CEO、董事长或部门领导。管理人员常常就是 IT 人员或系统安全管理员。

任务和责任的分离是通用的准则，它防止任意单一的主体回避或禁用安全机制。当核心管理或高级授权责任被分为几个主体时，没有一个主体具有足够的访问权限来执行有恶意的操作或绕过强迫执行的安全控制。任务的分离建立了一个检测和平衡系统，在这个系统中，多个主体可以相互校验操作，并且必须一起完成必要的工作任务。任务分离使得恶意的、欺诈的或其他未授权的操作变得更加困难，并且拓宽了检测和报告的范围。对于个人来说，如果他们认为可以侥幸成功，那么执行未授权的操作是简单的。一旦涉及两个或更多的人，那么未授权操作的承诺需要每个人同意保密才行。这通常会作为一种有效的威慑，而不是贿赂一组人的手段。

6.3　物理访问控制

1. 围墙和门

提供物理安全的一种最古老和最可靠的方法是，以围墙和门的形式提供控制，阻止对设施的非授权访问。太高而不容易被爬上去的围墙，可以防止很大一部分的非法侵入，也使保安人员容易发现非法进入的人员，造价不高且效果明显。计算机机房的所有房门都应该足够结实，能防止非法的进入。计算机机房宜设单独出入口，当与其他部门共用出入口时，应避免人流、物流的交叉。为工作而设置的房门应尽可能地少，以便容易控制进入机房的人员。为了加强门的保护能力，可以将门连接到外围警报系统，当门被打破时，可以发出报警信号，这可以通过电子设备门实现。

2. 警卫

重要的安全区应该设置警卫，警卫具有应用推理的能力。警卫应该仔细检查进入者的证件和使用手册，检查参观人员的有效许可证明，防止未经许可的人员进入安全区。要对移出安全区域的设备和媒体进行检查，接收注册的信件，并做好详细的记录，以备核查。特别需要说明的是，为选择合适的警卫，应该查看他过去的简历以及他是否接受过有关培训，这是很重要的。例如，如果一个警卫负责检查磁带、磁盘和其他计算机介质，他就必须认识它们，并懂得它们是什么。

3. 警犬

如果机构要保护价值很高的资源，警犬就是物理安全一个很有价值的部分，但警犬必须正确地纳入计划中，进行适当的管理。警犬很有用，因为其敏锐的嗅觉和听力可以检测到警卫不能检测到的入侵，警犬可置于危险的环境中，从而使人不必冒生命危险。

4. ID 卡和证章

将物理安全与信息访问控制紧密联系的一个领域是使用身份证（ID）和名字证章。ID 卡的磨损一般是看不出的，而名字证章是可见的。这些设备有许多用途：第一，它们可用做生物测定学的简单形式，通过面容识别一个人，验证它对设备的访问权限。ID 卡可以以某种可见的方式编码，作为访问某些大楼或区域的进门卡。第二，ID 卡的磁条或无线芯片可以由自动控制设备控制，因此，机构就可以给能访问设施内的受限区域的人授权。然而，ID 卡和名字证章不是很牢靠，和锁通信的卡很容易复制、窃取和修改。由于有这个内在的漏洞，这些设备不应是受限区域的惟一访问控制措施。

这类物理访问控制技术的另一个内在漏洞是人为因素，这称为“跟进”：授权人拿出钥匙，打开门后，其他已授权或未授权的人也随之进入。让员工警惕“跟进”是解决此问题的一种方式。也有基于技术的方式来避免跟进，例如捕人陷阱和十字转门。这些额外的控制措施通常很昂贵，因为它们需要一定的楼层空间和建造，对需要使用它们的人来说也不方便。因此，反跟进控制只能在特别关注员工授权进入时使用。

5. 钥匙和锁

除了极其重要的安全区，一般机房的出入完全由门卫控制，安全性高，但太麻烦，也不太实际。一般的情况下，还是以有授权的工作人员使用钥匙最为普遍，但是钥匙可能会落入别人手里，这就需要对工作人员加强教育，仔细保护好自己的钥匙，如果钥匙丢失，要及时报告并换锁。一些工作区，应该由专人管理钥匙，并制定严格的交接制度以保证安全。所有的人员在离职后，都应该交出所有的相关钥匙并考虑换锁。还有一条规则是要保证钥匙要有备份，以便管理人员不在时其他人员在被授权的情况下能够打开锁。

锁是大量使用的保护装置，但是如果钥匙被非授权者拿到或复制，那么对非授权者来说，就没有了任何限制，而且有技能的入侵者可能不用钥匙就能打开锁。对于机房来说，可以考虑采用如下几种锁。

① 传统的钥匙和锁。耗费是最小的，几乎每扇门都可以装备，然而钥匙很容易被复制，钥匙持有者可以随时进入，对于东西的出入没有任何控制。

② 精选的抵抗锁。与传统锁相比，费用大概是两三倍，钥匙很难被复制，其他特征跟传统锁一致。

③ 电子组合锁。这种锁使用电子按动按钮进入，有些在一定情况下允许输入特别的代码来打开门，但同时会引发远程告警。

④ 机械按钮组合锁，按下正确的组合可以撤销门闩，打开门，相比电子锁而言，其可靠性差，但费用低。

6. 捕人陷阱

在高安全领域，锁通常的增强形式是捕人陷阱。捕人陷阱是一个入口点和出口点不同的小围栏。每个进入设施、区域或房间的人都先进入捕人陷阱，通过某种形式的电子或生物测定学锁和钥匙请求访问，如果通过了检查，就推出捕人陷阱，进入设施。这个围栏称为捕人陷阱，是因为如果一个人被拒绝进入，则捕人陷阱就不允许他退出，直到安全官员打开此围栏的自动锁为止。图 6-2 是典型的捕人陷阱布局。

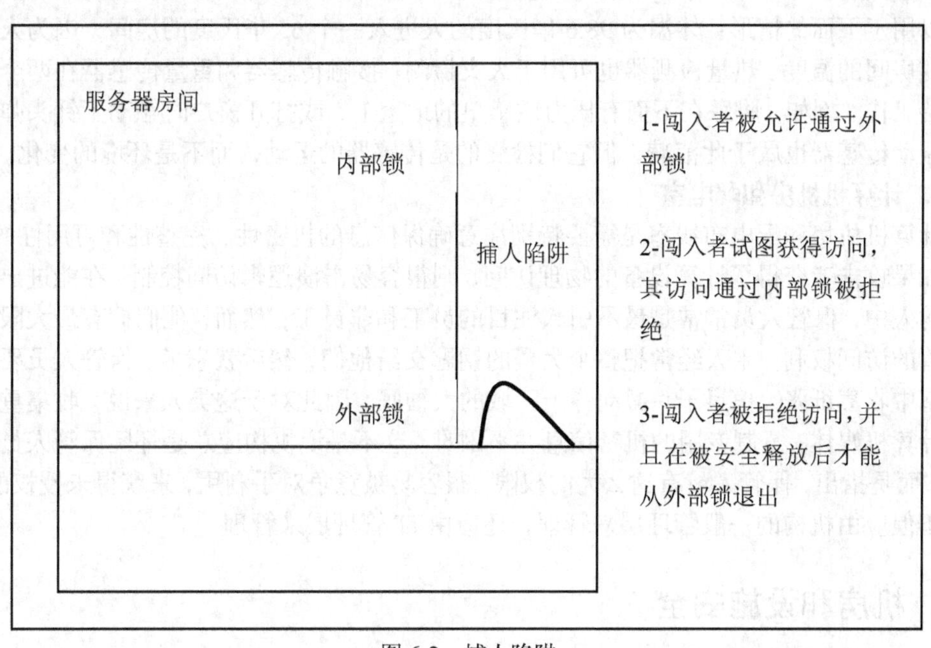

图 6-2　捕人陷阱

7. 电子监视

要记录特定区域内警卫和警犬可能会遗漏的事件，或记录其他物理控制无效的区域内的事件，可以使用监视设备。许多人都见过很多零售店天花板上安装的银球灯装置，这些摄像机从各个角落进行观察，这就是视频监视。这些摄像机的另一端是录像机（VCR）以及捕获视频信号的相关设备。电子监视包括闭路电视系统（CCT），一些 CCT 搜集视频信号，其他一些 CCT 接收诸多摄像机的输入，依次对每个区域进行采样处理。

这些视频监视系统存在一些弊端：大部分是被动的，不能阻止访问或被禁止的活动。另一个缺点是其他人也处于实时监视状态下。因为目前还没有开发出能够可靠地评估这些数据的智能系统。也就是说，为了判断是否发生了未授权的活动，安全人员必须实时查看信息，或查看录下的监视信息。因此，CCT 常常用于收集已入侵区域的数据，它是一个证据收集设备，而不是检测设备。然而，在安全性级别要求很高的区域（例如银行、娱乐场所和购物中心）里，安全人员需要不断地监视 CCT 系统，查找非法的活动或可疑的活动。

8. 警报和警报系统

与监视紧密相关的是警报系统，它在预判断的事件或活动发生时通知相关人员。警报可用于检测物理入侵或其他未预料的事件，这可能是火灾、闯入或入侵行为，环境扰动如洪水，或服务中断，如断电。警报系统的一个例子是居民或商务环境中常见的夜贼警报，夜贼警报检测对未授权区域的入侵行为，并通知本地或远程安全机构。为了检测入侵，这些系统依赖于不同类型的传感器：运动检测器、热量检测器、玻璃损坏检测器、重量传感器和接触传感器。运动检测器检测某一限制空间里的运动，可以主动检测或被动检测。某些运动传感器会发出能量光束，通常是红外线或激光，超声波或声波，或电磁辐射的某种形式。如果发射到受监测区域的能量光束被打断，就发出警报。其他类型的运动传感器是被动的，它们不断地测量受监测区域的能量（红外线或超声波），检测这些能量的快速变化。这些能量的被动测量可阻止或伪装，因此很容易造假。热量检测器的工作方式是：检测房间里温度变化的速率。它可以用于下面的情形：体温为 98.6 华氏度的人进入一个 65 华氏度的房间，因为人的出现会改变房间的温度。热量检测器也可用于火灾检测。接触传感器和重量传感器在两个面接触时开始工作。例如，脚踩在下面有压力敏感垫的地毯上，或打开窗户时触动了针头弹簧传感器。振动传感器也属于此范畴，但它们检测的是传感器的运动，而不是环境的变化。

9. 计算机机房和配电室

计算机机房和配电布线室是需要特别注意确保信息的机密性、完整性和可用性的设施。

如果攻击者获得了计算设备的物理访问，则很容易击溃逻辑访问控制。在能进出机构办公室的人中，保管人员常常是最不引人注目的员工和非员工，然而，他们拥有最大限度的无人监管的访问权利。主人经常把整个大楼的钥匙交给他们，然后就忘了。保管人员要从每个办公室中收集纸张，擦桌子，搬动各个区域的大抽屉。因此对于这类人来说，收集重要的信息和计算机媒体，复制专用的机密信息并不困难。这不是说机构应总是怀疑保管人员可能是间谍，而是指出，保管人员有这么大的权限，很容易被竞争对手利用，来获得未授权的信息。它们不但应由机构的一般管理层来管理，还应由 IT 管理层来管理。

6.4 机房和设施安全

设施安全就是对放置计算机系统的空间进行细致周密的规划，对计算机系统加以物理上的严密保护，以避免存在可能的不安全因素。

6.4.1 计算机机房的安全等级

为了对相应的信息提供足够的保护，而又不浪费资源，应该对计算机机房规定不同的安全等级，相应的机房场地应提供相应的安全保护。根据 GB9361-88 标准《计算站场地安全要求》，计算机机房的安全等级分为 A、B、C 等 3 个基本类型。

A 类：对计算机机房的安全有严格的要求，有完善的计算机机房安全措施。该类机房放置需要最高安全性和可靠性的系统和设备。

B 类：对计算机机房的安全有较严格的要求，有较完善的计算机机房安全措施。它的安全性介于 A 类和 C 类之间。

C类：对计算机机房的安全有基本的要求，有基本的计算机机房安全措施。该类机房存放只需要最低限度的安全性和可靠性的一般性系统。

在具体的建设中，根据计算机系统安全的需要，机房安全可按某一类执行，也可按某些类综合执行。所谓的综合执行是指一个机房可按某些类执行，如某机房按照安全要求可对电磁波进行A类防护，对火灾报警及消防设施进行C类防护等。

机房的安全要求见表6-1。

表6-1 机房安全级别

安全项目	C类	B类	A类
场地选择	—	⊕	⊕
防火	⊕	⊕	⊕
内部装修	—	⊕	Θ
供配电系统	⊕	⊕	Θ
空调系统	⊕	⊕	Θ
火灾报警及消防设施	⊕	⊕	Θ
防水	—	⊕	Θ
防静电	—	⊕	Θ
防雷击	—	⊕	Θ
防鼠害	—	⊕	⊕
电磁波的防护	—	⊕	⊕

表中符号说明：—表示无要求；⊕表示有要求或增加要求；Θ表示要求与前级相同。

6.4.2 机房场地的环境选择

计算机系统的技术复杂，电磁干扰、震动、温度和湿度等的变化都会影响计算机系统的可靠性、安全性，轻则造成工作不稳定，性能降低，或出现故障，重则会使零部件寿命缩短，甚至损坏。为了使计算机系统能够长期、稳定、可靠、安全地工作，应该选择一个合适的工作场所。

1. 环境安全性

① 为了防止计算机系统遭到周围不利环境的意外破坏，机房应该尽量建立在远离生产或储存具有腐蚀性、易燃、易爆物品的场所（如油料库、液化气站和煤厂等）的周围。

② 机房应该尽量避开环境污染区（如化工污染区），以及容易产生粉尘、油烟和有毒气体的区域（如石灰厂等）。

③ 应该尽量避免坐落在雷击区。

④ 应避开重盐害地区。

2. 地质可靠性

① 不要建立在杂填土、淤泥、流沙层以及地层断裂的地质区域上。

② 不要建立在地震区。

③ 建立在山区的机房应该尽量避开滑坡、泥石流、雪崩和溶洞等地质不牢靠区域。

④ 应该尽量避开低洼、潮湿区域。

3. 场地抗电磁干扰性

① 应该避开或远离无线电干扰源和微波线路的强磁场干扰场所，如广播电视发射台、雷达站等。

② 应该避开容易产生强电流冲击的场所，如电气化铁路、高压传输线等。

4. 避开强振动源和强噪声源

① 应该避开振动源，如冲床、锻床等。

② 应该避开机场、火车站和影剧院等噪声源。

③ 应该远离主要交通通道，并避免机房窗户直接邻街。

5. 避免设在建筑物的高层及用水设备的下层和隔壁

计算机机房应该选用专用的建筑物，尽量选择水源充足、电源比较稳定可靠、交通通信方便、自然环境清洁的地方。如果机房是办公大楼的一部分，一般应该设立在第 2、3 层为宜，避免设在建筑物的高层及用水设备的下层和隔壁。如果处于用水设备的下层，顶部应该有防渗漏措施。

在机房场地的选择中，如果确实不能避开上述不利因素，则应该采取相应的防护措施。

6.4.3 机房建筑设计

机房建筑设计要求如下：

① 计算机机房的建筑平面和空间布局应具有适当的灵活性，主机房的主体结构宜采用大开间大跨度的柱网，内隔墙宜具有一定的可变性。

② 计算机机房主体结构应具有耐久、抗震、防火、防止不均匀沉陷等性能。变形缝和伸缩缝不应穿过主机房。

③ 主机房净高应依机房面积大小而定，一般为 2.5~3.2m。计算机机房地板必须满足计算机设备的承重要求，这是保证计算机长期、稳定、可靠、安全运行的先决条件。按照 GB／T2887-2000 标准，地板荷重依设备而定，一般分为两级：

A 级：≥500kg/m^2。B 级：≥300kg/m^2。

④ 空调设备、供电设备用房的楼板荷重应依设备重量而定，一般应大于或等于 1 000kg/m^2，或采取加固措施。

⑤ 就地板制作材料来说，机房地板最好采用质地坚硬不易起尘埃的原料，如水磨地面。若使用水泥地面，表面处理必须光滑。如条件许可，可以铺设抗静电活动地板。

⑥ 主机房中各类管线宜暗敷。当管线需穿楼层时，宜设计竖井。

⑦ 为了保证操作人员的安全，机房应设置疏散照明设备和安全出口标志。

⑧ 计算机机房的围护结构应该满足如下要求：

a. 具有足够的热阻值和适当的热稳定性，以减少外界环境对机房内的温度、湿度的影响。

b. 在主机房温差大和一般振动时，围墙应该不易出现裂纹和不产生灰尘，墙体表面不易黏附尘埃，同时具有消音和抗静电性能。

c. 机房的屋顶应具有吸湿性小、隔热性能好的特性，并具有良好的防渗漏水性能。

d. 构造和材料应满足防火要求。

⑨ 机房的门应该满足以下要求：

a. 防火；

b. 门框尺寸能使机器设备顺利通过，但不宜过大；

c. 为保持室内环境，避免外界尘埃、噪音的影响，机房的门要密封良好，并具有自闭功能，人员出入的门要能双向开闭。

⑩ 机房窗户应满足如下条件：

a. 主机房的窗户最好避免直接邻街；

b. 密封良好；

c. 最好选用铝合金双层窗，如果是单层窗，最好选用中空玻璃；

d. 应该加以必要的保护措施，如加防护网。

6.4.4 机房组成及面积

1. 机房组成

依据计算机系统的规模、性质、任务、用途，计算机对供电、空调等要求的不同，以及管理体制的差异，计算机机房一般由主机房、基本工作间、第一类辅助房间、第二类辅助房间和第三类辅助房间等组成。

① 主机房用以安装主机及其外部设备、路由器、交换机等骨干网络设备。

② 基本工作房间有数据录入室、终端室、网络设备室、已记录的媒体存放间和上机准备间。

③ 第一类辅助房间有备件间、未记录的媒体存放间、资料室、仪器室、硬件人员办公室和软件人员办公室。

④ 第二类辅助房间有维修室、电源室、蓄电池室、发电机室、空调系统用房、灭火钢瓶间、监控室和值班室。

⑤ 第三类辅助房间有储藏室、更衣换鞋室、缓冲间、机房人员休息室和盥洗室等。

当然，以上分类是基本分类方法，在实际使用中，允许一室多用或酌情增减。

2. 机房面积

计算机机房的使用面积应根据计算机设备的外形尺寸布置确定。在计算机设备外形尺寸不完全掌握的情况下，计算机机房的使用面积一般应符合下列规定。

① 机房面积可按下列方法确定。

a. 当计算机系统设备已选型的，可按 $A=(5\sim7)\sum S$ 计算。式中 A 为计算机机房使用面积（m^2），S 指与计算机系统有关的并在机房平面布置图上占有位置的设备的面积（m^2），$\sum S$ 指计算机机房内所有设备占地面积的总和（m^2）。

b. 当计算机系统的设备尚未选型时，可按 $A=kN$ 计算。式中 A 指计算机机房的使用面积（m^2）；k 为系数，一般取值为 $4.5\sim6.5m^2$ / 台（架）；N 指计算机机房内所有设备台（架）的总数。

② 计算机机房最小使用面积不得小于 $30m^2$。

③ 研制、生产用的调机机房的使用面积参照①中的规定执行。

其他各类房间的使用面积应依据人员、设备及需要而定。

④ 在此基础上，考虑到今后的发展，应该留有一定的备用面积。

6.4.5 设备布置

机房内设备的安装布局多种多样，它与主机的结构、外部设备的种类和数量、使用要求、操作人员的习惯等都有很大关系。总的布局原则是：保证计算机系统处于最佳工作状态，操作维护方便，便于作业流动处理，有利于安全和防护规范的执行，同时尽量使机房内安静整洁，便于工作效率的提高。

一般说来，机房内的布局原则如下：

① 计算机设备宜采用分区布置，一般可分为主机区、存储器区、数据输入区、输出区、通信区和监控调度区等。具体划分可根据系统配置及管理而定。

② 需要经常监视或操作的设备布置应便利操作。

③ 产生尘埃及废物的设备应远离对尘埃敏感的设备，并宜集中布置在靠近机房的回风口处。

④ 全面考虑数据处理的工艺流程：信息输入—存储—处理—输出—分发—利用等。

⑤ 使文件材料的流动路线和操作人员的行走路线尽可能短。

⑥ 为了保证有一个良好的工作环境，便于操作和通风，也为了消防和保证特殊情况下的人员安全，主机房内通道与设备间的距离一般应符合下列规定：

a. 两相对机柜正面之间的距离一般不应小于 1.5m；

b. 机柜侧面（或不用面）距墙一般不应小于 0.5m，当需要维修测试时，则距墙不应小于 1.2m；

c. 走道净宽一般不应小于 1.2m。

6.4.6 机房的环境条件

1. 温度与湿度

计算机设备由于集成度高，对环境的要求也比较高。机房的温度过高或过低都会对计算机硬件造成一定的损坏。例如：过高的温度会使电子器件的可靠性降低，还会加速磁介质及绝缘介质老化，甚至可能引起硬件的永久性损坏；太低的温度会使元器件变脆，对硬件也有影响。湿度过高，会使密封不严的元器件引起腐蚀，会使电器的绝缘性下降；而湿度过低，则危害更大，不但会使存储介质变形，还易引起静电积累。

根据计算机系统对温、湿度的要求，将温、湿度分为 A、B 两级，分别见表 6-2 和表 6-3。机房可按某一级执行，也可按某些级综合执行，综合执行指的是一个机房可按某些级执行，而不必强求一律，如某机房按机器要求可选，开机时按 A 级温、湿度执行，停机时按 B 级温、湿度执行。

表 6-2　　开机时机房内的温、湿度要求

项目	A 级		B 级
	夏季	冬季	
温度，℃	23±2	20±2	15～30
相对湿度，%	45～65		40～70
温度变化率，℃/h	<5 并不得结露		<10 并不得结露

表 6-3　　停机时机房内的温、湿度要求

项目	A 级	B 级
温度，℃	6 ~ 35	6 ~ 35
相对湿度，%	40 ~ 70	20 ~ 80
温度变化率，℃/h	<5 并不得结露	<10 并不得结露

媒体存放的温、湿度条件见表 6-4 和表 6-5。

表 6-4　　媒体存放的温、湿度条件 1

项目	纸媒体	光盘
温度，℃	5 ~ 50	-20 ~ 50
相对湿度，%	40 ~ 70	10 ~ 95

表 6-5　　媒体存放的温、湿度条件 2

项目	磁带		磁盘
	已记录的	未记录的	
温度，℃	<32	5 ~ 50	4 ~ 50
相对湿度，%	20 ~ 80		8 ~ 80

其他房间的温、湿度可根据所装设备的技术要求而定，亦可采用表 6-2、表 6-3 中的级别执行。

2. 空气含尘浓度

如果尘埃落入计算机设备，容易引起接触不良，造成机械性能下降，若是导电的尘埃进入计算机设备中，则会引起短路，甚至会损坏设备。一般来说，主机房内尘埃的粒径大于或等于 0.5μm 的个数，应小于或等于 18 000 粒 / cm^3（相当于 5 000 000 粒/英尺 ^{3}）。

3. 噪声

噪声会使人的听觉下降，精神恍惚，动作失误。为了使机房的工作人员有一个良好的工作环境，一般说来，在计算机系统停机条件下，主机房内的噪声在主操作员位置应小于 68dB（A）。

4. 电磁干扰

电磁干扰会使人内分泌失调，危害人的身体健康，同时，也会引起计算机设备的信号突变，使得设备工作不正常。据美国《AD 研究报告》中的实测统计和理论分析，0.07 高斯的磁场变化就可让计算机设备有误操作，0.7 高斯的磁场变化就可让计算机设备损坏。因此对机房的电磁脉冲幅射的防护是十分必要的。一般说来，主机房内无线电干扰场强，在频率为 0.15 ~ 1 000MHz 时，不应大于 126dB；主机房内磁场干扰环境场强不应大于 800A/m。

5. 振动

振动会使设备接触松动，增大接触电阻，使得设备的电器性能下降，同时也会使设备的绝缘性下降。一般说来，在计算机系统停机条件下主机房地板表面垂直及水平向的振动加速度值不应大于 500mm/s^2。

6. 静电

计算机设备中的 CMOS 器件很容易被静电击穿，造成器件损坏。实践表明，静电是造成计算机损坏的主要原因。当工作人员穿尼龙或丝绸工作服、穿橡胶拖鞋走动或长时间工作时，往往会因摩擦产生静电，带静电的工件人员接触或从计算机旁通过时，就会向计算机放电，使机器损坏或引起数据出错。计算机主机房地面及工作台面的静电泄漏电阻应符合现行国家标准《计算机机房用活动地板技术条件》的规定。主机房内绝缘体的静电电位不应大于lkv。主机房内应该采用活动地板，采用的活动地板可由钢、铝或其他阻燃件材料制成。活动地板表面应是导静电的，严禁暴露金属部分。主机房内的工作台面及坐椅垫套材料应是导静电的，其体积电阻率应为 $1.0\times10^{7}\sim1.0\times10^{10}\Omega.cm$。主机房内的导体必须与大地可靠地连接，不能有对地绝缘的孤立导体。

基本工作间不用活动地板时，可铺设导静电地面。导静电地面可采用导电胶与建筑地面粘牢，导静电地面的体积电阻率应为 $1.0\times10^{7}\sim1.0\times10^{10}\Omega.cm$，其导电性能应长期稳定，且不易发尘。

导静电地面、活动地板、工作台面和坐椅垫套必须进行静电接地。

静电接地的连接线应有足够的机械强度和化学稳定性，导静电地面和台面采用导电胶与接地导体粘接时，其接触面积不宜小于 $10cm^2$。

静电接地可以经限流电阻及自己的连接线与接地装置相连，限流电阻的阻值宜为 1MΩ。

7. 灯光

为了保证正常的工作，机房内应该有一定的照明条件。依据有关国家标准，机房照度应该满足如下条件：

① 主机房在距地面 0.8m 处，照度不应低于 300lx。

② 基本工作间、第一类辅助房间在距地面 0.8m 处，照度不应低于 200lx。

③ 其他房间参照 GB 50034 执行。

④ 电子计算机机房眩光限制标准可按表 6-6 分为 3 级。

⑤ 直接型灯具的遮光角不应小于表 6-7 的规定。

表 6-6 眩光限制等级

眩光限制等级	眩光程度	适用场所
I	无眩光	主机房、基本工作间
II	有轻微眩光	第一类辅助房间
III	有眩光感觉	第二、三类辅助房间

表 6-7 直接型灯具最小遮光角

光源种类	光源平均亮度 ι（x 103cd/m^2）	眩光限制等级	遮光角
管状荧光灯	ι<20	I	20°
		II、III	10°
透明玻璃白炽灯	ι>500	II、III	20°

⑥ 主机房、基本工作间宜采用下列措施限制工作面上的反射眩光和作业面上的光幕反射。

a. 使视觉作业不处在照明光源与眼睛形成的镜面反射角上；

b. 采用发光表面积大、亮度低、光扩散性能好的灯具；

c. 视觉作业处的家具和工作房间内应采用无光泽表面。

⑦ 工作区内一般照明的均匀度（最低照度与平均照度之比）不宜小于 0.7，非工作区的照度不宜低于工作区平均照度的 1/5。

⑧ 计算机机房、终端室、已记录的媒体存放间应设事故照明，其照度在距地面 0.8m 处，不应低于 5 lx。

⑨ 主要通道及有关房间依据需要应设事故照明，其照度在距地面 0.8m 处，照度不应低于 1 lx。

⑩ 电子计算机机房照明线路宜穿钢管暗敷或在吊顶内穿钢管明敷。

⑪ 大面积照明场所的灯具宜分区、分段设置开关。

⑫ 技术夹层内应设照明，采用单独支路或专用配电箱（盘）供电。

8. 接地

为了保证计算机系统和工作人员的安全，机房内必须部署接地装置。根据 GB/T2887-2000 标准《电子计算机场地通用规范》，机房接地有下列 4 种方式：

① 交流工作接地，接地电阻不应大于 4Ω；

② 安全工作接地，接地电阻不应大于 4Ω；

③ 直流工作接地，接地电阻不应大于 l0Ω；

④ 防雷接地，应按现行国家标准《建筑防雷设计规范》执行。

根据 GB50174-93《电子计算机机房设计规范》，接地时应考虑如下原则：

交流工作接地、安全保护接地、直流工作接地和防雷接地等 4 种接地宜共用一组接地装置，其接地电阻按其中最小值确定。若防雷接地单独设置接地装置时，其余 3 种接地宜共用一组接地装置，其接地电阻不应大于其中的最小值，并应按现行标准《建筑防雷设计规范》要求采取防止雷击措施。

对直流工作接地有特殊要求需单独设置接地装置的电子计算机系统，其接地电阻值及与其他接地装置的接地体之间的距离应按计算机系统及有关规定的要求确定。

电子计算机系统的接地应采取单点接地并宜采取等电位措施。

当多个电子计算机系统共用一组接地装置时，宜将各电子计算机系统分别采用接地线与接地体连接。

6.4.7 电源

要想计算机系统能正常地工作，电源的安全和保护问题不容忽视。电源设备落后或电压不稳定，电压过高或过低都会给计算机造成不同程度的损害。例如：一台电子商务服务器，如果突然掉电，就会使交易中断，而且可能发生不必要的法律纠纷。所以，计算机在工作时首先要保证电源的稳定和供电的正常。

为使设备避免断电或其他供电方面的问题，供电要符合设备制造商对供电的规定和要求。保持供电不中断的措施包括：

① 设置多条供电线路以防某条供电线路出现故障；

② 配置不间断电源（UPS）；

③ 备用发电机。

支持关键运营的设备必须使用不间断电源，以保证其能正常关机或持续运转。同时，要制定不间断电源发生故障时的应急计划。对不间断电源要定期检查其储电量，并按制造商的指导对其进行测试。

备用发电机主要用来应付长时间的断电。如安装了发电机，应当按制造商的要求对其进行定期检测。要储备充足的燃料，确保发电机能长时间地发电。

另外，在硬件中，也有一些元件在计算机系统断电时充当电源，保存许多信息，这些元件也必须经常检查，以使其完好无损。

根据 GB/T2887-2000 标准，电子计算机供电电源质量根据电子计算机的性能、用途和运行方式（是否联网）等情况可划分为 3 级，如表 6-8 所示。

表 6-8

供电电源质量分级	A	B	C
稳态电压偏移范围（%）	±5	±10	-15 ~ +10
稳态频率偏移范围（Hz）	±0.2	±0.5	±1
电压波形畸变率（%）	5	7	10
允许断电持续时间（ms）	0 ~ <4	4 ~ <200	200 ~ 1 500

根据 GB/T2887-2000 标准，将供电方式分为以下 3 类：

① 一类供电：需要建立不间断供电系统。

② 二类供电：需要建立带备用的供电系统。

③ 三类供电：按一般用户供电考虑。

根据有关标准，机房电源一般应符合如下条件：

① 电子计算机机房用电负荷等级及供电要求应按现行国家标准《供配电系统设计规范》的规定执行。

② 计算站应设专用可靠的供电线路。

③ 供配电系统应考虑计算机系统有扩散、升级等可能性，并应预留备用容量。

④ 电子计算机机房宜由专用电力变压器供电。

⑤ 计算机系统的供电电源技术应按 GB/T2887-2000 中的规定执行。

⑥ 机房内其他电力负荷不得由计算机主机电源和不间断电源系统供电。主机房内宜设置专用动力配电箱。

⑦ 从电源室到计算机电源系统的分电盘使用的电缆，除应符合 GBJ 232 中配线工程中的规定外，载流量应减少 50%。

⑧ 当采用交流不间断电源设备时，应按现行国家标准《供配电系统设计规范》和现行有关行业标准规定的要求，采取限制谐波分量措施。

⑨ 当城市电网电源质量不能满足计算机供电要求时，应根据具体情况采用相应的电源质量改善措施和隔离防护措施。

⑩ 计算机机房低压配电系统应采用频率 50Hz、电压 220/380VTN-S 或 TN-C-S 系统。计算机主机电源系统应按设备的要求确定。

⑪ 单相负荷应均匀地分配在三相线路上，并应使三相负荷不平衡度小于 20%。

⑫ 电子计算机电源设备应靠近主机房设备。

⑬ 机房电源进线应按现行国家标准《建筑防雷设计规范》采取防雷措施。电子计算机机房电源应采用地下电缆进线。当不得不采用架空进线时，在低压架空电源进线处或专用电力变压器低压配电母线处，应装设低压避雷器。

⑭ 主机房内应分别设置维修和测试用电源插座，两者应有明显的区别标志。测试用电源插座应由计算机主机电源系统供电，其他房间内应适当设置维修用电源插座。

⑮ 主机房内活动地板下部的低压配电线路宜采用铜芯屏蔽导线或铜芯屏蔽电缆。

⑯ 活动地板下部的电源线应尽可能远离计算机信号线，并避免并排敷设。当不能避免时，应采取相应的屏蔽措施。

⑰ 要在设备室的紧急出门处安装紧急电源开关，用来在紧急情况下迅速关闭电源。

6.4.8 计算机设备

1. 计算机设备的可靠性

元件选择和使用不当，电路和结构设计不合理、生产工艺不良、质量控制不良、调试不当等都会影响计算机设备的可靠性，环境条件会影响计算机系统的可靠性，不正常的使用和维护也会引起计算机系统的可靠性，因此为了保证系统的正常运行，应该对所需要的计算机设备进行正确的选型、验收，制定操作规范。在条件允许的情况下，也可以采用增加冗余资源的方法，使系统在有故障时仍能正常工作。

2. 计算机设备的维护

对于计算机设备应该有一套完善的保管和维护制度。相关的制度如下：

① 应该有专人负责设备的领用和保管，做好设备的领用、进出库和报废登记；

② 对设备定期进行检查、清洁和保养维护；

③ 制定设备维修计划，建立满足正常运行最低要求的易损件备件库；

④ 对设备进行维修时，必须记录维修对象、故障原因、排除方法、主要维修过程及与维修有关的情况等；

⑤ 外单位人员修理储有重要数据的故障设备时，本单位必须派专人在场监督；

⑥ 机房的附加设备如空调、电源等也必须定期维护和保养。

6.4.9 通信线路的安全

为保证网络通信线路的安全，应注意以下几个方面：

① 用于数据传输的线路应该符合有关标准，例如，线路噪声不应超标等；

② 传输线路应采用屏蔽电缆并有露天保护或埋于地下，要求远离强电线路或强电磁场发射源，以减少由于干扰引起的数据错误；

③ 铺设电缆应采用金属套装、屏蔽电缆或加装金属套管，以减少各种辐射对线路的干扰，定期检查各线段及接点，更换老化变质的电缆；

④ 定期检查接线盒及其他易被人接近的线路部位；

⑤ 定期测试信号强度，检查是否有非法装置接入线路；

⑥ 配备必要的检查设备，以发现非法窃听；

⑦ 如果条件许可或是信息安全需要，可以使用光缆，光缆对非法窃听很敏感，但容易被发现；

⑧ 调制解调器应放置在受监视的区域，以便及时发现和防止外来连接的企图，调制解

调器的连接应定期检验，以检验是否有篡改行为。

6.5 技术控制

计算机系统的机房与设施安全，只是保证了基本的安全环境，应该再加上必要的技术控制，以保证只有授权人员才能接近计算机系统，及时发现及阻止非法进入。例如：在关键区域、入口、围墙等位置，使用充足亮度的照明是一种明智之举。这对威胁层次较低的或者外观原因不希望设置障碍的人来说是一种很好的解决办法。这些控制技术包括人员访问控制、检测监视系统、保安系统、智能卡访问控制技术、生物访问控制技术和审计访问记录等。

6.5.1 人员控制

无论机房与设施环境怎样好，为机器设备提供了怎样好的工作环境，外部安全做得怎样好，但如果机房不加控制，可以随意进出，那么系统的安全是没有丝毫保证的。比如，在机房里，一个人关一下电源就会使设备停用，把水洒进设备里就会导致设备损坏；在机房里，一个有心人可能偷看到别人工作时输入的用户名和口令。如果设备不加限制，任人接触，也很容易被人控制。所以，为了保证计算机系统的安全，应该对进入机房的人员进行控制。

1. 外来人员控制

机房作为核心的机要部位不允许未经批准的人员进入，原则上也不应当允许外来人员参观。对于经过上级领导批准进入计算机机房的人员，必须派专人陪同，尽量避免参观机要部位，并且应该有一定的规章制度进行控制。

① 来访者（包括本单位非常驻人员、有关协作单位未发出入证的人员）要在检查确认其身份、目的后，发放临时识别牌，准许入内，在机房内，来访者要佩带该识别牌，离开时交回。

② 危险品及可燃品不得带入机房，携带物品进出机房时，应该在得到主管部门领导同意后，方可带入和带出机房。必要时，检查进入人员所携带的物品。

③ 对于来访者的姓名、性别、单位、电话、证件号码、接待单位、进出时间、临时识别牌号码、来访的目的和携带的物品等要进行记录，以备核查。

④ 未经有关领导批准，不得在机房内照相、录像。

2. 工作人员控制

对内部工作人员也应该有一定的控制制度。

① 机房应采取分区控制。根据每个工作人员的实际工作需要，确定所能进入的区域。对无权进入者的跨区域访问，必须经过有关领导的批准。

② 对长期在机房工作的人员应定期发放带有照片的身份证及识别标志（徽章、名片）作为进出机房的识别。

③ 短期工作人员的进出应持有临时出入证，并履行严格的登记手续。

④ 携带物品进出机房时，应持有携物证，根据需要门卫可检查所携带的物品。

⑤ 危险品及可燃品不得带入机房，用于维护设备或施工使用的物品应妥当保管处置。

⑥ 应该对跨区域进出机房（室）人员的姓名和进出时间进行登记。

⑦ 未经批准不能带外人参观。

⑧ 严禁将磁卡或钥匙等借给他人使用，如若丢失要及时报告。

⑨ 为保证机房环境及设备正常运转，未经允许不得改动或移动机房内的电源、空调、机柜、终端、服务器、收发器和双绞线等。

⑩ 未经有关领导批准，在机房内禁止使用摄影、录像、录音或其他记录仪器设备。

⑪ 对敏感信息和关键设备采取双人工作制，所有进出及操作都要求有记录，并加以妥当保存。

⑫ 对给予使用人员的进入权要进行定期的检查。如果现有的进入权控制已不能满足安全或业务需要，就要进行更新。对优先进入权应进行更频繁的检查，以防止权力被滥用。如果进入权已不再有必要时，应及时收回进入权。

⑬ 应制定附加的信息安全区内工作守则，各工作人员对安全区的存在及其内的活动应了解自己应当知道的部分，不得探知不允许知道的内容。

3. 保安人员控制

为了保证系统与设备的安全，重要的安全区应该部署保安人员。保安人员应对在未经授权的情况下离开房间、区域或建筑物的设备及媒体进行检查。对进入安全区的非授权人员进行检查，并使他们离开。保安应该经常检查建筑周围的所有可能的入口点，例如窗、排气管道等类似的地方，发现问题及时报告以便采取补救措施，并对监测设备的报警及时响应，一旦发生不寻常的事情，例如电源线裸露、炸弹威胁、火警等，就进行快速检查和保护。保安人员应该对所负责的安全区经常巡逻检查。巡逻时应该注意以下问题：

① 在指定的时期内，检查门、窗等是否锁住；

② 观察、纠正和报告安全隐患，诸如火灾风险、遗留的设备或机器、打开的防火门以及其他类似的问题；

③ 检查灭火器、水管以及其他喷水装置的情况；

④ 检查文档以及其他严格限制的区域是否安全；

⑤ 对怀疑的人或活动、泄露以及其他不正常情况报警。

审查保安人员是否有保安的经历，并对其进行相应的保护计算机设施的培训，以确保其胜任保安工作。

6.5.2 检测监视系统

计算机机房依据其安全性可以考虑安装检测监视系统，以便及时发现异常状态。常用的检测监视系统一般包括入侵检测系统，运动物体检测、传感和报警系统，闭路电视监视系统。检测监视系统的设计应当从实际需要出发，尽可能使系统的结构简单可靠。设计时应该遵循的基本原则如下：

① 合理布局探测传感器于各监测部位。

② 系统必须可靠，具有自动防止故障的特性，即使工作电源发生故障，系统也必须处于随时能够工作的状态。

③ 系统应该具备一定的扩充能力，以适应日后使用功能的可能变化。

④ 报警器应该安装在非法闯入者不易达到的位置，通往报警器的线路最好采用暗埋方式。

⑤ 传感器或探测器尽量安装在不易注意的地方，当受损时易于发现，并得到相应的处理。

⑥ 系统应当采用符合我国有关的国家标准，集散型结构通过总线方式将报警控制中心

与现场控制器连接起来，而探测器则分别连接到现场控制器上。在难于布线的局部区域宜采用无线通信设备。

⑦ 系统所使用的部件应该尽量采用标准部件，便于系统的维护和检修。

⑧ 系统应该采用多层次、立体化的防卫方式，如周边设防、区域布防和目标保护。在目标保护中不能有监控盲区。

1. 入侵检测系统

入侵检测系统通常指夜间报警，主要指的是边界检测报警系统，主要用于对非授权的进入或试图进入进行检测并发出信号。对计算机信息安全区，应该仔细检查建筑周围的所有可能的入口点，例如窗、排气管道等类似的地方，除了对每一个潜在可能的入侵点加强物理安全防护外还应该增加告警系统。

如今电子机械类型的入侵检测系统在广泛使用，它包含一个持续的平衡电路，一旦平衡发生改变，就引发告警。一些经常使用的设备有如下几种：

① 窗户贴。窗户贴是一种粘贴在窗户或玻璃门上的金属物，当玻璃被打破时，贴也破裂，打开电路，告警响起，摩擦也能够激活系统引发告警。

② 绷紧线。一个绷紧线设备用来检查保护区域内的闯入者，任何对绷紧的线路的改变都会引发告警。

③ 入侵开关。一个磁性的或机械的入侵开关通常用来保护门、窗以及其他地方。一旦门、窗等被打开，这些开关就会发出信号报警。

入侵检测系统在员工离开工作岗位后应该被置于一个安全的模式，应该有一个主要负责的人员在非工作期间被指派对系统负责。位于远程监控位置的人员应该在工作开始时将系统置于打开模式，所有的入侵检测系统应该被正确地维护，并且在安装时进行测试。

入侵检测器可以警告警卫或保安人员阻止入侵音，并在没有设置障碍物的地方起作用，但它可能会导致无谓告警，也可能会被有技能的入侵音突破，这一点应引起足够的注意。

2. 运动物体检测、传感和报警系统

运动物体检测、传感和报警系统一般布置在安全区域内。至少有 5 种技术可以用来检测入侵者。

① 光测定系统。这是一个在一个区域内通过增加光源来检侧光层变化的被动的系统，由于这种系统对周围的光层敏感，因而它们只用于无窗户的区域。

② 移动检测系统。这个系统操作的基础是多普勒效应，当一个声音或电磁信号朝一个方向移动或者远离它时，其频率会相对变高或变低。在一个有微波的房间里，当物体移近房间时，依据接收的微波可以感受到变化，接收器在频率加强时，可以检查来源，但减弱时可以查到轻微的频率变化。这一类检测系统的立体防范区域较大，可以覆盖 60 ~ 70 度的辐射范围，甚至可以更大。它受气候条件、环境变化的影响较小，而且具有穿透非金属物质的特点，可以安装在隐蔽之处，或外加修饰物，不易被察觉，能起到良好的防范作用。这类检测系统时有虚报现象发生。

移动检测系统有以下 3 种类型：

a. 音速检测系统。可以在 1 500 ~ 2 000 范围内操作，或者更高，系统采用发射器和接收器来使整个密闭的房间充满声波。

b. 超声波检测系统。使用高端频率，大约在 19 000 ~ 20 000Hz 范围内操作。

c. 微波检测系统。操作类似于上述系统，除了 400 ~ 1 000Hz 范围的频率用于收音机波

段外，它可以使用其他波段。

③听觉震动检测系统。系统使用微型听筒类型的设备来检测超过周围噪音的声音，由于雨、雷、航空等原因可能会引发无谓的告警，因此震动系统使用了与声音检测系统相类似的原理。

④红外线传感检测系统。人体可以发出一种不可见的红外线，通过对红外线的检测，就可以发现侵入者。这种系统受气候条件（如外界温度、湿度）的变化影响比较大。工作着的设备也会发射红外线，所以这类系统也只能使用在信息存储区等没有热源的地方。

⑤相近检测系统。有多种不同的相近检测系统，在原理上相近系统都采用一个电子域，它可能是电磁的或静电的，当被外界破坏时引发告警。相近系统可用来作为补充，但并不能够作为一个主系统。这是由于可能会因为电子波动而引发无谓的警报，如果太过敏感的话，动物和鸟也能触发警告。因而，相近的系统应当作为其他安全系统的备份。

在实际应用中，可根据具体情况使用一种系统，也可以几种系统并用以提高工作效率。比如，可以在同一防范区域同时使用红外线传感检测系统和微波检测系统，由于这两类系统的每一种都不对另一类的虚报源敏感，因此会大大降低虚报率。

3. 闭路电视

对于极其重要的信息安全区，除了安装运动物体检测、传感和报警系统外，还可以装置闭路电视监控系统。闭路电视监控系统又称为CCTV（Closed Circuit TeleVision）。通过CCTV在监控中心可以随时观察到监控区域的动态情况，从而保证监控区域的安全，根据监视对象性质的不同，CCTV有4种类型。

① 单头单尾型：它适用于在一处连续监视一个固定目标（区域）。

② 单头多尾型：它适用于在多处监视一个固定目标（区域）。

③ 多头单尾型：它适用于在一处监视多个固定目标（区域）。

④ 多头多尾型：它适用于在多处监视多个固定目标（区域）。

CCTV提供的主要功能有轮流监视、重点监视和报警录像等，也可以根据需要在画面上叠加诸如日期、时间和文字说明等信息。

在实际使用中，可以使入侵检测系统及运动物体检测、传感、报警系统与CCTV系统连动，也就是说，当发生报警时，运动物体检测、传感和报警系统立即将包含报警点的信息送到CCTV监视系统，由该系统控制报警点附近的摄像机转向报警点并开始自动录像，系统的主监视器也自动切换到该摄像机的画面，使得警卫或保安人员及时了解情况并做出响应。

目前市场上可选择的CCTV系统的产品比较多，但以国外进口的产品为主，并且价格较高。

6.5.3　智能卡/哑卡

由于一般的锁容易被有技能的人打开，因此为了能验证某一用户是物理设备的惟一拥有者或者是一组用户的成员之一，可以使用授权令牌。这些令牌对用于执行授权协议的信息进行编码，以便于系统对这个令牌的用户进行标识。存在两种类型的令牌。

① 内存令牌。内存令牌（哑卡）是基于半导体技术的令牌，例如磁性条纹令牌和集成电路内存令牌。存储在这些令牌上的信息通常都是加密的，以防止信息暴露。加密的处理应基于用户的口令或者PIN码。除非获得口令或PIN码，否则不能得到数据。

② 智能卡。智能卡是信用卡大小的身份证、雇员证或安全通行证，上面有磁条，条形

码或植入的集成电路芯片。智能卡上包含了经过授权的可以被用于身份识别和/或身份验证目的持卡人的信息。它是最复杂的集成电路令牌，一些智能卡甚至具有处理信息的能力或被用来在内存芯片上存储大量的数据。智能卡在执行相关性操作之前，要求提供口令或PIN码以验证卡持有者的身份，有一些智能卡具有线路控制逻辑来执行相关的简单化功能，例如口令检测和数据传输。智能卡更主要的是包含能执行存储在令牌内存中的程序的微处理器，执行程序存储在固件这样的内存中。具备处理能力和存储空间的智能卡可以实现固件中的加密算法，是实现安全授权协议的有效工具。

很多智能卡在验证输入的数据不正确时，具有一种保护机制并保存一定数量的提交的不正确口令。如果侵入者能够获得精确的卡信息，那么他就能攻破系统。

尽管令牌有很多优点，但它也有一些众所周知的威胁，最大的威胁是袭击者有偷取一个有效令牌而成为有效用户的可能性，一个具有能力的袭击者也可以伪造一个令牌。这些威胁可以通过当令牌被使用时要求提交口令或PIN码来降低，使用加密的令牌可以大大提高授权系统的安全。因此，推荐混合使用P1N码和口令授权。

对一个特定的应用选择授权令牌依赖于多种因素，在磁介质上存储数据的简单令牌可能是低费用的，但需要更复杂的接口设备，而且这些令牌易于被欺骗。集成电路令牌包括微处理电路，价格昂贵，它能够提供高安全性。

6.5.4 生物访问控制

随着技术的不断进步，种种访问控制技术层出不穷。在这些技术中，生物访问控制技术是最令人注目的一种。生物访问控制就是以人的生物学特征作为标志，例如人的指纹、眼睛虹膜、手掌外形、心跳或脉搏取样、语音取样等，以判断是不是合法用户。这些被测定的生物学特征称为生物测定学因素。据统计人的指纹相同的概率只有几百万分之一。使用这些特征进行辨别能大大提高准确性，保证系统的安全。

生物访问控制可以作为一项身份标识或验证的技术使用。使用一个生物测定学因素代替用户名或账户ID作为身份标识，需要生物测定学取样对已存储的取样数据库中的内容进行一对多的查找。作为一项身份标识技术，生物访问控制被用做有形的（物理的）访问控制。使用生物访问控制作为验证技术，需要在生物测定学取样和已存储的取样之间保持主体身份的一对一对应。作为一项验证技术，生物访问控制被用在逻辑访问控制当中。

使用这些系统也有一些问题应引起注意：一个是健康问题。比如，使用虹膜识别系统，识别设备的光束扫描可能对眼睛带来损害；使用指纹识别系统，由于多人使用同一系统，因此可能传染病菌。另一个就是错误的拒绝率问题。比如，一个识别系统使用声音鉴别用户，如果一个用户感冒了，声带异常，系统就可能拒绝他进入。还有一个值得注意的问题就是设备的响应时间，也就是指从设备开始扫描人员的生物特征，到设备能够判断出该人员是否符合进入条件的时间。生物测定特征越复杂、越详细，处理的时间也就越长。主体接受处理能力的典型时间是6秒钟或更短。

6.5.5 审计访问记录

审计访问记录能很方便地查出进出安全区的人员的情况，便于在事故发生后确定责任，也可以通过访问记录发现问题，如可以发现某个人非正常地频繁出入安全区，或者在非授权时间出入等，从而加强监控检测，防止发生事故。也可以检测监测、报警系统的漏报和误报，

从而为改进系统性能、加强保卫提供依据。

访问记录应该详细记录以下几个方面的内容：

① 日志信息，包括对物理访问权利的增加、修改或删除，例如授予新职员访问建筑物的权利；

② 访问者的姓名、访问的日期和时间；

③ 极其重要的信息系统的操作过程；

④ 参观人员的单位、携带物品，以及接待人员姓名等；

⑤ 进出安全区的设备和媒体的名称、数量、编号、进出时间、携带者的姓名与批准领导的姓名等；

⑥ 监测、报警系统的报警时间、现场勘察人员姓名、到达时间以及现场的其他情况，如属漏报、误报，还应该记录当时的气候情况、环境情况等。

6.6　环境与人身安全

6.6.1　防火安全

物理安全最重要的原则是确保机构内工作人员的安全。对此安全最严重的威胁是火灾。火灾比其他物理安全威胁造成更多的财产损失和人员伤亡。因此，物理安全计划必须检查和采取严格的措施，来检测和响应火灾。

火灾检测系统是为检测和响应火灾、潜在火灾或燃烧情况而安装和维护的设备。这些设备一般应防范发生火灾的3个必要环境条件：温度（火源）、可燃物和氧气。

1. 火灾检测

火灾检测系统常分为两类：手工和自动。手工火灾检测系统包括人员的响应，如给消防部门打电话，以及手工激活的警报，诸如洒水装置和气体系统。手工火灾检测系统要考虑的一件事是火灾警报本身。手工触发的警报直接连接到灭火系统时，必须小心使用，因为错误的警报并不少见。机构也应该确保有适当的安全措施，保证所有的员工和访问者都从建筑物中撤离。在火灾发生、人员撤离的混乱期间，攻击者很容易溜进办公室，获得敏感信息。为了阻止这种入侵，在火灾安全计划中，常常要在每个办公室区域中指派一个人，作为楼层的监控人员。

有三种基本的火灾检测系统：热检测、烟检测和火焰检测。

热检测系统包含一个高级的热传感器，它以两种方式操作。第一种方式称为固定温度，当区域内的温度达到预定义的级别，通常在135～165华氏度或57～74摄氏度之间，该传感器就开始检测。第二种方式称为上升速度，传感器检测区域在相对较短的时间内不寻常的温度快速增长。对于每一种情况，如果条件满足，就激活警报和灭火系统。热检测系统并不昂贵，也很容易维护。遗憾的是，热检测器通常在问题已经出现后（火已经充分燃烧了）才发现它。因此在人员处于危险状态的区域中，热检测系统并不是防火的最佳方式，也不能用于放置价值很高的设备，或很容易在高温情况下损坏的设备的区域。

烟检测系统是检测潜在危险火灾的最常见方式，大多数居民区和商业建筑的建筑标准都要求拥有它们。烟检测器的操作方式有3种。其一，检测某区域。如果该红外线被打断（假定是由烟所引起的），就激活警报或灭火系统。其二，电离传感器在检测房间里包含少量无害的辐射物质。当燃烧的某些副产品进入该房间时，它们就改变了房间里的导电级别，从而激活检测器。电离传感器系统比光电传感器要高级得多，可以更早地检测到火灾，因为足够多的可见物质进入光电传感器，触发警报之前的很长时间，就能检测出不可见的副产品。其三，烟检测器是空气除尘检测器。空气除尘检测器是很高级的系统，它用于高敏感区域。它们的工作方式是吸入空气，过滤它，将它移到一个包含激光束的房间。如果激光束由于烟尘微粒转向或折射，则激活系统。该类型的系统一般比效率较差的系统要昂贵得多；然而它们的早期检测效果更好，常用于存储在价值极高的设备的区域内。

火焰检测器是一个传感器，检测由燃烧的火焰产生的红外线或紫外线。这些系统需要直接面对火焰，并将火焰“信号”和已知火焰信号数据库进行比较，以判断是否激活警报和灭火系统。火焰检测系统是高度敏感的，非常昂贵，必须在可以扫描受保护区域的各个角落的地方安装。它们一般不用于人员生命处于危险的区域，然而，它们很适合检测化学物品存储区域，因为正常的化学品散发的物质可能激活烟检测器。

2. 灭火

灭火系统可以由便携式、手动的或自动的设备组成。便携式灭火器用于适合直接灭火或固定设备无效的各种情况下。便携式灭火器对较小的火灾更有效，可以避免触发整个建筑物的洒水装置，从而避免可能引起的破坏。便携式灭火器可以控制的火灾类型分成如下等级：

A类：涉及一般易燃物的火灾，如木材、纸张、纺织品、橡胶、衣服和垃圾。使用能阻断易燃物的工具可扑灭A类火灾。水、多用途干燥化学品火灾器最适合扑灭这类火灾。

B类：易燃液体或气体燃烧造成的火灾，如溶剂、汽油、油漆、漆和油。隔离氧气和火，就可扑灭B类火灾。二氧化碳、多用途干燥化学品或卤代烷灭火器最适合扑灭这类火灾。

C类：电力设备或器具引发的火灾。C类火灾可使用不导电的工具扑灭。二氧化碳、多用途干燥化学品或卤代烷灭火器最适合扑灭这类火灾。C类火灾绝对不能使用水来灭火。

D类：由易燃金属引发的火灾。如镁、锂和钠。此类火灾需要特殊的灭火工具和技术。

目前有四种使用水灭火的主要系统类型。湿管道系统（也被称为封闭头系统）总是充满了水。当灭火装置被触发的时候，立即放水。干管道系统中包含被压缩的空气。一旦灭火装置被触发，空气泄漏，打开水阀，从而使管道充满水并放出水来。洒水系统是干管道系统的另外一种形式，它使用较粗的管道，因此能排出大股的水流。洒水系统对于放置了电子设备和计算机的环境不太适合。预先响应系统是干管道/湿管道系统的组合系统。此系统一直是干管道系统，直到检测到有火灾发生（烟、热及其他），然后向管道中充满水。由于受热，洒水头触发器被融化之后释放出水。如果在洒水头被触发之前，火被熄灭，管道可以用手工排空并重新设置。这种系统还允许在洒水头触发洒水装置之前，进行人工干预停止放水。预先响应系统最适合用于计算机和人都存在的环境的洒水系统。

气体释放系统通常比洒水系统更有效。然而，气体释放系统在有人存在的环境中不应该使用。气体释放系统通常从空气中抽走氧气，因此对人是非常危险的。

3. 机房的防火措施

为了保证不发生火灾，及时发现火灾，发生火灾后及时消防和保证人员的安全，对机房应考虑采取以下措施：

① 采用防火的建筑结构和材料。

② 机房应设火灾自动报警系统，以便及时发现异常状态，并应符合现行国家标准《火灾自动报警系统设计规范》的规定。根据不同的使用目的可配备以下监视设备：

a. 红外线传感器；

b. 自动火灾报警器。

③ 报警系统和自动灭火系统应与空调、通风系统连锁。空调系统所采用的电加热器，应设置无风断电保护。

④ 机房的耐火等级应符合现行国家标准《高层民用建筑设计防火规范》《建筑设计防火规范》及《计算站场地安全要求》等的规定。

⑤ 机房与其他建筑物合建对应单独设防火分区。

⑥ 机房的安全出口，不应少于两个，并宜设于机房的两端。门应向疏散方向开启，并应保证在任何情况下都能从机房内打开。走廊、楼梯间应畅通并有明显的疏散指示标志。

⑦ 主机房、基本工作间及第一类辅助房间的装饰材料应选用非燃烧材料或不易燃烧材料。

⑧ 主机房宜采用感烟探测器。当设有固定灭火系统时，应采用感烟、感温两种探测器的组合。

⑨ 机房内的记录介质应存放在金属柜或其他能防火的容器内。

⑩ 机房内存放的废弃物应采用有防火盖的金属容器。

⑪ 当主机房内设置空调设备时，空调设备应受主机房内电源切断开关的控制。机房内的电源切断开关应靠近工作人员的操作位置或主要出入口。

⑫ 主机房、基本工作间不应该使用水质灭火器，而应设二氧化碳或卤代烷灭火系统，并应按现行有关规范的要求执行。

⑬ 设有卤代烷灭火装置的机房应配置专用的空气呼吸器或氧气呼吸器。

⑭ 设置二氧化碳或卤代烷固定灭火系统及火灾探测器的机房，其吊顶的上、下及活动地板下均应设置探测器和喷嘴。

⑮ 在气体灭火防护区内设置消防排风系统，其排风管的制作与安装应严密。风阀应安装在靠近电子计算机机房、易于操作和维修的地方，阀门应启闭灵活。

⑯ 风管不宜穿过防火墙和变形缝。如必须穿过时，应在穿过防火墙处设防火阀；穿过变形缝处，应在两侧设防火阀。防火阀应既可手动又能自控。穿过防火墙、变形缝的风管两侧各 2m 范围内的风管保温材料必须采用非燃烧材料。

⑰ 安全人员应随时对机房进行巡视，注意发现产生危险、故障的征兆及其原因，检查防灾防范设备的功能等。

6.6.2 漏水和水灾

由于计算机系统使用电源，因此水对计算机也是致命的威胁，它可以导致计算机设备短路，从而损害设备。所以，对机房必须采取防水措施。机房的防水措施应考虑如下几个方面：

① 与主机房无关的排水管道不得穿过主机房。

② 主机房内如设有地漏，地漏下应加设水封装置，并有防止水封破坏的措施。

③ 机房内的设备需要用水时，其排水干管应暗敷，引入支管宜暗装。管道穿过主机房墙壁和楼板处，应设置套管，管道与套管之间应采取可靠的密封措施。

④ 机房不宜设置在用水设备的下层。

⑤ 机房房顶和吊顶应有防渗水措施。

⑥ 安装排水地漏处的楼地面应低于机房内的其他楼地面。

6.6.3 自然灾害

自然界存在着种种不可预料或者虽可预料却不能避免的灾害，比如洪水、地震、大风和火山爆发等。对此，应该积极应对，制定一套完善的应对措施，建立合适的检测方法和手段，以期尽可能早地发现这些灾害的发生，采取一定的预防措施。比如，采用避雷措施以规避雷击，加强建筑的抗震等级以尽量对抗地震造成的危害。因此应当预先制定好相应的对策，包括在灾害来临时采取的行动步骤和灾害发生后的恢复工作等。通过对不可避免的自然灾害事件制定完善的计划和预防措施，使系统受到损失的程度减到最小。同时，对于重要的信息系统，应当考虑在异地建立适当的备份与灾难恢复系统。

6.6.4 物理安全威胁

在实际生活中，除了自然灾害外，还存在种种其他的情况威胁着计算机系统的物理安全。比如，通信线路被盗窃者割断，就可以导致网络中断。如果周围有化工厂，若是化工厂的有毒气体泄漏，就会腐蚀污染计算机系统。再比如，2001 年 9 月美国发生的纽约世贸大楼被撞事件，导致大楼起火倒塌，许多无辜生命死亡，里面的计算机系统也不可避免地被破坏。对这种种威胁，计算机安全管理人员都应有一个清醒的认识。

6.7 电磁泄露

电磁泄露发射技术是信息保密技术领域的主要内容之一。国际上称之为 TEMPEST（Transient ElectroMagnetic Pulse Standard Technology）技术。美国安全局（NSA）和国防部（DOD）曾联合研究与开发这一项目，主要研究计算机系统和其他电子设备的信息泄露及其对策，研究如何抑制信息处理设备的辐射强度，或采取有关的技术措施使对手不能接收到辐射的信号，或从辐射的信息中难以提取有用的信号。TEMPEST 技术是由政府严格控制的一个特殊技术领域，各国对该技术领域严格保密，其核心技术内容的密级也较高。

计算机设备包括主机、显示器和打印机等，在其工作过程中都会产生不同程度的电磁泄露。例如，主机各种数字电路中的电流会产生电磁泄露，显示器的视频信号也会产生电磁泄露，键盘上的按键开关也会引起电磁泄露，打印机工作时也会产生低频电磁泄露等。计算机系统的电磁泄露有两种途径：一是以电磁波的形式辐射出去，称为辐射泄露；二是信息通过电源线、控制线、信号线和地线等向外传导造成的传导泄露。通常，起传导作用的电源线、地线等同时具有传导和辐射发射的功能，也就是说，传导泄露常常伴随着辐射泄露。计算机系统的电磁泄露不仅会使各系统设备互相干扰，降低设备性能，甚至会使设备不能正常使用，更为严重的是，电磁泄露会造成信息暴露，严重影响信息安全。

理论分析和实际测量表明，影响计算机电磁辐射强度的因素如下：

① 功率和频率。设备的功率越大，辐射强度越大。信号频率越高，辐射强度越大。

② 距离因素。在其他条件相同的情况下，离辐射源越近，辐射强度越大，离辐射源越远，则辐射强度越小，也就是说，辐射强度与距离成反比。

③ 屏蔽状况。辐射源是否屏蔽，屏蔽情况的好坏，对辐射强度的影响很大。

6.7.1　计算机设备防泄露措施

抑制计算机中信息泄露的技术途径有两种：一是电子隐蔽技术，二是物理抑制技术。电子隐蔽技术主要是用干扰、跳频等技术来掩饰计算机的工作状态和保护信息；物理抑制技术则是抑制一切有用信息的外泄。

物理抑制技术可分为包容法和抑源法。包容法主要是对辐射源进行屏蔽，以阻止电磁波的外泄传播。抑源法就是从线路和元器件入手，从根本上阻止计算机系统向外辐射电磁波，消除产生较强电磁波的根源。

计算机系统在实际应用中采用的防泄露的主要措施如下：

1. 选用低辐射设备

这是防止计算机设备信息泄露的根本措施。所谓低辐射设备就是指经有关测试合格的TEMPEST设备。这些设备在设计生产时已对能产生电磁泄露的元气件、集成电路、连接线和阴极射线管（Cathode-Ray Tube，CRT）等采取了防辐射措施，把设备的辐射抑制到最低限度。这类设备的价格相当昂贵。

2. 利用噪声干扰源

噪声干扰源有两种：一种是白噪声干扰源，另一种是相关干扰器。

（1）使用白噪声干扰源

使用白噪声干扰源有以下两种方法：

将一台能够产生白噪声的干扰器放在计算机设备旁边，让干扰器产生的噪声与计算机设备产生的辐射信息混杂在一起向外辐射，使计算机设备产生的辐射信息不容易被接收复现。在使用这种方法时要注意干扰源不应超过有关的EMI标准，还要注意白噪声干扰器的干扰信号与计算机设备的辐射信号是两种不同特征的信号，易于被区分后提取计算机的辐射信息。

将处理重要信息的计算机设备放置在中间，四周放置一些处理一般信息的设备，让这些设备产生的辐射信息一起向外辐射，这样就会使接收复现时难辨真伪，同样会给接收复现增大难度。

（2）使用相关干扰器

这种干扰器会产生大量的仿真计算机设备的伪随机干扰信号，使辐射信号和干扰信号在空间叠加成一种复合信号向外辐射，破坏了原辐射信号的形态，使接收者无法还原信息。这种方法比白噪声干扰源的效果好，但由于这种方法多采用覆盖的方式，而且干扰信号的辐射强度大，因此容易造成环境的电磁噪声污染。

3. 采取屏蔽措施

电磁屏蔽是抑制电磁辐射的一种方法。计算机系统的电磁屏蔽包括设备屏蔽和电缆屏蔽。设备屏蔽就是把存放计算机设备的空间用具有一定屏蔽度的金属丝网屏蔽起来，再将此金属网罩接地。电缆屏蔽就是对计算机设备的接地电缆和通信电缆进行屏蔽。屏蔽的效能如何，取决于屏蔽体的反射衰减值和吸收衰减值的大小，以及屏蔽的密封程度。

4. 距离防护

由于设备的电磁辐射在空间传播时随距离的增加而衰减，因此在距设备一定的距离时，设备信息的辐射场强就会变得很弱，因此，就无法接收到辐射的信号。这是一种非常经济的方法，但这种方法只适用于有较大防护距离的单位，在条件许可时，在机房的位置选择时应考虑这一因素。安全防护距离与设备的辐射强度和接收设备的灵敏度有关。

5. 采用微波吸收材料

目前，已经生产出了一些微波吸收材料，这些材料各自适用不同的频率范围，并具有不同的其他特性，可以根据实际情况，采用相应的材料以减少电磁辐射。

6.7.2 计算机设备的电磁辐射标准

了解国外的电磁辐射标准，对于引进和使用国外的TEMPEST设备以及用计算机处理敏感数据时应该采取何等程度的保护措施是很有益处的。这里简要地介绍一下国外的TEMPEST标准。

1. 美国FCC标准

1979年9月，美国联邦通信委员会（FCC）为了减少计算机设备产生的电磁干扰，在对原来的FCC标准进行修改的基础上，发布了新的标准，即FCC20780（文件号）16-J计算机设备电磁辐射标准。

FCC标准把计算机设备分为A、B两类，对这两类设备有不同的电磁辐射要求，B类设备的电磁辐射要严于A类设备。

A类设备：用于商业、工业或企事业环境中的计算机设备和家庭的计算机设备。

B类设备：用于居住环境的计算机设备，但不包括计算器、电子游戏机和其他用于公共场所的电子设备。

FCC15-J规定的计算机设备电磁泄露的极限值见表6-9和表6-10。

表6-9 辐射泄露极限值

频率（MHz）	A类（30m）	A类（30m）	B类（30m）
30～88	30μV/m	300μV/m	100μV/m
88～216	50μV/m	500μV/m	150μV/m
216～1000	70μV/m	700μV/m	200μV/m

表6-10 传导泄露极限值

频率（MHz）	A类（μV）	B类（μV）
0.45～1.6	6 000	250
1.6～30	3 000	250

FCC还对测试方法、测试设备和调试带宽等问题进行了规定。测试设备包括校准过的可调半波振子天线、频率分析仪或场强测试仪，以及一些辅助设备，如滤波器和衰减器等。在30～1 000MHz频段内测量场强时，测试设备的6dB带宽不应小于100kHz。在300MHz以下测量传导泄露时，测试设备的6dB带宽不应小于9kHz。在外场地测量时，在被测量设备断电的情况下，对外界的环境噪声电平应比该标准规定的极限值低6dB。天线与被测量设备的距离为3m，也可以在3～30m之间进行测试。在天线距离被测量设备10m以内时，天线

高度在1~4m之间变化；超过10m时，天线高度应在2~6m之间变比。

2. CISPR标准

国际无线电干扰特别委员会（CISPR）是国际电子技术委员会（IEC）的一个标准组织，该组织主要致力于制定和发展电子产品的技术标准。1984年7月，CISPR发布了信息技术设备（Information Technology Equipment,ITE）的电磁干扰标准和测试方法的第2稿。其目的在于协调美国、德国和其他国家对电子数据处理（Electronic Data Process,EDP）设备电磁干扰的规定，并推荐给世界各国使用这个标准，因此CISPR标准也称为CISPR建议。

与美国FCC标准一样，CISPR把信息处理设备分为A、B两类。对于这两类设备有不同的辐射要求，A类设备主要是指运用于商业（工业、企事业）的设备，B类设备是使用于居住环境的设备。CISPR标准规定的电磁辐射极限值和传导泄露极限值见表6-11和表6-12。

表6-11 电磁辐射泄露

设备类型	频率范围（MHz）	极限值（μV）	平均值（μV）
A类	0.15~0.50	79	66
	0.50~30	73	60
B类	0.15~0.50	66~56	56~46
	0.50~6.0	56	46
	6.0~30	60	50

表6-12 传导泄露

设备类型	频率范围（MHz）	极限值（μV）
A类	0.15~0.50	30
	0.50~30	37
B类	0.15~6.0	30
	6.0~30	27

CISPR的测试方式与FCC标准的测试方式大致相同。

3. 德国VDE标准

负责处理有关电磁干扰的官方机构是FTZ（德国邮电部），德国电器工程师协会（VDE）是FTZ承认的电磁测试研究机构，VDE 0871是计算机及其他高频设备的电磁辐射标准，这个标准由VDE所属的电子技术委员会和标准局起草，经FTZ批准并经法律通过后，作为前西德的国家标准。目前，西欧的其他一些国家也使用这个标准。

VDE 0871将EDP设备分为A、B两类。所有的便携式EDP设备，如个人计算机、打印机、终端机和微处理器控制设备等均为B类，其余的EDP设备则为A类。VDE 0871标准规定的辐射极限值见表6-13，传导泄露的极限值应在辐射的极限值上加14dB。VDE标准的测试方法与FCC标准大致相同。

表 6-13　VDE 0871 标准辐射极限值

频率（MHz）	A 类峰值（dBμV/m）	B 类峰值（dBμV/m）
30 以下	34（100 m）	34（30 m）
30 ~ 41	54（30 m）	34（10 m）
41 ~ 68	30（30 m）	34（10 m）
68 ~ 174	54（30 m）	34（10 m）
174 ~ 230	30（30 m）	34（10 m）
230 ~ 470	54（30 m）	34（10 m）
470 ~ 760	30（30 m）	34（10 m）
760 ~ 1000	49 ~ 46（30 m）	46（10 m）

6.7.3　我国的 TEMPEST 标准研究

我国的 TEMPEST 标准研究始于 20 世纪 90 年代，经过近 10 年的发展，我国的 TEMPEST 标准也正在逐步系列化、完善化，目前已有以下标准：

① BMB1-1994《电话机电磁泄露发射限值和测试方法》（机密级）；

② BMB2-1998《使用现场的信息设备电路泄露发射检查测试方法和安全判据》（绝密级）；

③ BMB3-1999《处理涉密信息的电磁屏蔽室的技术要求和测试方法》（机密级）；

④ BMB4《电磁干扰器技术要求和测试方法》（秘密级）；

⑤ BMB5《涉密信息设备使用现场的电磁泄露发射防护要求》（秘密级）；

⑥ GGBB1-1999《信息设备电磁泄露发射限值》（绝密级）；

⑦ GGBB2-1999《信息设备电磁泄露发射测试方法》（绝密级）；

⑧ GB9254-88《信息技术设备的无线电干扰极限值和测量方法》。

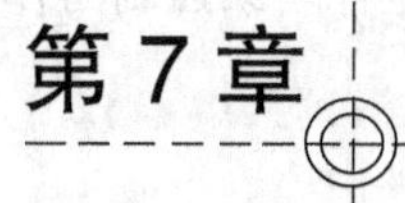

第7章 人员安全管理

学习目标

- 建立安全组织机构的必要性和控制目标;
- 安全组织的职能;
- 人员安全审查应考虑的要素;
- 岗位安全考核的内容;
- 全球信息安全专业人员的认证;
- 如何处理安全事故与安全故障;
- 安全保密契约的管理;
- 离岗人员的安全管理。

7.1 引 言

随着 Internet 技术的发展和网络知识的日益普及，人们对信息的获取从来没有像今天这样便利而迫切，伴随而来的是威胁信息系统的安全，这种威胁不仅是对某一个单位、社团、组织的，还发展成为对国家主权、机密的威胁，因此保护信息系统的安全是当务之急。

信息系统的建设和运用离不开各级机构具体实施操作的人，人不仅是计算机信息系统建设和应用的主体，同时也是安全管理的对象。因此在整个信息安全管理中，人员安全管理是至关重要的。要确保信息系统的安全，必须加强人员的安全管理。

管理的实现必须依赖于组织行为，做好信息安全工作也要建立与系统规模、重要程度相适应的安全组织。

7.2 安全组织机构

现在计算机信息犯罪者（攻击者）的犯罪（攻击）手段各种各样，技术水平不断提高，防御者处于被动状态。单靠某一个人或几个人的高技术是无法保障信息系统安全的，并且大多数的攻击或破坏来自内部人员，因此必须建立组织机构，完善管理制度，建立有效的工作机制，做到事有人管，职责分工明确。尤为重要的是，要对内部人员进行有组织的业务培训、安全教育、规范行为和制定章程等。

1. 建立安全组织机构的必要性

从宏观上讲，《中华人民共和国计算机信息系统安全保护条例》第十三条规定：“计算机信息系统的使用单位应当建立健全的安全管理制度，负责本单位计算机信息系统的安全保护工作。”

从微观上讲,《计算机信息系统安全保护条例》第四条明确规定:“计算机信息系统的安全保护工作，重点维护国家事务、经济建设、国防建设、尖端科学技术等重要领域的计算机信息系统的安全。”切实保护本单位信息系统的安全，是直接保护本单位权益的需要，更是维护国家利益的需要，还必须从根本上认识到，这是法律所赋予的责任，是有国家强制力作后盾的，是不能不履行的，否则是要负法律责任的。

2. 安全组织的规模

计算机信息系统安全治理的重要性和严肃性，需要安全治理机制的权威性。因此，单位的最高领导必须主管计算机安全工作，同时建立适应本单位需要的安全工作组织机制。建立一个从上到下的完整的安全组织体系，如图 7-1 所示。

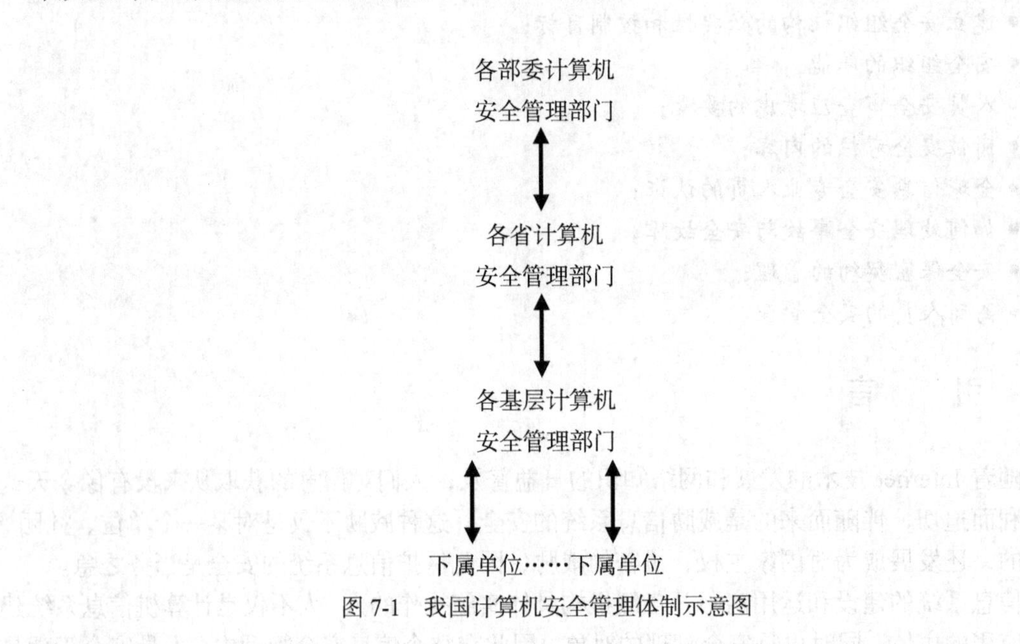

图 7-1　我国计算机安全管理体制示意图

在我国，计算机安全管理组织有 4 个层面，各部委计算机安全管理部门、各省计算机安全管理部门、各基层计算机安全管理部门以及经营单位。其中，直接负责计算机应用和系统运行业务的单位为系统经营单位，其上级单位为系统管理部门。国内外计算机信息系统安全方面已经发生的问题表明，仅有计算机安全监察组织而无安全管理组织，计算机安全管理体制是不完善的。

安全组织规模大小与其系统的规模相适应，大规模的信息系统设立安全领导小组，由主管领导负责，同时建立或明确一个职能部门负责日常计算机安全管理工作；规模小的信息系统设立信息系统安全管理员。不论组织规模大小者都应有最基本的职能，即保证信息系统的安全。

具体地说，规模大的信息系统的安全组织应包括最高一级的安全组织和下一级的安全组织，成员应包括单位的最高负责人，确定一个职能部门负责日常信息系统安全管理工作，这一职能部门的成员包括单位负责人、系统管理员、程序员、硬件人员、操作员、人事和保卫（警卫或保安）。下一级的安全组织接受上一级的管理、监督，并向上一级报告、备案。规模小的信息系统可以只有几个人，或设立信息安全专管员。

安全组织的其他成员，一般应有科技管理、计算机系统分析、软件、硬件、保卫、审计、

人事、通信等有关部门人员或专家。各个使用单位应当根据单位的实际需要，据此配置适当人选，至少要"三结合"，即领导、保卫和计算机技术人员相结合。

3. 安全组织机构的控制目标

安全组织机构的控制目标简单来说就是在组织中管理信息安全，即应当建立适当管理架构，在组织内部启动和控制信息安全的实施。

管理层领导应当建立适当的信息安全管理委员会，以便确认信息安全策略、指派安全角色并在组织中协调安全措施的实施。如果需要的话，应当建立一个信息安全专家建议的资料来源并使其在组织内部是可以利用的。应当加强与外部的信息安全专家的联系，以跟上工业发展趋势、监控安全标准和测评方法并在处理意外安全事故时提供适当的联络点。应当鼓励发展那些综合了各学科知识的信息安全解决方案，例如此综合解决方案可能涉及经理、用户、管理员、应用程序设计人员、审计人员和安全人员的协调和合作，以及在一些领域的专门技术，比如保险和风险管理。

为了确保上述目标的实现，可以从以下几方面采取措施：

① 信息安全管理委员会：信息安全管理委员会确保明确的目标和管理层对启动安全管理可见的支持。管理委员会应通过适当的承诺和充足的资源推广安全。

② 信息安全协作：在大的组织中，应使用一个由从各组织相关单位的管理者代表组成的跨职能部门的委员会，协作实施信息安全控制措施。

③ 落实信息安全责任：应明确定义保护每种资产和负责特定安全过程的责任。

④ 对信息处理设施的授权过程：应建立对于新的信息处理设施的管理授权过程。

⑤ 专家信息安全建议：应从内部或外部搜集专家的信息安全建议并在组织内部实施协作。

⑥ 组织间的合作：与执法机关、主管机关、信息服务提供者，以及通信业者应维持适当的接触。

⑦ 独立的信息安全审查：应对信息安全方针的实施进行独立的审查。

4. 对安全组织机构的基本要求

安全组织的运行应独立于信息系统的运行，是一个综合性的组织。

（1）建立信息系统安全组织的基本要求

① 信息安全组织应当由单位安全负责人领导，绝对不能隶属于计算机运行或计算机应用部门。

② 该安全组织是本单位的常设工作职能机构，其具体工作应当由专门的安全负责人负责。

③ 安全组织的成员类型主要有硬件、软件、系统分析、审计、人事、保卫、通信、本单位应用业务，以及其他所需要的业务技术专家等人员。

④ 该组织一般有着双重的组织联系，即接受当地公安机关计算机安全监察部门的管理、指导，以及与本业务系统上下级安全管理工作联系。

（2）制定基本安全防范措施的基本任务

基本任务是在政府主管部门的管理指导下，由与系统有关的各方面专家定期或适时进行风险分析，根据本单位的实际情况和需要，确定计算机信息系统的安全等级管理总体目标，提出相应的对策并监督实施，使得本单位计算机信息系统的应用发展建设能够与计算机安全保护工作同步前进。

（3）安全组织的基本标准

① 由主管领导负责的逐级计算机安全防范责任制，各级的职责划分明确，并能有效地开展工作。

② 明确计算机使用部门或岗位的安全责任制。

③ 有专职或兼职的安全员，行业部门或大型企事业单位应确立计算机委员会、安全组织等逐级的安全管理机制，安全组织人员的构成要合理，并能切实发挥职能作用。

④ 有健全的安全管理规章制度。按照国家有关法律法规的规定，建立、完善各项计算机安全管理规章制度，并落到实处。

⑤ 在职工群众中普及安全知识，提高信息安全意识，对重点岗位的职工进行专门的培训和考核，持证上岗。

⑥ 定期进行计算机信息系统风险分析，并对信息安全实行等级保护制度，本着保障安全、有利于生产（工作、发展）和注意节约的原则，制定安全政策。

⑦ 在实体安全、信息安全、运行安全和网络安全等方面采取必要的安全措施。

⑧ 对本部门计算机信息系统的安全保护工作有档案记录和应急计划。

⑨ 严格执行计算机信息系统案件上报制度，对信息系统安全隐患能及时发现并及时采取整改措施。

⑩ 对信息系统安全保护工作定期总结评比，奖惩严明。

安全管理至少有 9 个主要环节：领导重视，组织落实，采取等级保护体制，责任分解明确并落实到人，具体措施到位，各类安全管理制度健全，建立安全技术保障，周密细致的信息安全工作，严格周详的审计应急计划。

5. 第三方访问安全

（1）识别出第三方访问的风险

第三方访问是指除组织员工以外的其他组织或人员对组织信息处理设施和信息资产的访问。访问类型包括实物访问（例如：前往办公室、计算机房和档案柜）和逻辑访问（例如：访问组织的数据库、信息系统）。

第三方可能由于一系列原因被许可访问，包括临时访问和常驻现场两种形式，例如：

① 为组织提供服务的软硬件维护及支持人员。

② 访问信息系统或共享数据库的贸易伙伴或合资企业。

③ 清洁工、伙夫、保安及其他外协的支持服务人员。

④ 学生实习及其他短期职位。

⑤ 参观学习人员。

⑥ 咨询人员。

信息可能由于安全管理不当而面临第三方访问的风险，第三方访问所带来的典型的威胁是资源未经授权的访问和错误使用。例如，盗窃用户身份、密码或软件，进行软件或数据库的修改，可能使系统发生故障、文件损坏或被删除等。组织应对第三方访问的活动进行风险评估，具体确定控制要求。

（2）第三方访问控制措施

根据对第三方访问风险评估的结果，采取适宜的控制方法对其进行安全控制。

① 对第三方访问实行访问授权管理，未经授权的第三方不得进行任何方式的访问。

② 对于经过授权进行实物访问的第三方应佩带易于识别的标志，在其访问重要信息安

全场所（如系统机房）应有专人陪同，并告知访问人员有关的重要安全注意事项等。

③ 对于长期访问（进行长期逻辑访问和常驻现场）的第三方，通过签订信息安全合同或在商务合同中明确规定经过双方确认的信息安全条款来进行安全控制。下列条款适用时应考虑包括在合同中：

A. 信息安全总方针。

B. 资产保护要求，如对复制和泄露信息的限制。

C. 服务的目标水平和服务的不可接受水平。

D. 协议方各自的职责。

E. 有关法律事务方面的责任。

F. 知识产权（IPR）的委托。

G. 访问控制协议，如用户访问的授权程序和特权。

H. 可核实的执行准则及其检查和报告的定义。

I. 检查、撤销和用户活动的权力。

J. 审查合同方责任的权力或交由第三方执行审核的权力。

K. 建立解决问题的升级过程，在适当处应考虑应急安排。

L. 有关软硬件安装、维护的职责。

M. 一个清晰的报告结构及商定的报告格式。

N. 一份清晰、具体的变更管理程序。

O. 要求的实物保护控制及保证遵循这些控制的机制。

P. 用户及管理人员在方法、程序和安全方面的培训。

Q. 确保防止恶意软件的控制。

R. 对安全事故及安全破坏的报告、通告和调查的安排。

6. 外包控制

组织根据商务运作的需要，可能把信息系统、网络和（或）桌面系统的管理和控制的部分或全部进行外包，例如，系统的维护外包。当组织将信息处理的责任外包到另一个组织的时候，如果控制不当，会给组织带来很大的安全风险。有效的控制方法就是在双方的合同中，明确规定信息系统、网络和（或）桌面系统环境的风险、安全控制与程序，并按照合同的要求进行实施。

例如，合同应强调：

① 什么安排要到位，才能确保涉及外包的所有各方包括分承包商意识到他们的安全责任。

② 如何确定和检测组织商务资产的完整性和保密性。

③ 采用什么实物的和逻辑的控制，以限制和限定授权用户对组织敏感商务信息的访问。

④ 发生灾难时，服务可用性怎样维持。

⑤ 要向外包设备提供什么级别的实物安全。

⑥ 审核的权利。

7.3 安全职能

各级计算机安全管理组织的职责和主要任务是管好与系统有关的人员，包括其思想品德、职业道德和业务素质等。这对于系统直接经营单位而言尤为重要。计算机安全管理组织的目标是管好计算机资产，即计算机信息系统资源和信息资源安全。这是一个崭新的公共安全工作领域，按以往惯例，必须使安全工作组织机构不能隶属于计算机运行或应用部门，而由安全负责人负责安全组织的具体工作，直接对单位主要领导及公安主管部门负责，这也是建立安全组织的基本要求。

安全组织的职能如下：

① 各级信息系统安全管理机构负责与信息安全有关的规划、建设、投资、人事、安全政策、资源利用和事故处理等方面的决策和实施。

② 各级信息系统安全管理机构应根据安全需求建立各自信息系统的安全策略、安全目标。

③ 根据国家信息安全管理部门的有关法律、制度、规范来建立和健全有关的实施细则，并负责贯彻实施。

④ 负责与各级信息安全主管机关、技术保卫机构建立日常工作关系。

⑤ 参与本单位及其下属单位的计算机信息系统的规划、设计、引进、改建、研究和开发等安全管理工作。

⑥ 建立和健全本系统的系统安全操作规程、制度。

⑦ 确定信息安全各岗位人员的职责和权限，建立岗位责任制。审议并通过安全规划，年度安全报告，有关安全的宣传、教育、培训计划。

⑧ 对已证实的重大安全违规、违纪事件及泄密事件进行处理，对情节严重的应追究其法律责任。

⑨ 对计算机信息安全工作表现优秀的人员给予表彰。

⑩ 认真执行计算机安全时间报告制度，定期向当地安全机关、计算机安全检查部门报告本单位信息安全保护管理情况。

各种各样的防护措施均离不开人的掌握和控制，因此系统的安全最终是由人来控制的。安全离不开人员的审查、控制和管理，要通过制定、执行和实施各种管理制度以及各种安全保护条例来实现，因而在安全组织中人员的职能划分尤为重要。

7.4 人员安全审查

安全管理的核心是管好有关计算机业务人员的思想素质、职业道德和业务素质。人是各个安全环节最重要的因素，全面提高人员的技术水平、道德品质、政治觉悟和安全意识是网络安全最重要的保证。许多安全事件都是由内部人员引起的，堡垒往往容易从内部攻破。例如，员工受经济利益驱动将公司技术图样出卖给竞争对手，利用内部系统从事经济犯罪活动，也可能由于缺乏安全意识或操作技能导致误操作，引起信息系统故障等。因此，人员的素质是十分重要的。为降低内部员工所带来的人为差错、盗窃、欺诈及滥用设施的风险，采取有利措施加强内部人员的安全管理是十分必要的。

一方面建设和维护运行一个高技术现代化的网络，离开掌握有关技术的人员是不可想像的；另一方面由于人的因素（有意、无意、攻击和破坏）造成安全事故的教训实在太多。所以，应加强人员审查，把好第一关。

人员管理必然是安全管理的关键因素。人员的安全等级与接触的信息密级相关，根据计

算机信息系统所定的密级，确定人事审查的标准。对使用单位而言，根据与计算机信息系统接触的密切程度，有关的人员大体上有信息系统的分析、管理人员，单位内的固定岗位人员、临时人员或参观学习人员等几类。

人员安全审查需从几方面考虑，包括人员的安全意识、法律意识和安全技能等方面。

1. 人员审查标准

人员审查必须根据信息系统所规定的安全等级确定审查标准。人员应具有政治可靠、思想进步、作风正派和技术合格等基本素质。

有关人员的安全等级与计算机的信息密切相关，因此必须根据计算机信息系统所定的密级，确定人事审查的标准。例如，对于处理机要信息的系统，接触该系统的所有工作人员都必须按机要人员的标准进行审查。

信息系统的关键岗位人选，如安全负责人、安全管理员、系统管理员、安全设备操作员和保密员等，必须经过严格的政审并要考核其业务能力。例如系统分析员，不仅要有严格的政审，还要考虑其现实表现、工作态度、道德修养和业务能力等方面。关键的岗位人员不得兼职。尽可能保证这部分人员安全可靠。

因岗挑选人，制定选人的方案。在实际操作中应遵循"先测评，后上岗，先试用，后聘用"的原则。所有人员应明确其在安全系统中的职责和权限。所有人员的工作、活动范围应当被限制在完成其任务的最小范围内。对于涉及重大机密的人员，应当明确规定他需要承担的保密义务和相关责任，并应要求他们做出方式规范、严肃的承诺。

2. 人员背景调查

对于新录用的人员、预备录用的人员及正在使用的人员都应做好人员的记录，对其进行备案。

一个人的平时表现是十分重要的，量变容易引起质变，要注意平时的点滴。

人事安全是指对某人参与信息系统安全和接触敏感信息是否合适，是否值得信任的一种审查。可以从以下几个方面进行审查：

① 政治思想方面的表现。

② 保密观念强不强或懂不懂保密规则，是否随便泄露机密。

③ 对申请人声称的学术和资格证明进行认证，确认其学历程度及真实性。

④ 对申请人简历的完整性和准确性进行检查，对被推荐者的调查，申请人是否具备充分的人品推荐材料，例如工作推荐或个人推荐。

⑤ 独立的身份认证（通过护照或相应的身份证明材料）。

⑥ 面试过程中只要有不诚实的回答，就立即中止面试。

⑦ 是否有不良记录，行为是否偏激。

⑧ 业务是否熟练。

⑨ 是否遵守规章制度。

⑩ 对物质的需求方面，如金钱价值观。管理人员应当认识到其部下的个人环境会影响工作。个人或财务上的问题会影响他们的工作，导致行为或生活方式的改变及多次旷工；压力或忧郁的表现可能导致欺诈、盗窃、错误或其他安全问题。对这类信息的处理单位要依据本地区的适当法律程序加以解决。

⑪ 平时是否有超越系统权限或盗取资料、信息的事件。

⑫ 对网络安全的认识程度。

⑬ 身体状况如何，是否能坚持岗位职责要求的正常工作，是否有精神方面的疾病等。

另外，对合同工和临时工也要开展类似的审查。如果上述人员是通过中介机构推荐给单位的，则单位要和该机构签订合同，在合同中说明该中介机构要负责对被推荐人的审查，以及中介机构在未对被推荐人进行审查或对审查结果有疑问时必须通知单位的必要程序。同时，管理人员要对那些新来的或没有经验的但却得到授权可接触敏感系统的员工进行监视。对所有员工的工作都要进行定期审核，审核审批的程序由员工中的某位资深人士来制定。

7.5 岗位安全考核

为防止品质不良或不具备一定技能的人员进入组织，或不具备一定资格条件的员工被安排在关键或重要岗位，组织应明确雇用员工的条件和考核评价的方法与程序，减少因雇用员工而产生的安全风险。

人员安全部门要定期组织对信息系统所有的工作人员的业务及品质两方面进行考核，对指导思想、业务水平、工作表现、遵守安全规程等方面进行考核。对于考核中发现有违反安全法规行为的人员或发现不适于接触信息系统的人员，要及时调离岗位，不应让其再接触系统。

对终身雇员的核实检查应在应聘时进行，包括下列几点：

① 令人满意品质的有效证明。

② 应聘者个人简历的检查。

③ 声称的学术或专业资格的确认。

④ 身份的查验。

除此，还应制定各岗位的考核制度，定期对不同岗位的人员进行考核，考核包括政治思想、保密观念和业务技术等多个方面。

应定期对系统的所有工作人员从政治思想、业务水平、工作表现等方面进行考核，对不适于接触信息系统的人员要适时调离。

员工从一般岗位转到信息安全重要岗位，组织也应当对其进行信用检查。对于处在有相当权力位置的人员，这种检查应定期进行。

1. 思想政治方面考核

主要考核是否遵守法律、法规，执行政策、纪律和规章制度，履行职业道德、劳动服务态度等方面。

2. 业务、工作成绩考核

主要依据各自的职责进行考核，相关人员不仅要有业务理论水平还要有实际操作技能。另外，还包括以下几个方面：

① 是否坚持在指定的计算机或终端上操作；

② 程序员、系统管理员和操作员的岗位分离情况；

③ 是否在运行的机器上做与工作无关的操作；

④ 是否越权运行程序，是否查阅无关的操作；

⑤ 是否有操作异常，是否及时上报；

⑥ 系统密码是否失密。

7.6 信息安全专业人员的认证

许多机构在检查求职者的证书时，常常希望他们有业界认可的认证。这常常暗示求职者要精通与各种安全职位相关的技术。但是，大多数已有的认证相对较新，机构没有完全理解它们。另外，认证机构正在努力，使雇主和潜在的专业人员了解其认证程序的价值和资格。同时，雇主试图找到认证和职位要求之间的匹配点，有希望的专业人员则试图根据其新得到的认证，获得实质性的雇佣。本节介绍已获得广泛认可的当前和计划内认证。

7.6.1 认证信息系统安全专业人员和系统安全认证从业者

认证信息系统安全专业人员（CISSP）是安全经理和 CISO 的最有声望的认证，它是由国际信息系统安全认证机构（ISC）提供的两个认证之一。为了参加 CISSP 考试，候选人必须有下述 10 个信息安全领域中一个或多个领域的至少 3 年安全专业技术的全职工作经历。CISSP 试卷覆盖这 10 个领域的知识，由 250 道多选题组成，必须在 6 个小时内完成。

① 访问控制系统和方法学；
② 应用程序和系统开发；
③ 业务持续性计划；
④ 密码学；
⑤ 法律、调研和道德规范；
⑥ 操作安全性；
⑦ 物理安全；
⑧ 安全体系结构和模型；
⑨ 安全管理实践；
⑩ 电讯、网络和 Intemet 安全。

CISSP 认证需要成功通过考试，并由有资格的第三方签字认可，第三方一般是另一个 CISSP 认证的专业人员，候选人的雇主，或得到许可、认证或委任的专业人士。表面上看，这是要保证被认证人满足整个过程的条件和要求，其广度和深度涉及 10 个领域内的每个领域，使 CISSP 成为市场上最难获得的认证之一。候选人获得 CISSP 后，还必须每 3 年获得一定的继续教育，才能保留此认证。

由于精通所有 10 个领域非常困难，许多安全专业人员都会寻求其他不太严格的认证。为此，国际信息系统安全认证机构提供了第二个认证：系统安全认证从业者（SSCP）认证。它用来确定对信息安全国际标准的掌握程度以及对一般知识体系（CBK）的理解情况。SSCP 认证是一个面向安全管理员的认证。像 CISSP 一样，SSCP 认证更适合于信息安全经理，而不是技术人员，因为其大多数问题都集中于信息安全的操作性。换言之，SSCP 集中于“主要 IS 业界专家定义的实践、任务和责任。”然而，寻求提高的信息安全技术人员也可从此认证中获益。

SSCP 考试由 125 道多选题组成，必须在 3 个小时内完成。与 CISSP 不同，SSCP 只包括下列 7 个领域：

① 访问控制；
② 管理；
③ 审计和监视；

④ 风险、响应和恢复;

⑤ 密码学;

⑥ 数据通信;

⑦ 恶意代码和恶意工具。

许多人认为，SSCP 是 CISSP 的小弟弟。它是一个广泛认可的认证，比 CISSP 更容易获得。其 7 个领域也不是 CISSP 领域的子集，而是包含类似内容的独立结构。为 SSCP 定义的一般知识体系的技术内容比 CISSP 的一般知识体系略多，与 CISSP 一样，获得 SSCP 的人必须接受继续教育，才能保留其认证，或者重新参加考试。

7.6.2 认证信息系统审计员和认证信息系统经理

认证信息系统审计员（CISA）认证并不主要集中于信息安全认证，它还包含许多信息安全部分。信息系统审计和控制协会（ISACA）提供的 CISA 认证用于审计、网络以及安全专业人员，认证信息系统经理（CISM）认证用于信息安全管理专业人员。所有的 ISACA 认证都有如下要求:

① 成功通过必要的考试;

② 有信息系统审计员的工作经验，最少 5 年与认证直接相关的专业经验;

③ 遵从 ISACA 专业人员道德标准。

继续教育政策所需的维持费用，最少每年 20 小时的继续教育面授课时。另外，三年认证期间至少 120 小时的面授课时。

CISA 认证面向已通过 CISA 考试的人员。该考试一年只有一次，包括信息系统审计的下列领域:

① IS 审计过程（10%）;

② IS 的管理、计划和组织（11%）;

③ 技术基础架构和操作实践（13%）;

④ 信息资产的保护（25%）;

⑤ 灾难恢复和业务持续性（10%）;

⑥ 商务应用系统的开发、购置、实现和维护（16%）;

⑦ 业务过程评估和风险管理（15%）。

替代 CISA 认证程序的是 CISM。这个认证面向已通过 CISM 考试的人。该考试也是一年只有一次，包括信息系统审计的下列领域:

① 信息安全监督（21%）;

② 风险管理（21%）;

③ 信息安全计划的管理（21%）;

④ 信息安全管理（24%）;

⑤ 响应管理（13%）。

CISA 和 CISM 都是有可能成为 CISO 和信息安全经理的人希望获得的、广泛认可的认证。

7.6.3 全球信息保险认证

系统管理、网络和安全机构，也称为 SANS，1999 年开发了一系列技术安全认证，称为

全球信息保险认证（GIAC）系列。在建立GIAC时，还没有其他技术认证。在能使用GIAC之前，任何想从事技术安全工作的人只能获得厂家指定的网络或计算认证，如MCSE（Microsoft认证系统工程师）或CNE（Novell认证工程师）。现在，各种GIAC认证可单独申请，或申请一个全面认证，即GIAC安全工程师（GSE）。GIAC也有管理认证，即GIAC信息安全官（GISO）。像SSCP一样，GISO是结合了基础技术知识和对威胁、风险和最佳实践理解的一个概观性认证。

各种GIAC认证包括：

① GIAC安全要素认证（GSEC）;

② GIAC认证的防火墙分析员（GCFW）;

③ GIAC认证的入侵分析员（GCIA）;

④ GIAC认证的事故处理员（GCIH）;

⑤ GIAC认证的Windows安全管理员（GCWN）;

⑥ GIAC认证的UNIX安全管理员（GCUX）;

⑦ GIAC信息安全官——基础（CISO-Basic）;

⑧ GIAC系统和网络审计员（GCNA）;

⑨ GIAC认证的法庭分析员（GCFA）;

⑩ GIAC安全领导能力认证（GSLC）。

与其他认证不同，GIAC认证需要申请者先完成书面的实践作业。这个作业需要申请者通过实践证明他的能力和技巧。这些作业会提交给SANS信息安全阅读室的安全专家进行评阅，只有完成实践作业，才允许候选人参加在线考试。

SANS为对GIAC认证感兴趣的人提供了如下指导：

① 完成实践/研究论文或/和一或多个考试（依据认证目标的不同而变化）。

② 在被授权参加考试前，实践作业必须通过。

③ 通过GIAC站点完成特定主题的在线考试。大多数考试有75个问题（多选题），必须在两个小时内完成。一些考试有90道问题，必须在3个小时内完成。

④ 如果实践作业获得认可，并且通过了考试，则被授予GIAC认证。

GIAC安全工程师是GIAC认证的顶点，候选人为了获得该认证，在参加最后的认证考试前，必须获得上述所有认证，并在至少一个方面获得美誉。GIAC不但要测试申请者一个领域的知识，而且要求这些知识能通过实践的检验。

7.6.4　安全认证专业人员

信息安全学科中最新的认证之一是安全认证专业人员（SCP）认证。SCP认证提供两种途径：SCNP（安全认证网络专业人员）和SCNA（安全认证网络设计师）。两者都是为安全技术人员设计的，都具有显著的技术成分；SCNA还强调鉴定原理。虽然它们都集中于网络，但仅集中于网络安全，而不考虑真正的网络（MSCE和CNE就考虑真正的网络）。

SCNP集中于防火墙和入侵检测，并需要两项考试：

① 网络安全基本原理（NSF）;

② 网络防御和对策（NDC）。

SCNA程序则更多集中于鉴定，包括生物测定学和PKI。SCNA认证中的两个考试是：

① PKI、生物测定学概念和计划（PBC）;

② PKI 和生物测定学的实现（PBI）。

虽然这些程序不像 GIAC 认证那样详细，但它们给信息安全职业领域增加了入门的新机制，同时为从业者证明其专业技术能力提供了一种方式。

7.6.5　给信息安全专业人员的建议

作为未来的信息安全专业人员，在进入信息安全工作领域时，可能会从下面的建议中获益。

① 时刻记住：商务先于技术。技术方案是解决商务问题的工具。信息安全专业人员有时会心虚，总是想把最新的技术应用到不需要技术解决方案的问题上。

② 在评估问题时，首先查找问题的源头，明白影响问题的因素，再查看根据机构政策，是否可以设计出与技术无关的方案，然后依靠技术部署实现该方案需要的控制。技术对某些问题可以提供很好的方案，但对其他一些问题，只会增加问题的难度。

③ 信息安全专业人员的工作是保护机构的信息和信息系统资源，不要偏离保护这个目标。

④ 要听，不要看。信息安全对用户是透明的。保护信息所采取的行动不应与用户的行动相互影响，这很少有例外。信息安全为终端用户的工作提供支持，而不是阻碍。在用户和安全小组之间的惟一通信是定期的提醒信息、培训通告、时事通信和电子邮件。

⑤ 不要炫耀自己掌握的技能。不要给用户、经理、知识和经验不如自己的其他非技术人员施加压力。总有一天，自己掌握的这些信息安全知识会派上用场。

⑥ 要对用户讲解，不要说他们听不懂的话。当和用户谈话时，要使用他们的语言，而不是自己的语言。用户不会对技术术语和行话有印象。他们可能并不理解保护其系统所必需的技术部分、软件和硬件，但他们知道如何减少下一步的预算，或挑出商务报告中的毛病。

⑦ 学习是没有止境的。信息技术的理念总是在不断变化，信息安全的学习也就永无止境。即使掌握了最新的技能，仍会遇到不断变化的威胁、保护技术、商务环境或管理环境。作为安全专业人员，必须在整个职业生涯中持续不断地学习。通过定期研讨会、培训计划和正规教育可以很好地实现这一点。即使机构（或自己的经济能力）不能担负越来越广泛和昂贵的培训计划和研讨会，也可以通过阅读安全方面的著作（杂志）、书籍和新闻，跟上市场的脚步。无论采取什么方法，都要不断阅读，不要荒废学习，使自己成为最好的安全专业人员。

7.7　安全事故与安全故障反应

安全事故就是可能导致资产丢失和损害的任何事件，或是会使组织安全程序破坏的活动。有些安全事故发生后并不是马上能发现，如商业秘密的泄露。安全故障，如软件故障，会影响信息系统的正常功能，甚至商务活动的运作。为把安全事故和故障的损害降到最低程度，追踪并从事故中吸取教训，组织应明确有关事故、故障和薄弱点的管理部门，并根据安全事故与故障的反应过程建立一个报告、反应、评价和惩戒的机制。安全事故与故障的反应过程，如图 7-2 所示。

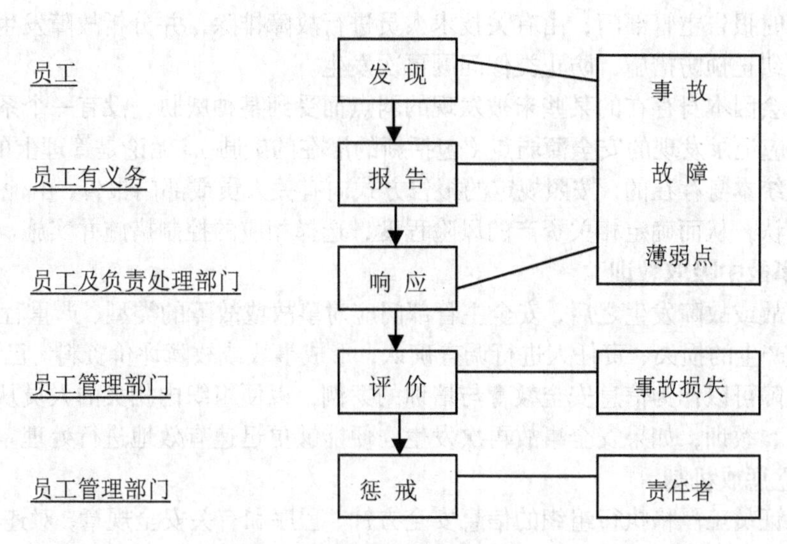

图 7-2　安全事故与故障的反应过程

1. 确保及时发现问题

通过有效的管理渠道或程序，确保员工及时发现并报告安全事故、安全故障或安全薄弱点，以便迅速对其做出响应。

发现并报告信息安全事故、软件故障和安全薄弱点是组织每一个员工应尽的义务。为确保发现者能及时并准确地把情况报告给主管部门，组织应建立一个正式的报告程序，分别对事故、故障和薄弱点报告做出明确规定。

① 明确报告的受理部门。

② 报告的方式，如专用电话、书面报告。

③ 报告内容要求，如事故发生的时间、地点、系统名称、威胁、后果等。

④ 处理结果的反馈要求，以便从中吸取教训。

有些安全事故、故障或薄弱点是显而易见或容易发现的，但有些如果没有相应的安全检查手段（包括管理与技术的手段，如内部安全审核、安全审计、使用入侵检测技术）是不易被发现的。

2. 对事故、故障、薄弱点做出迅速、有序、有效的响应，减少损失

对于安全事故的响应：针对不同类型的安全事故，做出相应的应急计划，规定事故处理步骤，基于以下因素区分操作的优先次序：

① 保护人员的生命与安全。

② 保护敏感的资料。

③ 保护重要的数据资源。

④ 防止系统被损坏。

⑤ 将信息系统遭受的损失降至最小。

信息系统会受到软件和硬件故障的威胁，软件故障可能由于软件开发本身存在的缺陷（如 Windows 9X 操作系统不稳定）、感染计算机病毒、人员误操作（如不小心删除系统文件）等原因造成；硬件故障包括设备设施故障和通信线路故障，故障可能由于设备设施本身的质量、运行维护不当，或其他外界因素等原因造成。故障一旦发生，用户应记录有关故障的信息，及时报告主管部门，由有关技术人员进行故障排除，并分析故障发生的具体原因，采取必要的纠正预防措施，防止类似问题再次发生。

组织总会因本身存在的某些未被发现的弱点而受到某种威胁，没有一个系统是100%安全的。员工应记录发现的安全薄弱点（包括新的潜在的威胁），无论是管理上的、技术上的，还是信息系统本身存在的，按照规定的报告方式向有关人员或部门报告，由他们对可疑的薄弱点进行确认，从而确定相关资产的风险程度，选择相应的控制措施并实施。

3. 从事故中吸取教训

安全事故或故障发生之后，安全主管部门应对事故或故障的类型、严重程度、发生的原因、性质、产生的损失、责任人进行调查确认，形成事故或故障评价资料。已发生的信息安全事故或故障可以作为信息安全教育与培训的案例，以便组织内相关的人员从事故中学习，以总结经验、教训；如果安全事故再次发生，便能够更迅速有效地进行处理。

4. 建立惩戒机制

为了保证员工严格执行组织的信息安全方针、程序和有关安全规章，对违规者进行惩戒是一种有效的管理手段。为此，组织应建立一种安全惩戒管理办法，明确规定员工被惩戒的适用情况、证据提供、惩戒手段、审批等具体要求，确保准确、公正、合理处理违反方针、程序和有关安全规章的员工。惩戒手段包括行政警告、经济处罚、调离岗位、依据合同予以辞退，对于触犯刑律者应交由司法机关处理。

7.8 安全保密契约的管理

进入信息系统工作的人员应签订保密合同，承诺其对系统应尽的安全保密义务，保证在岗工作期间和离岗后的一定时期内，均不得违反保密合同，泄露系统秘密，对违反保密合同的人员应进行惩处，对接触机密信息的人员应规定在离岗后的某段时间内不得离境。

保密协议的目的是对信息的保密性加以说明。雇员在受雇时，应和单位签署保密协议，此协议为员工规章制度的一部分。

没有签署保密协议的临时人员或第三方在接触信息处理设备之前必须签署有关保密协议。

在雇佣合同或条款发生变动时，特别是员工要离开单位或其合同到期时，要对保密协议进行审订。该协议应载明雇员在信息安全方面的职责。如有必要，那么这些职责即使在雇佣关系结束后的一段时间内也应保持有效，其中应当包括员工违反安全规定时应采取的行动。

有时组织要求员工工作之前签署一次安全协议，这是保证信息安全的好办法，因为它能保证组织成员（和合约商）审视政策，明白他们要对自己的行为负责。协定包括不泄露商业秘密、道德准则和隐私问题等。

7.9 离岗人员的安全管理

单位必须有人员调离的安全管理制度，例如人员调离的同时马上收回钥匙、移交工作、更换口令、取消账号，并向被调离的工作人员申明其保密义务。

对于离开工作岗位的人员，确定该员工是否从事过非常重要的材料方面的工作，任命或提升员工时，只要其涉及接触信息处理设备，特别是处理敏感信息的设备，如处理财务信息

或其他高度机密的信息的设备，就需要对该员工进行信用调查。对握有大权的员工，此类信用调查更要定期开展。

1. 调离人员

调离岗位人员应做到及时移交所有的系统资料，及时更换口令，重申离岗后承担的安全与保密责任和义务。

对调离人员，特别是在不情愿的情况下被调走的人员，必须认真办理手续。除人事手续外，还必须进行调离谈话，申明其调离后的保密义务，收回所有钥匙及证件，退还全部技术手册及有关材料。系统必须更换口令和机要锁，取消其用过的所有账号。在调离决定通知本人的同时，必须立即或预先进行上述工作，不能拖延。

对调离人员，特别是因为不适合安全管理要求被调离的人员，必须严格办理调离手续。

2. 解聘人员

对于因有问题而解聘的人员，审查其问题，按照保密契约的规章来执行，如有触犯法律法规的行为，应提出控告。

第8章 软件和应用系统安全管理

学习目标

- 了解影响软件安全的因素,掌握软件安全管理的相关措施;
- 了解软件的选型、购置与储藏等相关内容;
- 掌握软件安全的检测方法,了解软件安全跟踪与报告的相关知识;
- 了解软件版本控制方法;
- 掌握软件的使用与维护相关内容;
- 了解应用系统的安全问题,掌握应用系统启动的安全审查管理;
- 掌握应用系统的运行管理、应用软件监控管理。

8.1 引　言

软件是计算机系统的心脏。一个计算机系统,不管它的规模大小,也不管它的技术复杂程度,从单台的微机到一个单位内部的网络,再到一个地方所用的局域网,一个部门或一个行业所用的专业网,都是靠软件来进行正常运行的。如果软件发生故障或受到侵害,计算机系统就不能正常运行。国内外常因软件故障造成计算机系统瘫痪,导致重大事故,造成重大的经济和政治损失,因此保证软件的安全性是保证计算机系统正常运转的前提条件。

软件安全是指保证计算机软件的完整性及软件不会被破坏或泄露。这里所说的软件包括系统软件、数据库管理软件、应用软件及相关资料。软件的完整性是指系统软件、数据库管理软件、应用软件及相关资料的完整性以及系统所拥有的和产生的信息的完整性、有效性等。

应用系统是把概念、设计从技术与用户的实际相联系,直接面对用户,支持服务于用户实际工作的集成化的人机系统。其具体的表现是建立在计算机硬件、软件及相关环境上的信息系统。

8.2 软件安全管理

8.2.1 影响软件安全的因素

影响计算机软件安全的因素很多,大体可分为技术性因素和管理性因素两大类。从技术性因素来看,软件是用户进行信息传送和交流的工具;软件可存储和移植;软件可非法入侵载体和计算机系统;软件具有可激发性,即可接受外部或内部的条件刺激或被激活;因此软件具有破坏性。一个专门设计的特定软件可以破坏用户计算机内编制好的程序或数据文件,具有攻击性。软件和信息很容易受到电脑病毒、网络蠕虫、特洛伊木马和逻辑炸弹等攻击性

软件的侵害。因此要保证软件的安全，就必须防范上述各类软件的入侵。对于攻击性软件的防范应当以强化安全意识、建立适当的软件存取系统和加强安全管理为基础。安全意识是保证软件有效、安全的重要因素，应该在强化安全意识的基础上，加强软件安全管理。

8.2.2　软件安全管理的措施

软件管理是一项十分重要的工作，应当建立专门的软件管理机构、从事软件管理工作。软件管理包括法制管理、经济管理及安全管理等各个方面，各方面的管理是相互联系，彼此影响，因此各项管理需要综合进行。对于企业来说，做好软件管理工作会带来巨大的经济效益，软件管理不善，则有可能造成经济损失。所以有条件的企业应该考虑建立软件管理机构，统一管理企业内所用的各种软件。在国外有些企业委托专门从事软件管理的机构代为管理企业所用的各种软件。

要进行软件安全管理就必须制定有效的软件管理政策。每一个与计算机有关的单位都应制定一项或多项软件管理政策。包括软件使用方面的政策、软件安全政策、保护软件的知识产权政策。软件管理政策可以是一个单独的政策文件，也可以是涉及许多工作流程组成的多个文件的集合体，它们都是指导软件管理的重要文件。不论采用那种形式，都必须使每个工作人员看到、了解软件政策，并要求每个工作人员签名确认他们看到过并了解这些政策，以便在他们违反政策时可以对他们进行惩罚。这需要建立一套对软件政策执行情况进行检查的制度，以及在违背软件政策时进行惩罚的制度。

国际标准化组织正在起草一个有关信息安全管理的国际标准，其中就包括软件的管理。如何制定软件政策在我国还没有统一规定，在英国有一个英国国家标准《英国信息安全标准——BS7799 信息安全管理规程》，它强调软件政策要符合法律的规定。在美国则强调软件是企业财产的一个组成部分。我国已正式加入 WTO，并庄严承诺我国一定执行 WTO 的各种规定和协议，因此我国制定软件管理政策必须与世界接轨，符合 WTO 的有关规定，其中很重要的一条是符合 WTO 有关知识产权的规定，必须使与软件管理有关的人员树立软件知识产权保护意识。

提高软件知识产权意识，需要对软件使用者进行为什么必须慎重地对待软件的教育。一个软件的特许只授予使用者使用软件的权力，并不是授予使用者拥有软件的权力，单位是软件的使用管理者，因此单位有责任保护软件的知识产权，强调这一点，在我国有着重要的意义。

软件随安全性和可靠性与软件的使用管理有关。软件的安全管理必须贯穿于软件使用的全过程。在选购软件时就必须认真地从经济、技术等诸多角度对软件选型及购置进行审查。在软件使用过程中，必须随时对软件进行安全检测和安全审查，同时进行安全性跟踪，必须对软件进行经常性的定期维护，以保证软件的正常使用。

对软件的版本必须进行严格的管理和控制。为了发挥软件的效益，必须在软件的整个使用期间（包括软件的购置、安装、储藏、获得、使用和处理）进行有效的管理。软件管理的外部环境要使被管理者能够接受管理行为并为管理成功而努力。

软件安全管理的目的就是要确保软件的可靠性和安全性，保证所有使用的软件是合法的，符合版权法和软件特许协议，保证使用这些软件的系统的安全性。软件安全管理方面，应该强调以下几个方面的问题：

① 正确地选择软件，必须使用正版软件，禁止使用盗版软件；

② 采取防范措施，减少使用外来软件或文件可能产生的风险；

③ 安装检测软件和修复软件，用它来扫描计算机，检查、预防病毒、修复被破坏的程序，定期升级、检测软件和修复软件，并使之制度化；

④ 对于支持关键业务程序的系统软件和数据，应该进行定期检测；

⑤ 防止非法文件或对计算机系统中的软件或数据进行非法修改或调查；

⑥ 在使用软件前，应对来源不详的软件及相关文件或从不可靠的网站上下载的软件及有关文件进行必要的检查。

8.2.3 软件的选型、购置与储藏

在进行软件选型时，可考虑组织一个软件选型小组，由提出采购请求的部门及商业业务部门的有关人员组成，由软件选型小组负责选购软件，并就软件的使用对技术人员进行培训。

1. 软件选型应考虑的因素

（1）软件的适用性

考察软件是否适合本系统的技术需要，是否适合计算机系统的规模，是否适合系统信息传输、交换复杂程度的需要。

（2）软件的开放性

包括计算机操作系统的开发性，本软件与其他系统软件、应用软件的接口，是否适合用户的多种开发、应用平台的需要等。

（3）软件的先进性

包括软件所使用的开发语言是否先进，软件是否有便利的开发工具，数据库的先进程度和通用程度等。

（4）软件的商品化程度及使用的效果

包括软件开发商的进一步开发的技术能力，软件开发商可能对用户提供的支持程度和软件使用的方便性。

（5）软件的可靠性及可维护性

软件的安全性与软件的可靠性及可维护性有着很大关系。所谓软件的可靠性是指软件在指定的条件下和在规定的时间内不发生故障的性能，也就是软件在指定的条件下和规定的时间内，正常运行并执行其功能的性能。所谓软件的可维护性是指软件在使用阶段发生故障和缺陷时，用户可以对它进行修正的性能，一个可靠性和可维护性很低的软件，很难谈到使用中的安全性，因此应选用可靠性和可维护性高的软件。

（6）软件的性价比

软件的性能价格比与整个具体的软件的购置、开发、使用费用有着密切的关系。购置、开发和使用费用包括购买软件费用，购买后的开发、维护费用等。

2. 软件选型、购置与储藏的实施

从理论上来讲，需要一个标准的软件选型和购置过程，该过程应该包括下列步骤中一部分或全部。

（1）软件选购过程

软件使用者从业务角度提出所需软件的采购请求；软件使用者所在部门的主管从业务的角度正式批准这个采购请求；软件选型小组根据需要购买的软件与现有的成套软件的匹配性、软件产品的标准化和本单位软件的发展方向，正式批准该采购请求，并进行采购。

（2）需提供的文件

① 软件发展方针和方向。符合发展需要的首要问题是软件的发展方向，这个问题主要应由信息技术部门考虑。如果信息技术部门以前没有参加管理部门的批准工作，则现在应该审查采购要求，以确保采购的软件符合本学科的需求。理想地说，购买的软件应该符合本单位的软件发展方向的需要。

② 业务需要文件。很明显，任何单位都想购买对推进业务有帮助的软件，但有些软件虽然对软件使用者有好处或给他们带来乐趣，但对本单位业务没有什么帮助，在进行软件采购审查时，应该摒弃这些软件。

③ 预算文件。作为采购过程的一部分，软件选型小组必须有一个包括软件费用在内的充分的预算。

④ 采购审核。当确定软件的需求后，软件使用者或软件使用者所在部门主管必须审核该项目采购，开列出一张可以订货的标准软件一览表，在这一系列采购项目中根据需要的程度和资金情况来排列采购顺序。

⑤ 标准化要求。由于产品的类型不同，因此需要符合的标准也不同。

⑥ 系统的兼容性。软件使用部门应以书面形式说明需要采购的软件是否与现有的系统匹配。需要采购的软件必须考虑与现有的系统（如硬件的配置、网络的结构和操作系统的类型等）的兼容性，以保护以往的投资。

⑦ 选型订购小组的批准书。由选型订购小组根据软件使用部门的软件资源现有情况结合其他因素一起考虑，在这个阶段还应该适当考虑过去的意见和情况，否则可能与以前的采购请求发生矛盾，然后评估需要采购软件的实用性和可行性，提出是否批准购买的意见，以文件方式提供给上级主管领导等待批准。

当这些文件都已具备，并得到有关负责人批准后，就可以开始进行采购，并获得该软件。

（3）软件及供应商的选择

选择软件的供应商时应遵循以下原则：

① 在具有同样功能的条件下，寻找价格最便宜的供应商；

② 向信誉较好的软件供应商订货；

③ 在本单位资金允许的情况下，在特许的范围内尽可能增加订货量。

如果采购工作是由单位内的一个部门负责集中进行，则能够得到最大的采购量的折扣，能更好地降低成本。由一个单位内部集中采购，还可以防止该单位内部的不同部门进行重复订购。

选择购置软件时，最好选择几种软件加以对比，经过比较后，再对初步选择的两三种软件进行功能测试。功能测试该软件是否能够满足用户的特殊需求。若不太满意，则可与软件供应商商讨提供新的解决方案。

在购置软件时，还需特别注意软件供应商对用户可提供的软件支持程度，即软件商对软件升级以提高满足需要的能力及支持人员的实际支持能力，需要把可支持的程度与软件解决方案进行综合评定，再从软件供应商选择一两种软件进行试用，把测试及试用情况报告本系统的技术负责人，由技术负责人来决定软件的选购。

（4）软件的送达

所有采购的软件应该送到单位内部负责集中采购的部门，以确保提出采购要求的部门可以得到所采购的软件，绝对不允许将软件直接送到软件使用者手中或送到本单位以外的其他地方。

软件送达过程应包括收到软件后立即通知采购部门，这样可以使采购部门对没有收到的软件采取有效的措施。

（5）软件预安装

从软件送货的领域来说，应该立即送到所需部门进行预安装，应建立软件档案。特别是在计算机还在使用的情况下，并将安装情况记录、归档。由于计算机系统的复杂程度日益增加，因此必须只能由技术上合格的工作人员即由技术负责人和软件供应商或软件编制人员或由他们指定的人员按照规定的步骤安装软件。

应该用存储控制和配置管理来加强对软件安装工作的管理，以确保不会发生问题。安装人员当然应该对安装软件的行为负责，并且应该认真进行记录（记录软件的预安装及下载情况）和检验。

（6）软件登记

软件使用者在进行软件预安装或正式安装的同时，还应该负责更新软件登记数据库（该数据库应在建立软件管理系统时建立），记录预安装软件的情况。

在该数据库中，应该记录下列数据：

① 软件的出版者、软件的名称、软件的版本和软件的系列号；

② 软件的许可证和软件介质存放的地方；

③ 软件使用者的姓名、合同细节和存放位置；

④ 该计算机的财产编号，即安装软件的计算机机构编号；

⑤ 装载软件者的姓名和装载软件的日期；

⑥ 其他相关信息。

用该数据库来进行软件管理，当发生软件纠纷时，可以以该数据库中的数据作为依据，进行调解和处理。所以该数据库是软件管理中的重要部分，必须得到妥善的保护。

（7）软件采购

单位所使用的软件一部分是从商业渠道采购得到的，而另一部分是定制的，这些定制软件包括由本单位专门开发的软件和根据本单位的要求委托其他单位进行专门开发的软件。对于后一种情况．应通过招标方式确定软件研发厂家。

采购软件和采购其他商品的目标是一致的，目标如下：

① 购买一个价廉物美的符合该单位需求且价格合理的软件；

② 符合该单位订货要求，并符合该单位操作环境的软件；

③ 如果需要，可以审查该项采购是否合适；

④ 在预算经费范围之内。

在确定采购软件的同时，应对软件供应商有所考虑，可在广泛的供应商中选择。由于供应商企业规模不同，可提供的服务、支持能力可能会有不同。

采购软件的单位必须与选定的软件供应商之间建立一定的关系，采购单位与软件供应商之间加强相互信任，使得采购单位可以得到较高的服务水平、较强的技术支持，方便以后软件的使用和维护。这有利于采购单位与软件供应商之间的合作，因而对双方都有利。对于软件供应商则应该进行以下选择：

① 该软件供应商可以提供所需要的软件和其他相关物品；

② 可以得到比其他软件供应商更便宜的采购价格；

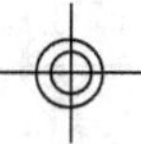

③ 该软件供应商应该是一个专业的软件供应商；

④ 该软件供应商可以提供完整的软件、软件的销售以及相应的技术支持服务。

（8）避免采购不合法软件

在采购软件时，必须杜绝采购不合法的软件。如何避免采购不合法的软件，可注意以下几点：

① 从声誉较好的软件提供商处购买软件；

② 要求软件提供商提供一份书面的报价单，报价单上应列举出软件所需要的硬件配置、软件的技术规范和版本号；

③ 注意软件提供商报出的价格，价格太便宜的有可能是盗版软件；

④ 需要软件提供商提供一张附有详细目录的发票；

⑤ 检查软件提供商是否具有销售软件的软件特许证明，保证购买的软件的合法性；

⑥ 不允许软件提供商在非特殊情况下直接将软件装入到计算机内；

⑦ 软件必须经过一段试用后才可正式购买；

⑧ 如果可能，应使用从软件生产商建议的软件提供商处购买软件。

当订购的软件送到软件收货点以后，应该对送来的软件进行检查，以阻止任何非订购的软件进入软件收货点，这对防止任何非订购软件从破坏性软件的进入是十分重要的。注意：软件收货点应拥有适当的物理安全保密装置，包括视屏监视警视系统和视卡控制门等。

已收到的但还没有打开的软件应当放在软件收货点的一个特殊位置内，而已经打开的等待领走的软件应该单独存放，进行较高级别的安全保护，存放在装有锁的箱子内，防止被偷盗或损害。虽然软件不属于高危产品范围内，但某些特制的软件可能有很高的价值。另外一些软件可能有特殊的需要，因此妥善地储藏软件以保证购买的软件不会受到潮湿的条件、磁场、静电等物理环境的损害是十分重要的。

3. 软件安全检测与验收

软件安全检测的目的是为了发现软件的安全隐患，并针对安全隐患对现行软件进行必要的改进，确保软件的安全。

一般来说，一旦软件安装到计算机上，有关人员就应该对该计算机所安装的软件定期进行检查，将检查的结果记录下来，并根据检查结果，更新该单位的软件登记数据库。软件的检查应该定期进行，以确保软件管理有效地进行，如发现违反软件特许、版权法或专利法的情况，应该进行跟踪，并根据软件政策的规定通知有关工作人员。在任何单位内部都会发生工作人员流动的情况，软件管理部门应该随时了解这种情况，否则将会产生混乱。

如果该单位可能受到恶意的攻击，则应该安装扫描设备，对包装内的物品（如软件介质）进行检查、处理。

在任何情况下，应该对订单上所订购的物品与发货记录进行核对，以确保收到所有订购的物品均有正确无误的包装号。

当对包装完成完整性检验后，应通知有关部门订购的软件已经到货。被通知的部门应该包括：

① 采购部门，以确认该订单不再是未交货的；

② 会计部门，告诉他们订购的软件已经到货，同时应提供发票；

③ 软件使用部门，由他们安排软件的收集和安装。

在软件收货点进行检测的过程应该记录下来，该记录是对软件管理的第一次记录后将会进行一系列更详细的记录。在这项记录中，应该记录下列内容：

① 软件产品的名称、版本号和系列号；

② 收到的软件产品的数量；

③ 软件出版商的有关信息；

④ 收到订购软件的日期；

⑤ 有关购买合同的详细情况（如使用者、使用者所在部门和软件功能等）。

4. 软件安装工作规程

软件管理中的关键部分是不让未被授权人员进行软件的安装、移植或删除。这一点对于以微机为基础的环境特别重要，因为在这个环境中：

① 软件可能具有计算机病毒或其他恶意的代码；

② 软件的安装几乎都是在软件使用环境中进行的；

③ 私自安装不良的软件或受限制的程序，可能对该网上的所有其他用户产生很大的影响。

因此，政策和工作规程应该确保不允许用户自行加载没有经过批准的软件或从网上下载软件。这些规定应该严格执行，可以采用物理的管理办法，例如不能移动的介质驱动器或装置一个硬件管制系统，以防止加载未授权的软件。

在网络时代，应该强调建立网络的安全管理环境，并严格执行软件安全政策。目前，很多机构对计算机系统和网络系统服务依赖性的增加使它们比较容易受到安全的影响，很多机构由于商务贸易的关系使他们对其他计算机的访问机会增多，也使他们更易受到安全的影响，因此更应该强调工作人员必须严格执行软件安全政策。

5. 软件安全管理环境

为了建立良好的软件安全管理环境，高级管理人员应该做以下工作：

① 确定需要实施的良好的安全管理措施，并促使有关人员接受这些观念和措施；

② 制定符合安全需要的政策、规程和工作细则，供管理人员使用。

没有成文的有关软件的安全政策和详细规定将产生下列缺陷：

① 管理层不能严肃地对待软件安全问题；

② 不能确保工作人员一定拥有有关软件安全的文件；

③ 不能保证对所采取的保护软件安全的行动进行有效的监督；

④ 没有供工作人员和软件使用者的安全规定；

⑤ 没有可以实施的安全标准；

⑥ 当发生违背软件安全政策、侵犯公司利益的行为时，很难采取纪律措施。

每一个工作人员包括临时工和合同工都应当树立必须遵守安全政策的观念，并有义务遵守安全政策。对于刚到本单位参加工作的有关人员，应当对他们进行初步的培训，同时应当对全体工作人员进行定期的安全方面的技术培训。

安全政策中必须说明工作人员可以做或不可以做的事，并要求他们签字确认，且把这些内容作为聘用工作人员的合同的组成部分。

在制定政策时应该考虑是制定一个完全的信息安全政策，还是制定一个高级安全政策，并附加很多较为低级的详细政策、标准和细则。

8.2.4　软件安全检测方法

一般在正式加载软件前，用户应该对该软件进行检验或试验、以确定该软件与常见的应用软件、其他常用的软件之间的相容性。这种方法既适用于新购置的软件，也适用于经过更新、升级的已有软件，在更新、升级之前，也应该进行这种安全性的预验收。这种检验可以用双份比较法来进行。

双份比较法是将软件在计算机中安装两份，正常状态下只运行一份，另一份留着做备份。当正在运行的软件出问题影响计算机系统安全时，运行备份软件，将两者的结果进行比较。如果备份软件的运行结果影响计算机系统安全，就说明该软件确实存在导致计算机系统故障的隐患；如果备份软件的运行结果不影响计算机系统的安全，则将备份软件再复制一套，再进行同样的检测。

检测软件安全的另一种方法是使用软件安全设置支持系统检测软件是否存在安全隐患。软件安全设置支持系统对软件安全隐患自动进行测试，并找出软件中存在的潜在问题。一个能够有效地进行软件安全检测的系统应该具备以下功能：

① 自动生成测试数据；

② 能够以人机对话方式进行软件安全性能的测试；

③ 能够提供相应的模拟程序；

④ 能够提供多种方式自动查询和比较不同方案的实施结果；

⑤ 使进行的测试标准化和自动化，并能够对测试结果自动进行分析。

8.2.5　软件安全跟踪与报告

由于计算机数量的剧增，软件价格昂贵及软件的可携带性，软件跟踪自然成为软件管理的一个关键内容。软件生产商和软件供应商所进行的软件跟踪的目的、方法与软件使用者所进行的系统或单位中进行的软件跟踪，其目的与方法不完全相同。这里介绍的软件跟踪主要是指软件使用者在指定的系统或单位中进行的软件跟踪，其目的是确保所使用的软件的合法性、安全性，不至于使用非法软件，造成违法行为或影响系统的安全性，以避免计算机技术人员在不知晓的情况下使用了非法拷贝或从违法的软件经销商那里购买的软件，导致产生违法行为，使计算机系统失效。对于软件使用者来说，软件的跟踪主要是通过良好的软件版本管理来实现的。

为了进行软件管理与软件跟踪，计算机系统应该指定一名技术官员负责向上级主管部门提交本机构遵守软件管理政策和实施软件管理情况的报告，同时对软件的使用情况进行管理和跟踪。他们负责组织和完善对系统所拥有的有效特许的各种软件的拷贝目录和拷贝数量，检查和清点以下内容：

① 销毁或删除超出有效特许所规定的拥有的数量以外的拷贝。

② 建立和保存适当的文档来记录首次和每年软件管理和清理的结果，并在以后跟踪新增加的软件的拷贝安装与使用，存入档案，并将新增加的所有软件的特许证明文件放在一起。

③ 将所有的软件购置申请集中起来。

④ 对安全系统所使用的计算机定期进行检查，以保证系统所使用的软件的合法性和安全性，并检查文档的完整性和正确性。

⑤ 为机构所有的工作人员制定培训计划以进行必须使用合法软件的教育，并对不使用

合法软件的行为进行处罚。

⑥ 建立一套有效的接口程序，以确保计算机软件得到的正当管理使用和处置软件的政策和程序，尊重软件的知识产权，以确保计算机系统使用合法的计算机软件。

8.2.6 软件版本控制

软件版本控制是指对软件的选型、购买、保存、存取和更新升级等情况进行记录、存档，并定期对软件版本进行检查。

软件版本控制的目的是保证所用的软件的合法性和安全性；保证所用的软件都是正版软件，都是经过特许的软件，不会使用盗版软件；保证软件在运行过程中不会发生故障和软件错误。

计算机系统的高层管理人员必须定期参与版本控制活动。

版本控制对计算机软件的开发和应用有很大帮助。

1. 软件版本控制规程

要进行软件版本控制，必须按照软件版本控制规程进行。该规程主要规定以下内容：

① 版本的构成方法；

② 软件的标识方法；

③ 软件的购置、存取、审批权限及其手续；

④ 版本管理人员的职责；

⑤ 版本升级、更新的审批权限及其手续；

⑥ 定期审查版本的有效性和一致性。

2. 进行软件版本控制应具备的条件

为了保证版本控制能正常进行，必须具备以下条件：

① 配备专门负责软件版本控制的工作人员；

② 为负责软件版本控制的专职人员和所有有关人员提供必要的工作环境、版本控制工具、专业的版本控制介质和足够的经费；

③ 对负责软件版本控制的专职人员和所有有关人员进行必要的有关软件版本控制的培训，并提供相关的软件。

3. 软件版本控制的实施

在开始进行软件版本控制时，必须收集本单位全部计算机所装全部软件、所有的使用这些软件的特许协议的原件及与这些软件有关的证明文件。在以后定期检查软件版本时，应该完成以下工作：

① 查明计算机上加载的全部软件；

② 查明并清除计算机加载的非法软件和不予支持的软件；

③ 查明并清除计算机上加载的违反版本法和特许协议的软件；

④ 查明并清除本系统不予支持的软件。

4. 软件标识

为了对软件的版本进行控制，应对所有的软件进行标识。

软件标识是指对各种软件成分，即源代码、目标码、可执行代码以及各种文档进行标识。要求软件中所有被标识的成分都是惟一的，并且是清晰的。

在日常工作中应经常审核软件版本的有效性、一致性和可跟踪性，也就是要审查软件是否满足需求，软件的实际状况是否和保存在文档中的文字描述相符合；是否可以对软件进行正向跟踪和反向跟踪。软件的状态报告应该包括软件成分的标识符、当前的版本号、软件的生成日期和生产者等。若软件已经更新，则应写明进行更新的日期、更新的原因和进行更新的人员等。

5. 软件处理

一个单位要保护它所用软件的安全，则软件处理过程将是它必须做的最后一项工作，要保证正确地进行这项工作，并使这项工作受到控制和监督，这项工作就应包括在软件安全管理的检查计划之内。因为处理不好，就可能将隐藏的巨大危险引发出来。

当不再需要该软件时，首先应该从计算机中卸载该软件，以确保该软件不致丢失并释放所占的计算机硬盘空间。当进行这项工作时，应该在软件登记数据库中进行记录，以显示该软件已被卸载。当该软件从计算机中卸载完毕后，应该再进行一次检查，以确保该软件确已从计算机中卸载。

当所有的特许和原来的介质被安全处理后，对于已经储存起来的软件，不需要进行进一步操作。

假如决定要处理软件，则应该把处理情况写成文字材料，并更新软件登记数据库，原来的介质和特许文件应该从特许数据库记录储存的介质中取出，并加以销毁；销毁介质通常是把介质放在一个强磁场中，以销毁该介质中的内容，然后将介质物理销毁。

假定已决定要出售所用软件，则必须事先征得软件版权所有者的同意，得到版权所有者的批准书，然后将原有的特许和介质同时交给新的软件拥有者。

8.2.7　软件使用与维护

目前，由于我国的软件研制和开发还缺乏科学化制度，也就是说软件的研制和开发技术尚未完全成熟，再加上软件的研制和开发还缺乏一套科学的管理制度，因此开发出来的软件可能会存在软件错误（Error）。另外，由于没有完善的验证程序的方法和工具，因此无法对开发出来的软件进行有效的验证，只能在软件使用过程中边使用、边发现问题、边改进、边提高，软件的可靠性是比较难保证的。因此，在软件使用过程中特别要注意软件的维护工作。

1. 软件错误

软件错误（Error）是指由于软件中存在的缺陷，使软件的部分或全部功能中断或失效。造成软件错误的原因主要是由于在软件设计过程中，软件提供者对于用户的要求理解得不确切、不完善，对软件实现目标的方法、方式考虑不周到。软件错误可分为设计、编制和调试中发生的错误及在软件移植、修改过程中发生的错误。

软件错误的源有以下两种：

① 设计、编写代码和调试过程中发生的错误；

② 软件移植、软件修改过程中发生的错误。

软件错误是使软件发生故障的根本原因，软件错误有以下基本特征：

① 再现性。若程序中不含随机函数变量，那么只要包含相同的输入，错误就可再现。

② 稳定性。有些软件错误在相当长的时间内具有相对稳定性。除程序中有随机变量和函数外，不可能在某时刻表现为这个错误，在另一时刻表现为那个错误或无错。

③ 被动性。被动性是指程序中某处错误对程序的其他地方有影响，可以传播到其他地方影响其他程序。

④ 传播性。在程序中某处可以有目的地安排一些可以产生系统错误的程序段，让它在特定的条件或特定的时间产生程序错误，这就是人们常说的"特洛伊木马"法、逻辑炸弹法。

⑤ 可分类性。任一错误对某种特性总是存在某种程序的类属关系，这就决定了软件的可分类件。

⑥ 可发现性。一切软件错误迟早会被发现的，或者在程序开发过程中发现，或者利用精心设计的测试程序加以发现，也可能在实际运行中发现。

⑦ 可掩盖性。若出现两个以上的条件，那么当分支一发生错误，就可以抑制程序其他地方的错误，或程序中某处的致命错误导致系统非正常中止而屏蔽了后续程序中的错误。

⑧ 负载特性。在负载增加时，错误出现的频率便增加。有些错误则只在高负载时发生。高负载比低负载更容易使系统发生故障。

⑨ 危害向导性。有的软件错误可以容忍、可以默认，有的软件错误却严重到导致系统崩溃。按错误发生的频率可分为少量发生错误和偶发性错误；按错误发生的部位，可将软件错误分为全局性错误和局部性错误。

⑩ 随机发生性。有些软件错误的出现具有很大的随机突发性，这往往是由于软件存在多处错误所致。

当软件错误引起操作系统发生故障时，应首先确定是系统软件导致的故障，还是应用软件导致的故障。在系统软件中，操作系统占有重要位置。

2. 恶意代码

恶意代码可以通过网络和软盘上的文件、软件入侵系统，如果不采用适当的安全措施，那么可能只有在恶意代码发作并报告后，才能发现它。恶意代码可能会破坏软件，使系统丧失完整性，信息不经意地被泄露，或自动改动信息。信息被破坏和未经许可系统资源被使用。

① 恶意代码的类型。病毒、蠕虫、特洛伊木马。

② 恶意代码的携带媒介：可执行软件、数据文件（包括可执行宏指令）、网页上的活动内容。

③ 恶意代码传播途径：软盘、其他便携式媒体、电子邮件、网络、下载。

④ 恶意代码防护：恶意代码可能是使用人员或系统层次交互作用的故意行为的结果。通过以下措施可以有效防护恶意代码。

a. 扫描装置。专门的锁门软件和完整性检查器能检测出各种恶意代码，并能将其消灭。不过，由于新的恶意代码不断出现，因此扫描装置并不能保证检测出所有的恶意代码。

b. 完整性检查。在很多时候，必须采取其他形式的安全措施，以增大扫描装置所提供的安全性。完整性检查器应该是用来防护恶意代码的技术性安全措施的有机组成部分。

c. 可移动媒体的传递控制。如果不对可移动媒体的传递进行控制，就会使计算机系统受恶意代码攻击的风险加大。通过专业软件方式和程序上的安全措施对媒体的传递进行有效控制。

d. 程序方面的安全措施。应为使用人员和管理员制定指导方针，这些指导方针概括了能使系统被恶意代码攻击的可能性降至最低的程度和操作规定。

3. 软件的可靠性

软件的可靠性对软件系统安全地运行和使用有很大影响，因软件故障造成计算机系统出现重大事故的情况屡见不鲜。软件的可靠性是指软件在特定的条件及规定的时间内不发生任何故障且可以正常地运行，完成其规定的功能，不发生差错。

影响软件可靠性的因素有软件错误、软件的故障率和软件的失效率等，因此必须选择使用可靠软件和可维护性较高的软件。

4. 软件维护

软件的维护是指软件维护的难易程度。它与软件的可理解性、可测试性和可修改性等3个软件因素有关。

当软件发生故障时，首先应该分清是系统软件的故障还是应用软件的故障。

维护能防止威胁、降低强占、缩小不利实践影响，检测意外事故和现场恢复。维护承担一种或多种功能，包括检测、防止、限制、纠正、恢复、监控和监察。

对于正在运行的软件而言，选择一种合适的软件维护方式显得更重要。许多维护方法可实现多种功能。选择能满足多功能的维护方法是行之有效的。

缺乏安全意识和安全实践的不足都将降低软件维护的有效性。组织运作的环境和文化对软件维护和组织的安全意识有重要影响。

软件维护应受到检测是为了确保软件功能正常，并且环境内的变化使其无效。自动检查和分析对于软件维护很有效。这些工具可用来检测突发事件，且对它们会有一定的阻碍作用。

软件维护的有效性应定期确定，并记录在软件登记数据库中。这可以通过检测来确认其正在起作用。

8.3　应用系统安全

8.3.1　应用系统安全概述

应用系统是把概念、设计从技术与用户的实际相联系，直接面对用户，支持服务于用户实际工作的集成化的人机系统。其具体的表现是建立在计算机硬件、软件及相关环境上的信息系统。

1. 应用系统的安全问题

计算机应用信息系统在实际使用中，存在一些潜在的社会问题和道德问题。系统设计不当、不正确操作或自然、人为破坏都会给应用系统造成负面影响。

（1）计算机的浪费和失误

计算机的浪费和失误是造成计算机问题的一个主要原因，也是系统安全管理的一个方面。计算机浪费存在于各类用户中，会直接影响用户的投入产出效益比。导致浪费的主要原因是用户对应用系统和资源的管理不善。

计算机失误主要是指人为因素造成的系统失败、错误和其他与系统有关的计算机问题，这些问题会导致系统运行结果无效，会给用户带来更大的风险。

（2）计算机犯罪

利用计算机犯罪比较独特，难以防范，它具有双重性，计算机既是犯罪的工具又是犯罪的目标。作为工具，用于非法获取应用系统内有价值的信息、利用有害软件攻击其他用户的计算机系统、编造虚假无效的结果报告等。作为目标，用户应用系统被非法访问使用，破坏和修改数据信息，计算机设备被盗窃，软件被非法复制等。

国家及管理部门建立健全计算机领域的法律及管理条例，利用法律严惩罪犯。同时，自身加强安全管理及防范措施，积极主动配合安全部门防范、打击计算机犯罪。另外，利用一些安全保密技术，对计算机应用系统进行额外的保护控制，如用户设计开发用于保护自身应用系统和数据信息安全的专用软件和专门设备，开发研究防范、抵御、侦测计算机犯罪的技术及方法等。

（3）信息系统的道德问题

随着信息系统的发展，道德问题得到越来越多的关注，有一系列规则的历史习俗。道德是关于对或错的信念，伦理是信念、标准、理想的框架标准，它渗透到个人、群体或社会。道德、伦理和法律在信息社会起着很大的作用。法律是一个国家根据特定的行为所明确规定的，是最清楚的，而道德和伦理一般无确切的规定，因而信息系统有关这方面的教育有很重要的作用。

信息技术对社会影响所产生的道德问题主要涉及隐私问题、正确性问题和存取权问题等。在所有这些方面，信息技术均有有利的一面和不利的一面。作为管理者或安全负责人，应当使负面影响降低到最小，而使受益尽量提高。

对于信息系统而言，隐私问题要建立一定的标准，应当确立关于个人或单位信息发布、保存的安全保障条件或条例；正确性问题应指定或确认负责保证信息权威性、可信性和正确性机构或个人，监测错误并解决问题；所属权问题和存取权问题应当健全用户权限管理制度，制定系统及信息安全保障条件。

道德问题和目标问题不同，法律问题一方面要加强法律观念教育，一方面要严格按照法律条文执行；道德问题只能通过长期的潜移默化的教育来实现，经过长期的发展形成一致观念后，再通过立法以法律形式固定下来。在处理信息系统以及其他信息技术所带来的道德问题时，有 5 项道德原则。

① 匀称原则：信息系统所采用的新技术及其他信息技术所带来的利益必须超过其损坏程度或风险程度。

② 获许原则：应事先知道信息系统所采用的新技术及其他信息技术对社会及个人的影响，不损坏他人利益，并同意接受风险。

③ 公正原则：必须公平地分配利益，并根据利益分配的大小，合理地承担风险。

④ 风险最小原则：即使以上原则均被执行接受，信息系统所采用的新技术及其他信息技术的实现也应尽可能地避免不必要的风险；

⑤ 不冲突原则：是指上述原则的执行不能与现行法律发生冲突或违法。

在实际应用过程中，道德上的公正合理也有利于法律的执行。考虑道德问题对决策的影响是每个主管决策者必须承担的职责。用户应当在部门自身的管理条例中规定与应用系统安全相关的道德标准。

在应用系统的开发使用中，加强系统分析员和系统管理员的道德素质的教育与培养是十分重要的。这类人员的道德素质直接影响到应用系统开发安全及运行安全。

2. 应用系统安全管理的实现

应用系统安全管理的内容主要包括运行系统的安全管理（保证计算机系统硬件环境和相关实体环境安全）、软件的安全管理（保证系统软件、开发软件及其他与系统相关应用软件的安全）、关键技术管理（保证系统开发及应用关键技术安全保密）和人员的安全管理。

应用系统安全管理涉及系统的各个方面，根据安全管理任务及管理对象的不同，系统安全管理又可分为技术管理和行政管理。技术管理主要有运行设备及运行系统环境的安全、软件应用管理、信息密钥的管理和关键技术管理。行政管理主要是指安全组织机构、责任和监

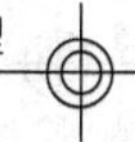

督、系统实施和运行安全、规章制度、人员管理、应急计划和措施等。

应用系统安全管理的主要措施包括安全防范设施和安全保障机制，以有效降低系统风险和操作风险，并预防计算机犯罪。建立安全管理组织，负责制定计算机信息技术安全管理制度，广泛开展计算机信息技术安全教育，定期或不定期进行系统安全检查，保证系统安全运行。要有专门的安全防范组织和安全员，同时建立相应的健全的计算机系统安全委员会、安全小组。安全组织成员应当由主管领导、公安、保卫、计算机系统管理、人事、审计等部门的工作人员组成，必要时可聘请相关部门的专家参与。安全组织也可成立专门的独立机构，对安全组织的成立、成员的变动等应定期向计算机安全监察管理部门报告。

总之、保障系统的安全是一项技术性相当强的管理工作。它集技术与管理于一体，两者缺一不可。根据计算机信息系统安全专家的观点，技术和管理的比例为3：7，即三分技术，七分管理。所以，我们既不能脱离技术，也不能一味地依赖技术，不能认为只要花大价钱安装最好的软件，就可以高枕无忧；信息系统的安全工作还是一项整体工程，必须全面、周到、均衡。无论是安全策略的制定，还是安全组织的建立，无论是人员安全，还是物理和环境的安全，无论是硬件、软件、通信系统的安全，还是运行操作管理，都同样重要，必须同等重视，任何一方出现安全漏洞，整个系统就无安全可言了。

8.3.2　系统启动安全审查管理

应用系统安全的具体含义和侧重点会随着使用者或观察者的角度变化而不断变化。从系统开发者的角度来说，应用系统安全就是如何保证开发过程中所应遵循的原则是否实现，是否满足用户的需求，是否在所规定的阶段完成。从用户的角度来说，应用系统安全就是如何保证有关用户利益的信息在各种访问操作中受到保密性、完整性的保护，避免其他人利用非法手段破坏或盗取信息，对其利益造成损坏和侵犯。从应用系统管理者角度来说，应用系统安全就是如何保护和控制用户对系统功能的使用及系统内信息的访问、读写等操作，避免系统出现中断、病毒、非法存取、拒绝服务、非法占用资源和非法控制，制止和防御非法者的攻击。

应用系统安全必须保证系统开发过程安全保密，软件质量符合标准，系统整体符合用户要求，在规定时间内完成。在运行过程中，有效过滤和防堵非法的、有害的或涉及单位、组织及国家机密的信息，避免非法泄露，保证系统正常运行，有效为用户提供服务。

应用系统安全的本质是保护系统的合法操作和正常运行，保护系统信息内容的完整性，在安全期内保证信息在交换、存储时不被非法访问，保护用户的利益和隐私。

应用系统启动安全审查管理依据应用系统安全与保密所表现出的技术特征来制定相应的审查目标，通过审查目标的实现来保证应用系统的安全。

计算机应用系统启动安全审查目标的建立，是实施有效的安全措施进行安全管理的必要条件。要保证系统运行的安全性和可靠性，就必须依据有效的安全审查目标，科学地管理好应用系统，保证系统获得很高的使用率和安全性。

要保证安全审查目标的实现，就必须建立一个安全管理机构，其职能就是经常检查、落实应用系统启动的安全问题；科学地分配管理应用系统资源；合理地调整访问作业；协调系统启动运行过程的各个环节。安全管理机构是系统启动安全管理的基础，是进行系统启动安全管理的重要保证。

1. 应用系统开发管理

应用系统开发的目的是为了创建一个具有一定性能的计算机应用系统，用于完成或辅助用户的关键任务，支持用户任务目标实现。应用系统开发应遵循以下原则：

① 主管参与：系统的开发是一项复杂庞大的工作，它涉及各个方面，包括开发过程中的安全，需要领导组织开发力量、协调各方面的关系、决策开发方案等。

② 优化与创新：系统的开发必须根据实际情况分析研究先进的管理模式和处理过程，按科学管理的具体要求加以优化与创新。

③ 充分利用信息资源：减少系统的输入输出操作，信息共享，深层次加工开发信息，充分发挥系统信息的作用。

④ 实用和时效：要求系统开发从方案设计到最终应用都是实用的、及时的、有效的。

⑤ 规范化：要求开发按照规范标准工程化、结构化的技术与方法进行。

⑥ 安全控制：要求参与开发人员提高安全意识，加强保密工作，防止关键技术、关键信息的泄露，及时纠正处理开发过程中存在的违法、违纪事件。

⑦ 发展变化：就是要求系统开发充分考虑到未来可能发生的变化，使系统具有合理的、科学的及科学的发展性，且具有一定的适应性。

2. 可行性评估分析

可行性评估分析是指在当前实体环境下，应用系统开发工作人员必须具备的资源和条件，评估其是否满足系统目标的实现。

应用系统开发可行性研究包括目标和方案、实现技术、经济投入、社会影响 4 个方面。进行上述几方面的可行性研究，对于保证资源的合理使用、目标实现、系统安全，避免一些不必要的失败，都是十分重要的。

可行性评估分析是应用系统实施安全管理必须遵循的最基本的条件。

（1）目标和方案的可行性

目标和方案的可行性是指系统目标是否明确，是否符合实际，能否实现，实施方案是否切实可行，是否满足用户的实际及发展要求等，此项研究也就是评估分析系统的逻辑设计。这方面的评估分析是整个系统可行性分析研究的基础，其他可行性评估分析是建立在其基础上的，没有好的目标和方案评估分析，就不能完全实现其他方面的可行性研究。

（2）实现技术方面的可行性

实现技术方面的可行性就是根据目标和方案的评估分析，依据现有的技术条件，研究所提出的要求能否达到。此项研究完成系统物理设计的评估分析。一般来说，实现技术方面的可行性评估分析包括如下几个方面：

① 人员和技术力量：即现有人员及技术力量能否承担系统的开发工作，能否利用其他有实力的开发单位或技术人员。

② 组织管理：能否合理地组织人、财、物和技术进行实施，现有的管理制度、措施能否满足系统开发的要求。

③ 计算机软、硬件：计算机硬件设备及相关实体环境、性能指标、运行安全能否保障，能否充分发挥效益，各种软件是否安全可靠，开发及使用技术能否掌握等。

（3）社会及经济可行性

社会方面的可行性是指一些社会各方面的因素或者人的因素对应用系统的影响，如法律条例、管理制度、安全保密等，不能保障或限制系统运行所必需的条件，以及管理模式、工

作方法及流程对系统运行所造成的影响。经济方面的可行性评价项目在财务上是否有意义，评价其实现所带来的经济利益。

（4）操作和进度可行性

操作可行性主要是通过逻辑和主观上的考虑，评价项目能否实施于客观现实中，进度可行性评价项目完成所要求的合理时间期限。

3. 项目管理

项目管理是在项目实施过程中实现其计划、组织、人员及相关数据的管理与配置，进行项目运动状态的监视，完成计划的反馈，项目管理是建立在开发过程管理基础之上的一种管理。项目管理应建立科学的管理模型，利用模型反映提供开发过程活动的状态信息。

一般来说，项目是围绕某个具体目标进行的所有活动的总称。开发过程活动是以项目为单位进行组织和管理的。提高开发过程运行效率的关键是按科学管理要求，组建高效的开发小组，并对各小组的人员进行动态维护。项目管理方式是项目负责人授权并负责监督项目的执行情况，项目系统分析员具体执行设计任务，并在设计过程中，随时将项目执行情况向上级反馈。任务是自顶向下传达，设计信息是自底向上反馈，形成一个带反馈的闭环，同时项目负责人应允许项目参加者拥有一定超出范围的权责，尽量让他们采用与项目各项指标要求一致的、自己感兴趣的有关开发方式或技术。

项目管理即对系统的项目组织进行管理，包括项目自身信息的定义、修改以及与项目相关的信息，如状态、组织等信息的管理。

项目管理模型的组成包括目标和任务的描述、研制阶段的状态，项目管理模型应提供人员、项目研制开发过程。

（1）目标任务的描述

为了描述一个项目的完整过程，要提供如“项目——阶段——设计——开发”等模式来表达项目中要进行的活动过程，使管理人员能够从粗到细、从整体到局部地把握和分析项目。在研制开发过程中，每个功能要分成若干任务实现，任务是项目的真正执行活动，对每个任务都要定义人力资源、时间期限，并要定义其前接任务和后续任务。在各独立的任务之间，既有联系又相互独立，在定义与其他任务的联系时，要给出联系的对象。在建立项目管理模型时，首先要将项目的各项独立任务及完成该项任务的有关人员编制成表，要规定每项具体任务的名称、从属关系及负责人员，列出该项目的清单。

（2）研制阶段的状态

在研制的过程中，每个项目的各项具体开发过程可能要经历若干不同的阶段，要给每个阶段设置适当的保密权限。只有特定的用户才能访问该项目某阶段相应的文件。每个项目中的各个阶段又分成两个状态，即工作状态和完成状态。工作状态表示某阶段的工作未完成，当工作完成后工作状态会逐步过渡到完成状态。

（3）项目管理模型

项目管理模型应提供人员的角色、开发工具、开发位置等基本的静态信息，区分参加各项工作的有关人员的身份，例如项目负责人、系统分析员、程序设计师和有关人员等，并且明确每项任务的执行、审核和报告人员。其中执行人员是项目负责人，在项目提交审批时必须通知的有关人员称为通知人员，项目审批通过后必须通知的人员称为报告人员。

（4）项目研制开发过程

根据需要定义该项目的研制开发过程，规定各阶段的读写权限，并规定工作状态区和完成状态区所对应的初始阶段，还要指定该项目中各个研制阶段的审批机制。在系统开发中，由于各类人员的知识、经验等存在差异，因此冲突现象不可避免。它可能使整个开发过程停滞。项目管理模型应包含协调各开发过程、处理开发过程中的冲突事件等功能。

项目管理还包括项目时间管理、费用管理和资源管理，并能够自动组织开发过程、监控项目执行过程和记录设计过程。

（1）项目时间管理

应能提供灵活多样的方式来进行任务的时间分配和管理。在确定任务时给出估算时间，它可以是某一定值，也可以是某一区间数，还可以是一个时间分布概率函数。应根据各任务之间的关系计算出每个任务的开始时间统计特性和结束时间统计特性，并计算出整个项目完成时间的统计特性，从而可以判断项目能够以多大的概率按时完成。

（2）项目成本管理

成本是一个只有统计特性的数值，可以通过定义每个开发任务使用的单位成本要求统计整个项目的费用情况。

（3）资源管理

应给出每个资源在一段时间内的工作量统计表，给资源分配提供参考。当资源变动时，能够立即向管理人员汇报。

（4）自动组织开发过程

对任务定义多个后续任务时，必须定义在执行时选择哪个后续任务的判断条件，在执行时自动判断可行任务。根据任务占用的资源数量和任务的优先级从可行任务集合中选择执行的任务，并通知有关人员调度资源和任务。

（5）监控项目执行过程

在任务发生延期或系统中资源发生变化时能够自动通知管理人员，并能够表示出项目完成的情况。在系统中发生冲突事件时，应能将一个紧急任务插入项目中，通知有关人员及时处理，并能查看冲突。

（6）记录设计过程

记录开发过程中每一阶段、每个任务的详细过程，记录的信息内容包括任务报告、涉及的人员情况、发生的事件、处理结果、资源使用情况和任务完成进度情况等。同时，要求将全部记录备份保存。

4. 加强系统开发可靠性管理

计算机软件作为一种特殊的商品，其开发和生产过程具有一定的特殊性。软件的研发过程相对复杂，而且要投入大量的人力、财力资源，但其生产和复制过程十分简单。因此，在研发过程及应用过程中必须加强安全监测、安全管理。加强系统开发过程中的安全管理是提高及保障系统整体可靠性的重要手段。

加强系统开发可靠性主要是在系统开发的各个环节中，建立以可靠性为核心的质量标准。这个质量标准包括实现的功能、可靠性、可维护性、可移植性、安全性和吞吐率等。质量标准要求在软件项目规划和需求分析阶段就要建立。

软件的质量包括各类文档、编码的可读性、可靠性和正确性，以及用户需求的满足程度等。开发过程环境的质量，与所采用的技术、开发人员的素质、开发的组织交流、开发设备的利用率等因素有关。

根据检测系统的目标及结果，也可将质量标准分为动态和静态两种。静态质量通过审查开发过程的成果来确认，主要包括设计结构化程度、运行及操作简易程度、结果完整程度等内容。动态质量是通过检测运行状况来确认的质量，主要包括平均故障间隔时间、软件故障修复时间、可用资源的利用率和系统运行安全保障率等。

根据系统开发确定的质量标准，开发过程管理首先要明确划分各开发阶段（需求分析、设计、测试、验收、试运行等阶段），并通过实时质量检测来确保差错能及时排除，保证各阶段开发的质量；其次，在各开发过程中实施严格的进度管理，撰写阶段质量评价报告，根据评价报告及现实反映出的情况进一步调整质量标准。

在建立质量标准之后，应设计质量报告及评价表，同时要求在整个开发过程中严格实施并及时做出质量评价，填写报告表。

对影响质量的管理、实现和验证工作的所有人员，特别是对需独立行使权力开展下述工作的人员应规定其职责，这些工作包括：

① 采取措施，防止出现不合格产品；

② 确认和记录产品质量问题；

③ 确认规定的渠道，提出、采取或推荐解决办法；

④ 验证解决办法的实施效果；

⑤ 对不合格产品的进一步加工、交付或安装采取必要的控制措施，直到缺陷或不满意的情况得到纠正。

另外，选择具有高可靠性的开发技术与方法，利用好的项目管理工具、软件重用、完备测试、容错技术、自动建立完整文档等，这对于提高软件的可靠性，保证系统的开发质量，加强安全控制有很大作用。

5. 应用软件开发中面临的问题及错误特征

（1）软件开发中面临的问题

① 在有限的时间、资金内，要满足不断增长的软件产品质量要求；

② 开发的环境日益复杂，代码共享日益困难，需跨越的平台增多；

③ 程序的规模越来越大；

④ 软件的重用性需要提高；

⑤ 软件的维护越来越困难。

（2）软件错误

软件错误是软件发生故障的根源。了解软件固有的特性和规律及其表现形式，对深入了解软件错误的本质、研究软件测试方法、开发软件安全检测工具、保障软件及整个应用系统安全有着重要意义。一般来说，软件错误具有以下基本特征：

① 再现性：若程序设计中不存在随机变量及函数，那么只要有相同的数据输入，错误就可再现。

② 稳定性：有些软件错误在相当时间内相对稳定，在相同条件或环境下，在某一时刻可能发生这种错误，但不可能在另一时刻表现为另一种错误或无错误。

③ 可发现性：任何软件错误迟早会被发现，或者在其开发过程中被发现，或者在测试被中发现，也可能在实际运行中被发现。

④ 可掩盖性：若程序中有两个以上的条件，那么当其中一个条件有错时，可以抑制程序其他地方的错误，或者程序中某处的致命错误导致非正常中止而屏蔽了后继程序中的错误。

⑤ 负载特性：当负载增加时，错误出现的概率便增加。

⑥ 随机突发性：有些软件错误往往随机发生，不好确定其发生的因素，这主要是软件中同时存在多处错误所致。

6. 应用软件开发版本管理

应用软件开发版本管理是提高应用软件可靠性的重要措施，也是加强应用软件开发关键技术安全保密的主要措施之一。

在应用软件生命周期内，从开始设计到最后投入使用，每个设计版本都会经历若干个阶段。因此在设计工作过程管理中，每一个设计版本都会分别对应某一个工作状态，不同状态的版本具有不同的使用控制权限。

当软件开发者对于一个软件进行具有特性的性能提高或功能增加，在更新工作结束且确定保存他的开发工作时，就建立形成了软件的新版本，这个新版本作为他继续开发过程的起点，称为开发版本。开发版本是可以修改的，开发版本都保存在软件开发者自身的环境中。开发版本记录了开发人员对软件的每次修改，便于开发人员随时跟踪任何一次修改的状态。当开发过程完成时、就不再变化了，把开发版本冻结，以防修改。也可在冻结版本的基础上再开始开发过程，那就必须在软件开发者自身的环境中建立冻结版本的副本外发版本。版本管理就是要反映整个的设计过程、设计历程的追溯、设计方案的比较和设计方案的多种选择等。

（1）管理的内容

版本反映整个的设计过程。软件的设计过程分为不同的设计阶段，这些设计阶段和它们之间的相互关系形成了软件设计生命周期。每个设计过程都不是线性的，设计过程往往需要多次反复，每一个设计阶段必须经过评审检测和反复调试，才能确保设计的合理性和正确性，然后经过有关负责人的审核批准。最后形成正式版本，才能发放。许多软件和设计过程还使用已有的版本不断产生设计对象的更高版本，即在设计过程中，设计者对某个软件进行功能和性能的提高性、完善性和先进性开发，当达到满意的实现结果后，再将这个开发结果作为新版本。版本反映了整个的设计过程。

（2）版本的管理

按产生的时间顺序确定版本。在具体的版本管理中，要以版本产生的先后次序来管理设计阶段产生的版本。当产生一个新版本时，应自动地或由开发者按标准要求赋予一个版本号。一个软件的版本号应按版本产生的时间顺序赋值，所赋值不能再用。版本的顺序号应反映软件产生的时间顺序，应遵循版本号越高该版本产生的时间越晚的规则。每个版本都应有对应的相关文档。版本按开发状态划分如下：

① 当前版本：软件有一个且只有一个具有惟一标识的，并且是用户正在使用的版本，就是当前版本。

② 有用版本和无用版本：有用版本是指可以使用的或正在使用的版本；无用版本是指因不能适应系统环境的变化且已不具备再次开发能力的不能使用的版本。

③ 归档版本：是指对正在使用的版本所做的归档保存。

软件的设计过程是软件由一个状态向另一个状态转变的过程。软件的版本以及版本的状态反映设计过程的变迁。在具体开发过程管理中，通常划分为 4 种状态：即工作状态、提交状态、发放状态和冻结状态，对应的版本称为工作版本、提交版本、发放版本及冻结版本。

① 工作版本。工作版本是指正处于设计进行阶段的版本，是设计者正在进行设计开发

的版本，是还不能实用的或还没有配置好的版本。因此它是当前设计者私有的，其他用户不能授权访问。工作版本常存于一个专有开发环境中，并避免它被其他人员开发引用。

② 提交版本。提交版本是指设计已经完成，需要进行审批的版本。提交版本必须加强安全管理，不允许删除和更新，只供设计和审批人员访问。其他人员可以参阅提交版本，但不能引用。

③ 发放版本。提交版本通过所有的检测、测试和审核人员在线审核、验收后，变为发放版本。发放版本又称为有用版本，有用版本也可能经过更新维护，形成新的有用版本。还要对正在设计的版本和发放版本进行区别。版本一旦被发放，对它的修改就被禁止，发放后的版本应归档存放，这时不仅其他设计人员，即使版本的设计者也只能查询，作为进一步设计的基础，不能修改。

④ 冻结版本。冻结版本是指设计达到某种要求，在某一段时间内保持不变的版本。

7. 应用软件的安全认证

在应用软件的设计和实现过程中以及完成以后，就需要对应用软件的安全性做出评价，以确定其是否可靠，达到了怎样的可信程度，是否适合在计算机系统环境和应用系统环境中运行使用，是否完全达到了用户的需求。所谓安全认证，就是对应用软件的安全性做测试验证，并评价其安全性所达到的程度的过程。应用软件安全认证的方法一般有两种，分别为软件鉴定和破坏性分析。

（1）软件鉴定

鉴定目标如下：

① 检测发现任何形式的表现软件功能、逻辑或实现方面的错误；

② 通过评审验证软件的需求；

③ 保证软件按预先定义的标准表示；

④ 已获得的软件是以科学有效的方式开发的；

⑤ 使软件更容易管理。

鉴定方法通常采用以下几种办法：

① 需求检验：它通过对应用软件源码的检查和对运行状态的检查，证实应用软件确实达到了用户需求。

② 设计和编码检验：检验应用软件的设计和编码是否有错误或缺陷。

③ 单元和集成测试：由独立的测试人员对应用软件的正确性、安全性做完全测试，测试数据应能检查每一条执行路径、每一个条件语句、每一种输入输出状态及每个变量参数的变化。通常，做到充分的测试是很困难的，鉴定方法容易实现，但却不能达到百分之百的可信度。

软件测试是软件开发的一个重要环节，同时也是软件质量保证的一个重要环节。所谓测试就是用已知的输入在已知环境中动态地执行软件，测试一般包括单元测试、模块测试、集成测试和综合测试。如果测试结果与预期结果不一致，则很可能是发现了软件中的错误。测试过程中将产生下述基本文档：

测试计划：确定测试范围、方法和需要的资源等。

测试过程：详细描述与每个测试方案有关的测试步骤和数据（包括测试数据及预期的结果）。

测试结果：把每次测试运行的结果归入文档，如果运行出错，则应撰写产生问题的报告，并且必须调试解决所发现的问题。

（2）破坏性分析

破坏性分析是把一些在应用软件使用方面具有丰富经验的专家和一些富有设计经验的专家组织起来，对被测试的应用软件做安全脆弱性分析，专挑可能的弱点和缺点。一般情况下，应用软件最薄弱的部分是输入输出处理、数据信息管理、误操作与系统掉电等。进行破坏性分析，往往会发现这些问题。

在实践中，常常要求应用软件具备以下安全原则：

① 安全方针：应用软件应有明确的、详细定义的安全方针和目标。

② 主体标识：每个主体必须有惟一的可信标识，以便主体在用户访问时进行合法性检查。

③ 客体标识：每个客体都必须附有标记。指明该客体的安全级别，以便主体对客体的访问进行控制。

④ 可查性：应用软件应保存有关安全的完整、可靠的记录。

⑤ 可信性：必须有安全机制保证应用软件安全控制的实施，而且应用软件应具有能够对这些安全机制的有效性做出评价的功能。

⑥ 持续性：实施安全的机制必须能持续工作，防止未经许可的更改。

8. 开发质量鉴定

对承担软件开发、供应和维护的组织依据 ISO9000 系列认证标准或软件开发能力成熟度模型（CMM）标准鉴定检查其所能达到的质量保证。

（1）ISO9000 认证系列

鉴定的目的是在 ISO9000 系列认证标准的基础上进一步开展对质量系统的检查，同时确保不同的认证单位在进行 ISO9000 认证时具有相同的标准。

鉴定是一个过程，其中职权的分配是从政府（或其他权力机构）到供应商自上而下的可控过程，此过程对用户是透明的。鉴定权限通常用专门的识别符号或标记来表示。鉴定单位由政府授予相应的权力，鉴定单位在本身通过了按照相应的权限标准的评估之后，才能确认为认证单位，认证单位可确认供应商的质量保证等级。对于客户来说，也可以用此方式选择供应商。这样就能确保软件质量，保证系统能够满足实际规定的标准。

典型的鉴定方案要求认证单位本身具有有效的质量保证系统，特别是具有以下 3 个方面的条件：

① 鉴定者要有资格证明；

② 鉴定工作除了按照 ISO9000 外，还要根据相关的指导方针；

③ 认证和监视的规模和频率要满足最小化标准。

ISO9001 简要地列出了当确保软件生存周期的各个阶段的特殊需求已经满足时，使用质量系统时应满足的需求，各个阶段包括设计、开发、生产、安装和维护等活动。

用适合软件开发和维护的观点来解释需求，需求可以分成如下具体项目：

① 管理职责；

② 质量系统；

③ 合同概述；

④ 设计及文档控制；

⑤ 采购及采购提供的产品；

⑥ 产品的标识和可追溯性；
⑦ 过程控制；
⑧ 检查和测试；
⑨ 检查测量和测试设备；
⑩ 检查和测试情况。
对不合格产品的控制：
① 修改活动；
② 交付、存储、包装和运输；
③ 质量记录；
④ 内部质量检查；
⑤ 培训与服务；
⑥ 统计技术。

ISO9004-2给出为客户提供服务的机构，建立和执行质量系统的指导方针。这些客户对软件产品的内容了解的程度不等，因此标准为他们提供的软件产品的结构及所使用的概念和原理可以适用于或大或小的机构。此标准的原则如下：

① 管理人员负责制定质量政策和目标，以确保规定的职责、权力、通信联系及组织评审能够实现。

② 管理者必须按照计划提供足够的合理的资源，以执行质量系统和达到质量目标，包括培训人员和提供物资资源。

③ 质量系统必须对影响质量的所有操作过程进行足够的控制，必须加强预防措施，并能在发现错误时进行修改。

④ 所采取的每个步骤必须在用户和维护部门的人员之间建立起有效的联系和交流，这种联系和交流对于用户简单维护质量是有决定作用的。

⑤ 标准使用了服务质量回路的概念来描述服务质量系统的操作单元，并且规定了如下各部分内容：

a. 开拓市场的过程；
b. 设计过程；
c. 提供服务的过程；
d. 服务执行情况的分析和改进。

ISO 9000-3的内容是将ISO 9001在组织开发、供应和维护方面的内容修改成适合软件应用的标准。它将项目内容分成3个主要的类型，包括总框架、生存周期的活动以及完成和集成整个系统的维护支持活动，这些类型将在建立质量系统时确定。

① 总框架：框架涉及管理职责、质量系统、内部质量系统审计和修改工作。

② 生存周期的活动：生存周期的活动包括合同概述、采购需求、开发计划、质量设计和运行、测试和验证、验收过程和维护过程。

③ 支持和维护活动：支持和维护活动必须在生存周期中确定，它们包括配置管理、文档控制、质量记录、测量、规则、实践和约定、工具和技术、采购、包含的外部软件产品、培训。

（2）软件开发能力成熟度模型（CMM）

这是一种用于评价软件承包能力并帮助其改善软件质量的方法，也就是评估软件能力与成熟度的一套标准，它侧重于软件开发过程的管理及工程能力的提高与评估。CMM 标准共分 5 个等级，从第 1 级到第 5 级分别为初始级、可重复级、定义级、管理级和优化级。从低到高，软件开发生产的计划精度越来越高，每单位工程的生产周期越来越短，每单位工程的成本也越来越低。目前，大多数软件公司处于第 I 级和第 2 级，只有很少的公司可以达到第 5 级。5 级的具体定义如下：

① 初级：软件开发过程中偶尔会出现混乱的现象，只有很少的工作过程是经过严格定义的，开发成功往往依靠的是某个人的智慧和努力。

② 可重复级：建立了基本的项目管理过程。按部就班地对功能设计、跟踪、费用，根据项目进度表进行开发。对于相似的项目，可以重用以前已经开发成功的部分。

③ 定义级：软件开发的工程活动和管理活动都是文档化、标准化的，它被集成为一个组织的标准的开发过程。所有项目的开发和维护都在这个标准基础上进行定制。

④ 管理级：对于软件开发过程和产品质量的测试细节都有很好的归纳，产品和开发过程都可以定量地分解和控制。

⑤ 优化级：通过建立开发过程的定量反馈机制，不断产生新的思想，采用新的技术来优化开发过程。

除了第 1 级，其他每一级都有几个特别值得注意的关键过程。第 2 级的关键之处是建立基本的项目管理控制，包括需求管理、软件项目计划、软件项目的跟踪和监督、软件转包管理、软件质量保证和软件组态管理。第 3 级的关键之处是既关注项目问题，也关注组织问题，因为组织建立起了使高效率软件工程制度化的基本架构和跨项目的管理过程，它们包括组织过程关注程度、组织过程定义、培训项目、集成化的软件管理、软件产品化机制、项目组的内部协调和对出现错误的复查。第 4 级的关键之处侧重开发过程和软件产品都有一个定量的理解。它强调定量的过程管理和软件质量管理。第 5 级的关键之处是，不论组织还是项目必须追求持续的、可度量的过程改进，包括缺陷预防、技术更新管理和流程改造管理。

8.3.3 应用系统运行管理

要保证应用系统的可靠性、安全性和有效性，必须加强对应用系统安全运行的管理。只有科学地管理应用系统的资源和用户的操作进程，才能保证应用系统的安全性。

1. 系统评价

系统评价是对一个应用系统进行以下几个方面的质量检测分析：系统对用户和业务需求的相对满意程度，系统开发过程是否规范，系统功能的先进性、可靠性、完备性和发展性，系统的功能、成本、效益综合比，系统运行结果的有效性、可行性和完整性，系统对计算机系统和信息资源的利用率，提供信息的精确程度、响应速度，系统的实用性和操作性，系统运行安全性及系统内数据信息的保密性等。

应用系统在投入运行后，要不断地对其运行状况进行分析评估，并将评估结果作为系统维护、更新以及进一步开发的依据。系统运行指标如下：

① 预定的系统开发目标完成情况；

② 系统运行实用性评价；

③ 系统对设备的影响。

2. 系统运行安全审查目标

应用系统启动安全审查目标主要表现在系统的可靠性、可用性、保密性、完整性、不可

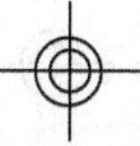

抵赖性和可控性等几个方面。

（1）可靠性

可靠性是应用系统能够在设定条件内完成规定功能的基本特性，是系统启动应用安全的最基本的审查目标之一，是应用系统稳定可用的审查度量，是应用系统启动运行安全的基础。

应用软件系统规模越做越大越复杂，其可靠性越来越难保证。应用本身对系统运行的可靠性要求越来越高。在一些关键的应用领域：如航空、航天等，其可靠性要求尤为重要。在银行等服务性行业，其软件系统的可靠性也直接关系到自身的声誉和生存发展竞争能力。软件可靠性比硬件可靠性更难保证，会严重影响整个系统的可靠性。在许多项目开发过程中，对可靠性没有提出明确的要求。开发商（部门）也不在可靠性方面花更多的精力。往往只注重速度、结果的正确性和用户界面的友好性等，而忽略了可靠性。在投入使用后才发现大量可靠性问题，增加了维护困难和工作量，严重时只有将其束之高阁，无法投入实际使用。

可靠性是应用系统功能所能满足任务性能要求的程度，是应用系统有效性的体现。

可靠性主要表现在计算机实体环境的可靠性、软件可靠性和人员可靠性等方面。计算机实体环境包括计算机硬件及机房设施等直观的实体，其可靠性是指应用系统运行的计算机系统环境正常，符合应用系统要求。软件可靠性是指计算机操作系统启动安全正常。应用系统软件在规定时间内成功运行的指标符合技术标准。人员可靠性是指应用系统用户、应用系统管理员成功地完成任务或职责的指标符合技术标准。人员可靠性在整个计算机系统可靠性中扮演重要角色，人为因素造成的系统失效、瘫痪在现实工作中占有很大的比例。人的行为要受到生理和心理、培训技术程度、工作责任心、安全保密意识、品德等素质方面的影响，很难要求所有人员达到可靠性标准要求。因此，要根据人员的具体情况，合理地加强对人员的教育培养，定期加强技术培训，这是提高人员可靠性的重要方法。对于内部人员，其对系统造成的危害是十分严重的，尤其是系统管理员失职造成的危害，必须引起高度重视。对于内部人员，可通过规范系统管理员的职责，制定相关的人员从技术管理制度、加强管理力度等措施来提高可靠性。

（2）可用性

可用性是应用系统可被授权实体访问并按任务需求使用的特性。可用性是应用系统面向用户的安全管理性能。可用性是应用系统向用户提供服务的基本功能。

应用系统的可用性具体是指系统无故障、无外界影响、能稳定可靠地运行，它包含了计算机实体环境的稳定可靠性、抗毁性和抗干扰性，应用系统必须随时满足授权实体或用户的需要。应用系统的可用性必须保证系统的可恢复性，以保证应用系统遭受各种破坏后能恢复系统运行环境，保持运行功能或在一定条件下允许系统降低运行功能。

应用系统的可用性还应有识别确认身份、访问控制、信息量控制和审计跟踪等要求。

（3）保密性

保密性是应用系统信息不被泄露给未授权的用户、实体或任务进程，或供其利用的特性。

在应用系统中，只有授权用户才能访问系统信息，同时必须防止信息的非法、非正常泄露。一般情况下，应用系统的保密性要做到防入侵、防泄露、防篡改、防窃取；同时还要对信息进行密钥加密或物理加密。

（4）完整性

完整性是应用系统信息在未经授权的情况下不能被改变的特性，是一种对应用系统的可信及精确的度量。

完整性是一种面向信息的安全性，它要求保持信息的原始性，即信息的正确生成、存储及传输。

完整性的目的是要求信息不能受到各种原因的破坏。应用系统完整性服务可以防范抵制主动攻击，应用系统在信息传输、存储、交换过程中保证接收者收到的信息与发送者发送的信息完全一致，也就是要确保信息的真实性。

（5）不可抵赖性

即不可否认性，在应用系统的信息交换中确认参与者的真实同一性。即所有参与者都不可能否认或抵赖曾经完成的操作和任务。利用信息源监控证据可以防止访问用户不真实地否认已访问或已更新的信息。

（6）可控性

可控性是对应用系统的运行及相关内容具有控制功能的特性。可控性包括对应用系统信息访问主体的权限划分和更换，以及信息交换双方已发生的操作进行确认，其中，也包括对应用系统关键的控制。另外，应用系统的可控性必须包含有可审查性，就是指对应用系统内所发生的安全有关的事件均有运行记录备查。

应用系统可控性，概括地说就是通过计算机系统、密码技术和安全技术及完善的管理措施，保证应用系统安全与保密的核心在传输、交换和存储过程中完全实现安全审查目标。

3. 系统运行安全与保密的层次构成

应用系统运行安全与保密的层次构成主要包括管理安全、物理安全、控制安全和安全服务。

（1）管理安全

管理安全是指安全部门、安全人员的管理。应用系统启动是依靠相关部门和人员来具体实施的，他们既是应用系统安全的主体，也是系统安全管理的对象。所以要确保应用系统的安全，必须加强部门和人事的安全管理。管理安全必须遵循不单独使用、限制使用期限、责任分散等三条基本原则。

（2）物理安全

物理安全是指在计算机系统物理层上对安装软件及存储和交换信息的安全保护。物理安全是应用系统安全的基本保障，是系统启动安全的关键组成。应用系统启动要充分考虑到与其相关的各种软件和硬件系统所受到的物理安全威胁及各种软件和硬件系统自身的防护技术，同时也要通过安全意识的提高、安全管理制度的健全完善、安全操作的提倡等方式，使用户和系统管理者在物理层上对应用系统实行有效的保护。

物理安全不安全因素包括自然灾害、物理损坏、设备故障、电磁辐射、硬件操作失误和系统崩溃等；解决上述不安全隐患的有效方法是采取各种防护措施、随时进行系统信息备份、辐射防护、状态检测、报警确认和应急恢复等。

（3）控制安全

控制安全是指在应用系统中对存储和交换信息的操作和任务进程进行控制管理，主要是对应用系统及信息进行安全保护。安全控制是通过软件进行控制，其实现方式分为两层：第一层是操作系统的安全控制，包括对登录访问本计算机系统的用户进行合法性检查核实、对文件的读写存取进行控制等，目的主要是保护应用系统文件和存储数据的安全；第二层是应用系统的安全控制，包括对注册系统用户权限进行设置、监控系统任务进程、审计运行日志等，目的是保护应用系统的运行安全。

（4）服务安全

服务安全是指应用系统软件层对系统信息的完整性、保密性和信息源的真实性进行保护，满足用户的全部需求，防止和抵御各种安全威胁和内外攻击。服务安全可以在一定程度上补充和完善现有操作系统的安全漏洞。服务安全的主要内容包括安全机制、安全连接、安全协议和安全策略。

① 安全机制是利用密码算法对系统信息进行处理，如数据的加密和解密、数字签名和签名验证、信息认证等。安全机制是服务安全乃至整个应用系统安全的核心和关键。

② 安全连接是指在系统处理前用户与系统之间的连接过程，是系统进行安全处理的必要准备工作。安全连接主要包括注册密钥的生成和分配、注册身份验证。旨在保护系统信息处理和操作等双方的真实性和合法性。

③ 安全协议是多个系统用户为完成某些相互同意的任务所采取的约定式的一系列有序的操作步骤。利用安全协议，通过安全机制和安全连接的实现来保证应用系统信息交换过程的安全性、可靠性。

④ 安全策略是安全机制、安全连接和安全协议的组合方式，是应用系统启动运行安全性的比较好的解决方案。安全策略决定了应用系统的整体安全性和实用性。不同的应用系统和不同的应用环境需要不同的安全策略。

4. 系统运行安全检查

系统运行安全检查主要是保证用户应用系统正常运行，使系统始终处于稳定、高效、最佳的运行状态，获得最高的使用率和安全性。

（1）计算机硬件系统及实体环境安全检查

计算机硬件系统及实体环境是一切应用系统运行的基础，没有这个基础，就没有任何应用系统的应用，也就谈不上安全运行的管理。

（2）系统运行安全测试

① 计算机操作系统测试：确保应用系统安装运行所要求的指标及设置参数正常。

② 系统安装测试：用于检查应用系统安装成功并达到运行指标要求。

③ 系统单元测试：利用正常数据或非正常数据，测试系统每个程序输入输出是否成功有效。

④ 系统测试：对所有程序同时进行测试，以确保程序之间相互关系的正常有效。

⑤ 容量测试：是为了保证在系统所要求的常规条件下，能够处理系统设计所达到的最大数据量。

⑥ 综合测试：是为了确保程序能与其他的应用交互作用，并确保数据流正确有效，不会造成其他应用出现问题。

⑦ 目标测试：是根据系统或应用中制定的执行目标及其他目标。检查系统是否完全满足用户的需求。

5. 建立系统设置参数文件及运行日志

系统设置参数文件是记录备案系统运行时所设定的运行参数及文件，包括系统启功文件、设置允许文件、检查记录、审计文件和口令文件。系统设置参数文件记录备案是将系统初始状态、当前状态、各类程序运行参数设置进行安全后备，这主要是用于今后系统运行维护、系统恢复、系统移植，也用于用户对系统运行进行安全审查。

系统运行日志是记录系统运行时产生的特定事件。运行日志是确认、追踪与系统的数据处理、任务进程及资源利用有关的事件的基础，它提供系统权限检查中的问题、系统故障的发生与恢复、系统监测等信息，同时也为用户提供检查、使用应用系统的情况。运行日志的设置将减少系统运行错误和非法访问、窃取信息的机会。运行日志应记录哪些项目和记载的程度，这要从系统的安全控制和用户需求这两方面来考虑。运行日志记录功能应该在系统设计时已确定。一般情况下，需要记录系统运行及与系统相关方面的信息，内容如下：

① 记录的信息类型；

② 适用的各种参数；

③ 应该提供的分析与报告；

④ 数据信息的保存期。

从系统运行安全考虑，记录的信息类型有以下几种：

① 事件的特性：包括数据的输入和输出、系统文件的更新和删除、系统的启动和关闭、系统故障的发生与排除、用户的非正常操作等。

② 确认相关方面的要素：如使用系统的人、设备、软件和数据信息等。

运行日志记载的信息是系统管理员对访问操作系统的人进行安全管理控制的重要根据，从安全管理角度考虑，此类信息在设计上必须要有法律依据，同时要求设计安全完善，不能因偶发事件或有意行为而破坏运行日志的正常运行。

6. 建立科学的应用系统运行管理制度

为了保证应用系统运行安全，应建立科学的管理制度。它包括各种岗位制，如系统分析员的安全职责、系统管理员的安全职责、数据信息管理员的安全职责等；操作规范制度，如应用系统启动和关闭操作步骤及要求、注册登录操作步骤及要求等；应用系统维护及数据信息维护制度，如软件升级、病毒防治、数据备份等。另外还包括其他与应用系统安全运行相关的制度，如机房卫生、安全、保卫制度，设备维护保养制度等。

8.3.4 应用软件监控管理

应用软件的主要任务就是利用计算机的优势和能力，为部门、团体和个人提供解决问题和完成特定工作的能力，也就是说它是一种能综合用户信息处理需求的、直接处理特定应用的程序。应用软件的类型分为专用软件、通用软件和通用软件与专用软件结合使用三种。应用软件实施监控的具体任务是检测软件的可靠性和维护性、确定软件使用者的合法性、监测软件运行错误、合理科学地指导软件的更新升级工作等。其主要目的就是保护软件开发者的利益和使用者的利益，保障用户应用系统的运行安全。

软件是计算机系统中非常重要的组成部分，它关系到用户及开发商的切身利益，是应用系统运行安全的基础保障。目前，随着计算机应用的普及、互联网的发展，应用软件的安全保密、许可证和升级等问题受到越来越多的关注。主要原因是应用软件被个人或其他软件公司任意复制和销售，因安全控制不完善遭到非法攻击或泄密，还有软件升级过程中对用户造成的一些问题等。监测控制应用软件的使用已成为一个保障应用系统运行安全的重要手段。

应用软件的可靠性对计算机应用系统的运行和使用有着极大影响。目前，很多用户常因软件故障造成计算机系统瘫痪，造成重大损失。通常，计算机软件的开发商或开发者提供的软件不是很完善，或多或少会影响整个系统的功能实现，严重者会造成系统瘫痪无法运行，所以应用软件的可靠性有着十分重要的地位。

软件的可靠性是指软件在指定的环境下，在给定的时间内，不发生故障的性能，或者指

软件在规定的时间内和规定的条件下，能正常地执行其规定的功能而无差错的概率。

软件的可靠性与软件错误、软件故障和软件功能无效等的概率有关。软件错误是指软件中存在的缺陷造成软件功能全部或部分中断。软件错误主要发生在以下几个方面：

① 软件设计、编制和调试中发生的错误；

② 软件移植、修改中产生的错误；

③ 参数设置有误，使算法的结果不够精确；

④ 数据结构的描述有缺陷造成与程序中所用的数据结构不一致；

⑤ 程序中出现未在测试条件范围内的断点；

⑥ 硬件故障所造成的软件错误；

⑦ 外界或内部实体环境存在的干扰，造成软件错误；

⑧ 操作系统或应用系统环境变化时，软件因不能适应变化而出现的错误；

⑨ 用户操作错误造成软件被破坏或产生操作性错误。

软件故障是指软件运行时，因软件内部存在的设计错误而使用户的需求未能实现。

软件功能无效是指当计算机系统环境变化或因其他软件运行造成本软件功能完全不能使用。

应用软件的维护性是指软件维护的难易程度。它与许多因素有关，一般从可理解性、可测试性和可修改性等三个方面来定量地评价。

软件维护性的评价主要是对软件组成部分（即软件文档、软件源代码和计算机支持资源）进行综合评价。

计算机软件维护任务可分为改正性维护、适应性维护和提高性维护。维护在应用软件的可维护性任务中占主要地位。

第9章 设备、运行安全管理

学习目标

- 认识设备管理包含的内容；
- 了解并掌握运行管理包含哪些内容；
- 了解故障管理、性能管理和变更管理；
- 了解排除故障有哪些工具。

9.1 引 言

计算机网络为我们的工作和生活带来了极大的方便。网上办公、网上购物、网上的信息查询等，使人们已经离不开网络。如果网络系统不能稳定高效地运行，对于现代企业和政府部门来说是不可想象的事情。因此，一方面对网络进行科学有效的管理，及时排除网络故障，是保证网络安全可靠运行的重要前提，另一方面对安全设备的全方位管理是保证信息系统安全的重要条件。

9.2 设备安全管理

设备安全管理包括设备的选型、检测、安装、登记、使用、维修和储存管理等几个方面。

9.2.1 设备选型

信息系统采用有关信息安全技术措施和采购相应的安全设备时，应遵循下列原则：

① 严禁采购和使用未经国家信息安全测评机构认可的信息安全产品；

② 尽量采用我国自主开发研制的信息安全技术和设备；

③ 尽量避免直接采用境外的密码设备；

④ 必须采用境外信息安全产品时，该产品必须通过国家信息安全组织机构的认证；

⑤ 严禁使用未经国家密码管理部门批准和未通过国家信息安全质量认证的国内密码设备。

9.2.2 设备检测

信息系统中的所有安全设备必须是经过国家信息安全产品测评认证的合格产品，并应该符合中华人民共和国国家标准《数据处理设备的安全》、《电动办公机器的安全》中规定的要求，其电磁辐射强度、可靠性及兼容性也应符合安全管理等级要求。

9.2.3　设备安装

安装设备时，要做到以下几点：

① 设备符合系统选型要求并获得批准后，方可购置安装；

② 凡购回的设备均应在测试环境下经过连续 72 小时以上的单机运行测试和联机 48 小时的应用系统兼容性运行测试；

③ 通过上述"设备检测"项的测试后，设备才能进入试运行阶段，试运行时间的长短可根据需要自行确定；

④ 通过试运行的设备才能投入生产系统，正式运行。

9.2.4　设备登记

对所有设备均应建立项目齐全、管理严格的购置、移交、使用、维护、维修和报废等登记制度，并认真做好登记及检查工作，保证设备管理工作正规化。

9.2.5　设备使用管理

对设备的使用管理要做到以下几点：

① 每台（套）设备的使用均应制定专人负责并建立详细的运行日志；

② 由设备负责人负责设备的使用登记，登记内容应包括运行起止时间、累积运行时数及运行状况等；

③ 由责任人负责进行设备的日常清洗及定期保养维护，做好维护记录，保证设备处于最佳状态。

9.3　运行管理

运行管理包括故障管理、性能管理、变更管理和排障工具等。

9.3.1　故障管理

故障管理是对计算机网络中的问题或故障进行定位的过程，即发现问题、分离问题和找出失效的原因，如有可能，解决问题。

使用故障管理技术，网络管理员可以更快地定位问题和解决问题。简单的排障过程的步骤如图 9-1 所示。

1. 故障诊断

排除网络故障的第一步应该是辨别问题的具体症状在网络中，单一故障的表现可能是用户不能访问网络驱动器、发送 E-mail，或者不能使用指定的打印机打印。引起故障的原因有很多，包括网络接口卡故障、网线故障、集线器故障、路由器故障、不正确的客户端软件配置、服务器故障或者用户操作错误等。另一方面，也可能会遇到电源故障、打印机故障、Internet 连接故障、E-mail 服务器故障或者其他问题。

弄清下面的问题将有助于对网络故障的诊断。

① 网络访问是否受到了影响；

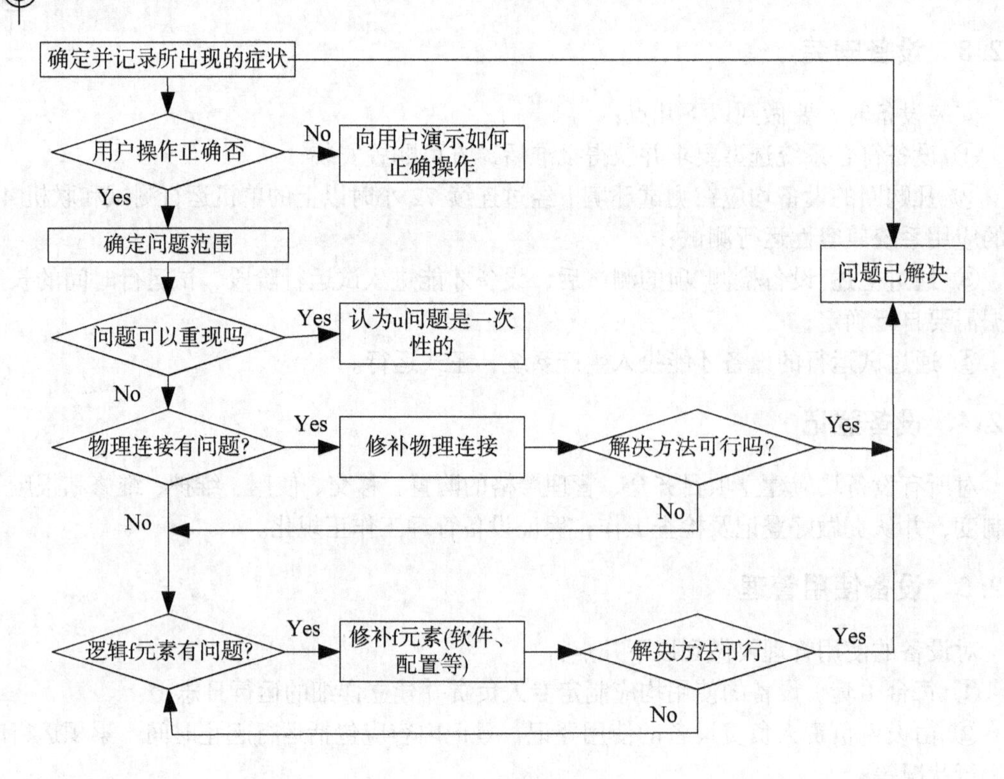

图 9-1　简单的排障过程流程图

② 网络性能是否受到了影响；

③ 数据或程序是否受到了影响，或者两者都受到了影响；

④ 是否仅是某些网络设备（例如打印机）受到影响；

⑤ 若程序受影响，就确定这个问题是发生在一个本地设备上还是发生在多个联网的设备上；

⑥ 用户报告了什么样的错误消息；

⑦ 是一个用户还是多个用户受到了影响；

⑧ 症状是否经常出现。

解决技术问题的一个误区是没有对症状进行详细的诊断就得出结论，例如有关无法使用网络打印机的问题，可能是打印机地址冲突造成的，也可能是出现了一个较大的网络问题。因此，一定要多花些时间留意用户操作、系统和网络的状况，以及各种出错信息，并且认为每一症状都是独立的（但可能是相关的）。这样就可以避免忽略一些问题，或者出现更多的问题。

2. 验证用户权限

人人都可能有这样的经历，和计算机打交道时，确信自己所做的每一步都是正确的。但就是不能访问网络、保存文件或者接收 E-mail。例如，在没有意识到 Caps-Lock（大写锁定）功能已启动的情况下键入大小写敏感的密码，以至于确定键入了"正确"的密码。但每次仍得到了一个"密码错误"报错信息。对于故障排除人员而言，首先就要确保不要出现这种人为错误，这将会节省很多时间和精力。通常，用户无法登录网络都源于用户自己的错误。用户已经非常习惯于每天键入他们的密码登录到网络上，所以如果登录过程中一些设置改变了，他

们就不知道该怎么做了。实际上，有的用户可能从来都没有正确退出过登录（log out），所以他们也就不知道该如何正确登录。尽管这类问题的解决方案非常容易，但是只有在用户经过有关正确操作程序的培训并理解为什么会出现这个问题之后才会知道怎样解决登录问题。即使用户参加过包括登录的培训，在不熟悉的环境下也许还是不记得如何正确登录。当诊断用户错误时，最需要的就是耐心。验证用户是否正确操作网络的最好的方法是观察其操作过程，或者当用户重新登记时通过电话询问，就会发现人为的操作错误，即使错误不是人为导致的，也能够获得进一步排除故障的线索。此时，应该检查用户的权限，特别是从他最后一次操作文件到现在这段时间内，他的权限是否发生了变化，也许有人把他从具有读取和修改 Accounting 目录权限的工作组中调整了出来。

3. 确定问题的范围

在认清症状并排除了用户错误之后，就要确定问题的范围，确定问题是否仅出现在特定的工作组内，或某一地区的机构内，或某一时间段内。例如，如果问题只影响某一网段内的用户，就可以推断出问题出在该网段的网线、配置、路由器端口或网关等方面。另外，如果问题只限于一个用户，那么只需关注单一的网线、工作站（硬件或软件）配置或用户个人就可以了。弄清下面的问题将有助于确定网络问题的范围。

① 有多少用户或工作组受到了影响。

② 出现故障的时间。

像辨别症状一样，对问题范围的确定排除了其他的诱因和对其他范围的问题的关注。特别地，限定受到影响的工作组或区域，可以帮助区分是工作站（或用户）问题，还是网络问题。如果故障只影响到一个部门或者一个楼层，那么可能需要检测该网段的路由器接口、网线，或者为那些用户提供服务的工作站。如果故障影响到一个远程的用户，就应该检测广域网连接，或者它的路由器接口。如果一个故障影响到所有部门和所有位置的所有用户，那么肯定是已经发生了一个灾难性故障，这时就应该检查关键部件，例如中心交换机和主干网。注意，如果问题是全局性的，并影响了整个的局域网或广域网，就需要启动应急处理，迅速解决这个问题。在通常情况下，网络故障不是灾难性的，可以通过询问具体问题来确定它们的范围，只用很少一点时间就可以排除故障。

4. 重现故障

一个从故障中获得更多知识的好方法是再现症状。如果不能再现症状，就可以假设问题是一闪即过的，不会再发生，也不会是由用户的误操作所导致的。应该以报告错误的用户的 ID 号或特权账号（例如设备管理员账号）登录来重现所述的错误症状，如果以管理员口令登录，就不能再现症状，这些说明存在用户权限问题。

弄清楚下列问题有助于分析一个故障症状能否被重现，或能够重现的程度。

① 是否每次都能使症状重现。

② 是否只能偶然重现症状。

③ 是否只有在特定的环境下症状才能出现。

④ 当重复操作时，症状是否曾经出现。

重现症状时，应该严格按照发现问题人的操作步骤进行。许多计算机的功能可以用不同的方式来实现。例如，在一个查询处理程序中，可以利用菜单保存文件，也可以用组合按键或者单击工具栏中的某个按钮来完成，这 3 种方法的结果是一样的。同样，用户可以以命令行方式登录，或者从一个包括批处理文件的预备脚本登录，或者从客户软件提供的窗口中登录。如果试图以不同于用户的方式重现症状，就不能发现被报告的症状，而以为是用户人为所导致的错误。事实上，这样就可能错过了一个解决该故障的有力线索。为了重现一个故障，应仔细询问用户在事发之前的操作和具体的操作过程。

在试图重现问题时要有好的判断能力。在某些情况下，重现故障会使网络瘫痪、工作站上的数据丢失以及设备损坏；在没有把握的情况下不要贸然试图重现故障。例如，后备电源掉电，当网络设备重新工作后，谁也不想为了验证故障是否出自后备电源而轻易去切断它。

5. 验证物理连接

重现了故障后，应该检查网络连接中最直接的潜在缺陷——物理连接。物理连接包括从服务器或工作站到数据接口的电缆线，从数据接口到信息插座模块，从信息插座模块到信息插头模块，从信息插头模块到集线器或交换机的连接，它可能包括设备（例如网络接口卡、集线器、路由器、服务器和交换机）的所有物理安装。如前所述，先检查显而易见的东西会节省大量时间。物理连接问题很容易发现并且修复起来也相当容易。

弄清下面问题，将有助于确认物理连接是否有故障。

① 设备是否已经打开。

② 网络接口卡的安装是否正确。

③ 设备的电缆线是否正确连在网络接口卡上或墙上的插座中。

④ 网线接头是否正确连接信息插座模块和信息插头模块，以及交换机。

⑤ 集线器、路由器或者交换机是否正确连到主干网上。

⑥ 所有的电缆线是否都处在良好的状态（无老化和损坏）。

⑦ 所有的接头（例如 BJ—45）是否都处在完好状态且被正确安装。

⑧ 所有工作组的距离是否都符合 IEEE802 规范。

在确认一个网络物理连接时，第一步就是从一个节点到另一个节点跟踪查看。例如，如果一个用户的工作站不能登录网络，就要验证他键入的口令是否正确，从他的工作站的网络接口卡和接头电缆开始检查物理连接，跟踪从工作站到他不能到达的服务器的所有路径。物理连接故障通常意味着经常地或偶然地无法连接网络或实施网络相关功能。物理连接问题通常都不（但有时也会）表现为应用异常、不能够使用单个应用、网络性能欠佳、协议错误、软件许可错误或者软件使用错误等，但是一些软件错误能够表明物理连接出了问题。例如，一个用户可以毫不费力地登录到文件服务，但当他选择数据库查询时，软件报告出错信息说没有发现数据库。如果数据库存放在一个独立的服务器上，这一症状就说明数据库的物理连接有问题。除了检验设备之间的连接外，还必须检验用于硬件的连接是否健全。一个健全的连接意味着电缆线已牢固地插入到端口、网络接口卡和墙上的插座里。例如，一个用户每登录 5 次就有两次不成功，这可能是硬件损坏或者使用不当造成的，也有可能是因为一个网段的长度超过了 IEEE802 协议规定的标准，如果故障发生的频率不断加快，那么这可能是由于硬件继续受损所致。假设在该用户所在部门的其他用户都没有遇到故障，就应该检查连接在用户工作站和墙上插座之间的电缆线，很可能这段电缆线损坏了。如果怀疑电缆线坏了，简单快捷的验证方法就是更换电缆线后查看错误是否消失了。另外，也可以利用电缆测试仪检测电缆。其他的物理设备也可能有问题，应经常进行检测以确保它们能正常工作。

6. 验证逻辑连接

当检验过物理连接之后，就必须检查软件和硬件的配置、设置、安装和权限，根据症状的类型查看联网设备、网络操作系统、硬件配置。例如，网络接口卡中断类型设置。所有这

些都属于“逻辑连接”。弄清下列问题有助于诊断逻辑连接错误。

① 报错信息是否表明发现损坏的或找不到的文件、设备驱动程序。

② 报错信息是否表明是资源（例如内存）不正常或不足够。

③ 最近是否改动过操作系统、配置和设备。

④ 故障只出现在一个设备上还是多个相似的设备上。

⑤ 故障是否经常出现。

⑥ 故障只影响一个人还是一个工作组。

因为逻辑问题更复杂，所以它们比物理问题更难分离和解决。某些与网络连接有关的基于软件的可能原因（但不局限于）有资源与网络接口卡的配置冲突，某个网络接口卡的配置不恰当（例如，设置了错误的数据传输率），安装或配置客户软件不正确，安装或配置的网络协议或服务不正确等。

7. 留意网络设备的变化

最近的网络变化不是一个独立的步骤，但是它是排除故障中一个需要经常考虑并且相互关联的步骤。开始排错时，应该清楚网络最近经历了什么样的变动，网络上经常发生的变动如下：

① 添加新设备（电缆、连接设备和服务器等）；

② 修复已有设备；

③ 卸载已有设备；

④ 在已有设备上安装新器件；

⑤ 在网络上安装新服务或应用程序；

⑥ 移动设备；

⑦ 改变地址或协议；

⑧ 改变服务器连接设备或工作站上的软件配置，改变工作组或用户。

所有这些可能想象得到的改变，如果不经过仔细的计划和实施就有可能出现问题。为了了解发生了什么样的变化，应该保持网络变更的完备记录，记录每个变化发生的目的、时刻和日期。这些信息越准确，就越容易排除由于这个变化所导致的故障。这些记录还必须对所有可能需要参考它们的人员开放。与此同时，还应该在工作室的公告板上提示这一变化。查阅这个记录有助于排查因设备变动引起的故障。

留意下面的问题有助于找出网络变更所导致的故障。

① 是否改动过服务器、工作站或连接设备上的操作系统或配置。

② 服务器、工作站或连接设备上是否添加了新器件。

③ 是否从服务器、工作站或连接设备上移走了旧的器件。

④ 服务器、工作站或连接设备是否移动过。

⑤ 服务器、工作站或连接设备是否安装了新软件。

⑥ 是否从服务器、工作站或连接设备上删除过旧软件。

当怀疑网络变动引起了问题时，可以用两种方法解决：改正由于变更引起的错误；或者撤销变更，使软、硬件恢复原状。这两种方法都要冒一定的风险。在两者中，恢复原状也许是一种风险较小并且节约时间的解决方法。但是也有例外，假如与变更有关的故障可以很容易地被修复，那么直接修复就比恢复原貌更快。在某些情况下，恢复软件或硬件几乎是不可能的。

8. 实施解决方案

找到问题后，就可以实施解决方案了，这一步可能是一个比较简单的过程（例如改正用户登录窗口的缺省服务器设置），也有可能是一个耗时的事（例如更换服务器的硬盘）。

在任何情况下，都应该保留进行处理的记录。实施解决方案是需要远见和耐心的，无论它仅仅是告诉用户改变 Email 程序的设置还是重新配置路由器。在发现问题的过程中，解决方案的系统性越强逻辑性越高，纠正错误就越有效。如果一个问题引起了全局瘫痪，就要使解决方案尽可能实用。

下面的步骤将帮助实现一个安全而可行的解决方案。

① 收集从调查中总结出的有关症状的所有文档，在解决问题时应把它放在手头。

② 如果要在一个设备上重新安装软件，就需要做一个该设备现有软件的备份。如果要更换设备的某个硬件，就应把被更换的硬件保留下来，以便方案无效时重新使用。如果要改变程序或设备的配置，就应记录（打印）程序或设备现有的配置，即使做很小的改变，也要做好原始记录。例如，试图向特权级添加一个用户，使他能访问账户表时，应先记下他现在所在的工作组。

③ 执行认为可以解决问题的各种改变、替换、移动和增加操作，并仔细记录。

④ 检验方案的结果。

⑤ 当离开工作区域时，应及时清理好现场。例如，假如为机房做了一段新的连接电缆，就要把绕在电缆上的碎片清理干净。

⑥ 如果某方案解决了故障，就要把收集的症状、故障和解决方案细节记录在能够访问的数据库中。

⑦ 如果某方案解决了一个改变或一个影响了多数新用户的问题，那么应在一两天后再查看问题是否还存在，并且看它有没有引起其他的问题。

9. 检验解决方案

实施解决方案后，必须验证系统的工作是否正常。显然，实施检测的方法依赖于具体方案。例如，如果替换了连接集线器端口和信息插头模块的电缆线，那么验证它的快捷方案是看这根电缆能否连通网络。如果设备不能成功地连通网络，还要再试另外的电缆线，并考虑问题是否来自物理或逻辑连接或其他的原因。另外，让用户检验你的解决方案，有助于防止把设备置于你熟悉而用户不熟悉的状态。让用户检验解决方案，将避免出现因自己疏忽而造成新的故障的情况。

9.3.2 性能管理

性能管理可测量网络中硬件、软件和媒体的性能。测量的项目包括整体吞吐量、利用率、错误率和响应时间等。运用性能管理信息，管理者可以保证网络具有足够满足用户需要的容量。

例如，假设用户抱怨通过网络传输文件到某地的性能太差，如果没有性能管理工具，管理者需要首先查找网络故障。假设未发现故障，下一步就需要判断用户和目的机之间的每一个连接设备的性能。假设通过调查，发现网络上一个连接的平均利用率已接近了它的最大容量，那么这个问题的解决方法就是更新目前的连接或安装一个新的连接以增加其容量。

如果有一个性能管理工具，就可以通过它及早发现这个连接已经接近它的最大容量，甚至在网络可能受到影响之前就能发现它。

性能管理的作用是帮助网络管理者减少网络中过分拥挤和不可顾及的现象，从而为用户提供一个水平稳定的服务。使用性能管理，管理者可以监控网络设备和连接的使用情况。收集到的数据能帮助管理者判定使用趋势和分离出性能问题，甚至可能在它们对网络性能产生有害影响之前就予以解决。性能管理在容量计划方面也有帮助。

监视网络设备和连接的当前使用情况对性能管理至关重要。得到的数据不仅能帮助管理者立即分离出计算机网络中正在大量使用的部分，而且更加重要的是，利用它可以找到某些潜在的问题答案。例如，可能有许多原因使用户访问一个远程数据库服务器太慢，问题可能存在于从源到目的的任何一处连接或设备。利用性能管理工具，可以迅速判定在远方节点和数据库服务器之间的某处连接的利用率是否已经超过80%，可能是引起访问速度慢的原因。

性能管理技术能帮助用户检查网络趋势。使用关于趋势的数据可以预测网络使用的峰值，从而避免网络饱和可能带来的低性能。

另外，它还可以绘制相对于时间的网络使用率来判定使用率高的时间。知道了这一点，就可以把大量数据传送任务安排在避开高峰时刻的时间里。例如，在许多计算机网络上，用户会在预计网络使用率低的时间来安排大量的数据传输。网络管理者在监视了网络的使用情况后，就可以指导用户在合适的时间传送。

9.3.3　变更管理

网络和其他的复杂系统一样，始终处于一种不断变化的状态。无论变化是出于内部因素还是外部因素，网络管理员都要花费大量的时间去调查、推断和排除对网络影响的问题。理想情况是，为网络上的所有变化做计划和预算，但是实际上，许多网络变化是来自突发的、意外的。例如，一个秘密的泄露将会导致所有操作系统的防火墙必须升级，所有系统的登录权限必须被仔细检查。如何迅速解决关于网络不断变化而产生的问题，这就是变更管理涉及的内容。

1. 保持同步跟踪

管理者持有网络各方面的准确、及时的档案，将有助于排除故障，更有效地管理网络。为了维护网络，需要跟踪所有的变化和升级，记录网络变化前后的状态。

（1）标定基准

正确维护网络的第一步是标记它当前的状态。只有分析了网络过去的性能，才就预测网络将来的状态。测量和记录网络当前状态的操作叫标定基准线。基准线参数包括主干网的利用率，每日、每小时登录的用户数，网络上运行的协议数，错误的统计数（例如巨型包、冲突、坏的部件或者碎包等）、网络设备被使用的频率或者有关用户占用了最大带宽的信息等。每个网络都要求标定它的基准线走势，测量的单元依赖于哪个功能对网络和用户的要求最苛刻，基准线参数允许将网络变化引起的性能变化和过去的网络状态进行比较。标定基准线是准确了解升级和改变有助于网络还是有损于网络的惟一方法。如果预先绘制了网络区段利用率的趋势图，就可以帮助预测重大网络变化所产生的效果。例如，系统需要升级时，它可以提供很好的分析和预测手段。

网络交通图是非常难以预测的，因为不能预测在给定的一段时间内用户的习惯，以及新技术的影响和变化对资源的需求。绘制趋势图可以帮助决定怎样适应流量的增长。例如：用户群构成的最大拥挤程度可以帮助决定以太网是否由10Mbit/s升级到100Mbit/s，是否只升级某段网络或添加交换机和子网来提升速度。

网络监视和网络趋势图的一个重要区别是：网络趋势图可以作为未来的参考基准，但网络监视只提供了连续检测网络的功能。怎样收集网络基准数据呢？这可以用网络监视器和网络分析仪的记录，也可以利用因特网的一些程序产生基准数据

（2）资产管理

评估网络过程中另一个关键部分是检验和跟踪网络上的软硬件，这一过程被称为资产管理。资产管理的第一步是为网络上的每一节点列出清单。这个清单不仅应包括网络上组件的总数，还应该包括每个设备的配置文件、型号、序列号、在网络上的位置，以及技术支持的联络方式等。还应该保留企业所购买的软件的记录，包括版本号、供应商、技术支持和联络方式等。资产管理工具的选择也依赖于企业的需求。如可以购买能够自动检测到网络上所有的设备，并把这种信息保存到数据库的程序，或者自己使用电子表格来存储数据。在任意情况下，对那些可能管理网络或成为网络排错员的人来说，资产记录都应该是可理解的和显而易见的。网络软件和硬件的变化情况应该及时在资产管理数据库中进行自动或手动地定期更新，因为只有当前数据才是最有效的。

资产管理使网络管理和升级变得很容易，这主要是因为它可以提供硬、软件及其变化情况，而不需要依赖旧的说明和故障记录来回答这些问题。

另外，资产管理还提供关于某些类型硬件或软件的花费和收益的信息。例如推断50%的员工的故障时间花费在一个阻塞的网络接口卡上，如果打算更换网络接口卡。资产管理软件将统计出有多少网络接口卡需要更换，或者所有的已安装的基准线是否有意义。另外，一些资产管理程序可以跟踪设备的租用期，在将到期时会提醒网络管理员。注意“资产管理”这个词的本意是指一个组织内负责登记所有设备的系统。与预算相关的任务包括资产管理的原有限制，例如管理网络的设备的损坏和租用期限等是应该由资产管理完成的网上业务。

（3）变化的管理

对于网络管理和升级过程中的问题必须用管理系统进行追踪。像资产管理系统一样，变化管理系统只有保持实时才有用处。和资产管理的记录不同，变化管理的记录不能被自动发现网络硬件或软件的程序创建，相反，必须提供变化的时间、变化的原因和对变化的具体描述。

2. 软件修订

网络上的软件改变包括补充、升级和修订。尽管对每种类型的软件的改变不同，但是通常被采用的步骤可归纳如下：

① 考虑改变是否必要。

② 研究改变的目的和它对程序可能产生的影响。

③ 考虑改变是适合于一部分用户还是所有用户，应该集中执行还是逐个执行。

④ 如果打算实施改变，应告诉系统管理员、办公助理员和用户，制定在非工作时间的改变进度（除非它是紧急的）。

⑤ 在做任何改变之前都要备份当前的系统或软件。

⑥ 防止用户登录正在被改动的系统或部分系统（例如可以限制登录）。

⑦ 在安装、补充和修订时保持升级指导并按此进行。

⑧ 实施改变。

⑨ 在改变之后测试整个系统，像一个普通用户一样完全地测试软件，留意任何修改的非预想和不满意的产物。

⑩ 如果修改成功，就开放该系统的登录；如果没成功，就恢复旧版本。

⑪ 当修改成功后告诉管理员、办公助理和用户。如果必须恢复老版本，就告诉他们恢复的原因。

⑫ 在变更管理系统中修改记录。

作为通用的规则，根据经销商的建议升级和补充软件可以避免一些网络故障。与网络维护相联系的软件改变以及实施这些改变的最好方法如下：

① 安装补丁；

② 客户端升级；

③ 应用程序升级；

④ 网络操作系统升级；

⑤ 撤消软件升级。

3. 硬件和物理设备的改变

在网络器件安装失败或不正常时会要求改变硬件和物理设备。硬件和物理设备的改变也经常作为升级的一部分用来加大容量、提高性能，为网络增加功能。最简单、最重要的硬件改变形式是添加更多已有的设备，如在主干网上增加交接机或网络打印机，以及其他更多的复杂网络变化，如用一个更健壮的系统替换整个网络的主干网。许多适用于软件升级的解决办法同样适用于硬件，特别是恰当的计划是升级的关键。当考虑到对硬件实施升级时，应把下面的步骤作为一个指导。

① 考虑变化是否是必须的。

② 研究变化对其他设备、功能和用户的潜在影响。

③ 如果打算进行改变，就通知系统管理员、办公助理员和用户（除非它是紧急的）。

④ 如果必要，就备份当前的硬件配置，许多硬件（如路由器、交换机和服务器）都有一个容易备份到磁盘的配置，不同的是（如网络打印机）必须打印出网络配置。

⑤ 阻止用户访问正在改变的系统或部分系统。

⑥ 把安装指导或硬件文档放在手边。

⑦ 实施改变。

⑧ 在改变完成后，彻底测试硬件。最好加载一个比公司在日常使用中会出现的略重的负荷，注意任何非预料的、非期望的改变结果。

⑨ 如果改变成功，就打开系统的登录。如果未成功，隔离该设备或重新插入旧设备。

⑩ 当改变成功时通知系统管理员和办公管理员。如果不成功，就向他们解释为什么。

⑪ 在变更管理系统中修改记录。

（1）增加或升级设备

在网络上增加或升级软硬件的困难极大地依赖于在过去是否使用过该硬件。在网络上安装升级的各种设备都有不同的准备和安装要求。要确切知道怎样处理这些变化，不仅要求仔细阅读生产商的手册，还要求能方便地获得一些这种设备的相关安装经验。

获得添加、升级和修复设备的经验的最好方法是在当前没有连入网络的设备上试验。在服务器上添加处理器，在路由器上添加网络接口卡，在打印机上添加新内存都会影响获得的服务。在添加和替换设备之前应查看允许权限、确认是否仅被允许添加同一生产商的产品或者存在失去生产商所有支持的危险。

当在网络上升级或安装硬件时，要注意安全，不要对已插入的或正在工作的设备进行内部器件的改造。确保所有的线路和设备都被安置牢靠不会引起松动和脱落。注意，在维修设备时不要戴珠宝饰物、围巾或穿着宽松的衣服，应摘下金属饰物，可以避免受伤，也可以避免因为饰物接触了电路而引起的设备短路。如果设备很重（例如一个大的交换机或服务器），不要自己搬动。为防止设备损坏，应遵循生产商的温度、通气性、防静电和温度条件限制。

（2）电缆升级

电缆升级需要周密的计划和大量的时间去实施，这依靠于网络规模。保证今后平稳升级的最好的方法是在升级之前记录下已存在的电缆线。如果这种方案不可行，就一边升级已存在的网线一边编辑文档。因为这种改变会影响到网络上所有的用户，所以应该分阶段地进行升级。要权衡升级的重要性和崩溃的潜在危险。在大多数情况下，只有运行小网络的企业才会自己升级或安装网线，其他的大企业依靠专营这方面服务的承包商完成这一工作。

（3）主干网升级

在网络硬件中，最错综复杂的升级是主干网的升级。主干网的升级不仅需要周密的计划和许多人的努力（有可能还有承包商），还需要很大的投资。升级主干网包括从令牌环升级到以太网，从以太网升级到 ATM，从低速升级到高速，用交换机代替所有的路由器。这类升级将满足大范围的需求：一个快速传输的需求，一个物理的移动或革新，一个更可靠的网络，更大的保密性，更兼容的标准，支持一个新设备，或更高的性价比。

在决定升级主干网后，应为完成这一升级制定工程计划，并与专门从事设计和升级的公司签订合同，还需要起草需求报告（RFP）来指定承包商应该做什么，这是管理大的网络项目的步骤之一。

不论是否雇用专业人员，工程计划都应该包括在某一时段内升级某一部分主干网的逻辑步骤。因为该过程将导致网络异常，所以应考虑怎样适合用户的要求。如果愿意，最好选择网络使用率低的时候升级网络。

（4）撤消硬件改变

相对于软件的改变，应该提供一种方法撤消硬件升级并重装旧的硬件，如果正升级某一设备的器件，就应该保持旧的器件安全，例如，把网络接口卡放在防静电的容器里。因为不仅有可能要把它重新安置原位，还有可能要查看它的信息。即使使用了新器件的设备能正常运转，也应将旧器件保存一段的时间，特别是当只有一个这种类型的器件时。

9.3.4 排障工具

在很多时候，最有效的排除网络故障的方法是利用专门为分析和隔离网络问题而设计的工具，从最简单的网线测试仪（显示网线是否损坏）到高级的协议分析仪（捕获和显示在网络上运行的所有数据类型），选择什么样的网络工具，取决于调查的具体问题和网络的特征。

1. 网线测试工具

网线测试工具对于网线安装和网线故障排除是必需的，网线问题的症状可能像经常丢失数据包一样难以捉摸，有时却又像网络连接断开一样明显。有些统计资料表明，50%以上的网络问题来源于网线的损坏或非正确安装，可以很容易地用特殊工具检测出网线的故障。

主要有两种网线测试工具：网线检查器，它只检查网线的通断；网线探测器，它进行更高级的测试。

基本的网线检查器只检查网线是否还能提供连接，一个好的网线检查器可以验证网线装备是否正确。有没有短路、裸露或缠绕。在购置网线检查器时要确保符合使用的网络标准，

可以验证使用的网络类型。网线检查器不能检查光缆的连接，因为光缆利用光而不是电压来传送数据，检查光缆需要特殊的光缆检查器。

网线探测器和网线检查器的区别在于除了可以测试网线的连接和错误外，还提供以下功能：

① 确认网线是不是太长；

② 确定网线坏损的位置；

③ 测量网线的衰减率；

④ 测量网络的远近串扰；

⑤ 测量以太网网线的终端电阻的阻抗；

⑥ 按 CAT3、CAT5、CAT6 和 CAT7 标准提供通／断率；

⑦ 存储和打印网络测试结果。

一些网线探测器可提供更多的功能，例如一个表明网线衰减率和串扰参数的输出图形。在为双绞线网络购买测试仪的时候，应确保测试仪能提供网络所使用的频率范围的衰减率和串扰测试。例如，如果测试 100Bast 以太网，就应购买能测试 100MHz 的网络测试器。

如果一个房间里的工作站经常遇到登录困难或连接超时，就应该用网线探测器测一下这些工作站的位置是否超过了一个集线路的最大允许范围。如果另外一组的工作站经常遇到响应时间慢的问题，那么一个网线探测器能指出在发送节点和接收节点之间是否有过多的网站，导致信号过分衰减。

2. 网络监视器和分析仪

一旦发现了用户错误或物理连接问题（包括网线损坏），就应进行一个更深入的分析，一些工具（包括网络监视器和分析仪）会帮助分析网络流量，捕捉和分析网络上的数据。网络监视器是基于软件的工具，它可以在连到网络上的一台服务器或工作站上持续监测网络流量，网络监视器一般工作在 OSI 模型的第 3 层，它们可以检测出每个包所使用的协议，但是不能破译包里的数据。网络分析仪是便携的、基于硬件的工具，网络管理员把它连入网络专门用来解决网络问题，它可以破译直到 OSI 模型第 7 层的数据，例如，它们可以辨别一个使用 TCP/IP 的包，甚至可以辨别出这个包是否是从特定工作站到服务器的 ARP 应答信号。网络分析仪可以破译包的负载率，把它从二进制码变成可识别的十进制码或十六进制码，因此只要它们的传输不是加密的，网络分析仪就可以捕获运行于网络上的密码。一些网络测试仪软件包可以在标准计算机上运行，但有些需要在带特殊网络接口卡和操作系统软件的计算机上运行。

第10章 信息安全技术

学习目标

- 理解防火墙技术和实现防火墙的各种方法;
- 理解内容过滤技术;
- 识别和描述入侵检测系统的类别和操作模式;
- 初步了解数据加密技术、数字签名技术、数字证书和信息隐藏技术。

10.1 引　言

技术控制是规划正确的信息安全计划的一种控制方法，在为许多 IT 功能执行不直接涉及人力控制的政策时，技术控制是必不可少的。网络和计算机系统每秒都要做出上百万次的决策，以人为不能实时控制的方式和速度运行。技术方案如果正确，可以提高机构平衡常见冲突问题的能力，使信息更容易从更广泛的渠道获得，同时提高信息的机密性和完整性。本章将描述许多常见技术控制方案的工作原理。

10.2 防火墙

在商用和民用建筑结构中，防火墙是从地基到房屋建起的混凝土或石墙，以防止火灾从建筑物的一部分蔓延到另一部分。在飞机和汽车的结构中，防火墙是一道绝缘金属屏障，把热气和马达中危险的移动部件与乘客所在的易燃空间隔离开。信息安全中的防火墙指隔离在本地网络与外部网络之间的一道防御系统工程，是这一类防范措施的总称。

防火墙是建立在内外网络边界上的过滤封锁机制，内部网络被默认为是安全的和可以信赖的，而外部网络则被认为是不安全的和不可信赖的。防火墙的作用是防止不希望的、未经授权的通信进出被保护的内部网络，通过边界控制强化内部网络的安全。防火墙在网络中的位置如图 10-1 所示。

防火墙通常是运行在一台或者多台计算机上的一组特别的服务软件，用于对网络进行防护和通信控制。但是在很多情况下，防火墙以专门的硬件形式出现，这种硬件也被称为是防火墙，它是安装了防火墙软件，并针对安全防护进行了专门设计的网络设备，本质上还是软件进行控制。

使用防火墙的目的包括以下几个方面：

① 限制他人进入内部网络；

② 过滤掉不安全的服务和非法用户；

③ 防止入侵者进入内部网络；

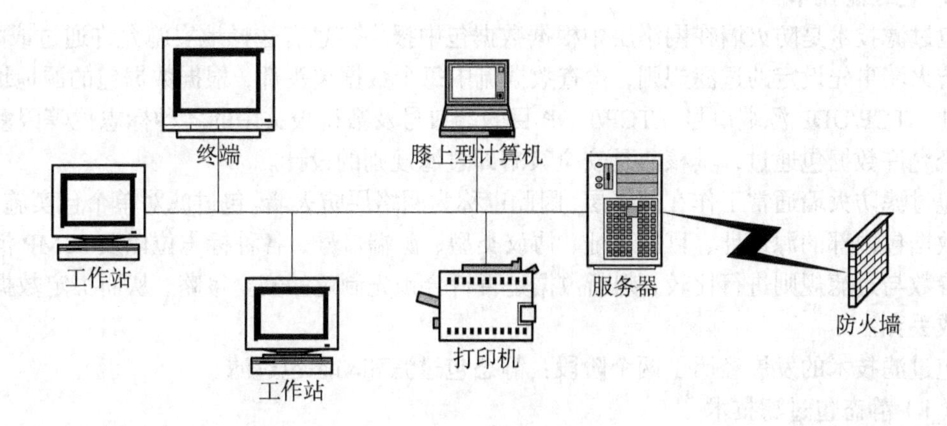

图 10-1 防火墙示意图

④ 限定对特殊站点的访问；

⑤ 监视局域网的安全。

防火墙具有的功能包括以下几个方面：

（1）访问控制功能

该功能是防火墙最基本也是最重要的功能，通过禁止或允许特定用户访问特定的资源，保护网络内部的资源和数据。禁止非授权的访问，识别哪个用户可以访问何种资源。

（2）内容控制功能

根据数据内容进行控制，如防火墙可以从电子邮件中过滤掉垃圾邮件，可以过滤掉内部用户访问外部非法信息，也可以限制外部访问，使他们只能访问本地 Web 服务器中的一部分信息。

（3）全面的日志功能

完整地记录网络访问情况，包括内部上网进出的访问。记录访问是什么时候发生的，进行了什么操作，以检查网络访问情况，就如银行的录像监视系统，记录下整体的营业情况，一旦有什么事发生，就可以看录像，查明事实。防火墙的日志系统也有类似的作用，一旦网络发生了入侵或者遭到破坏，就可以对日志进行审计和查询。

（4）集中管理功能

防火墙是一个安全设备针对不同的网络情况和安全需要，制定不同的安全策略，然后在防火墙上实际使用中还需要根据情况改变安全策略，而且在一个安全体系中，防火墙可能不止一台，所以防火墙应该是易于集中管理的，这样管理员就可以很方便地补入安全策略。

（5）自身的安全和可用性

防火墙要保证自身的安全，不被外部非法侵入，保证正常的工作，如果防火墙被侵入，防火墙的安全策略被修改，那么内部网络就变得不安全。防火墙也要保证可用性，否则网络就会中断，网络连接就失去意义。

10.2.1 防火墙技术

防火墙的主要技术有包过滤技术、应用代理技术、状态检测技术。

1. 包过滤技术

包过滤技术是防火墙在网络层中根据数据包中报头信息有选择地实施允许通过或阻断。依据防火墙事先设定的过滤规则，检查数据流中每个数据包头部，根据数据包的源地址、目的地址、TCP/UDP 源端口号、TCP/UDP 目的端口号及数据报头中的各种标志位等因素来确定是否允许数据包通过，其核心是安全策略即过滤规则的设计。

包过滤防火墙通常工作在网络层，因此也称为网络层防火墙。包过滤对单个包实施控制，根据数据包内部的源地址、目的地址、协议类型、源端口号、各种标志位以及 ICMP 消息类型等参数与过滤规则进行比较，判断数据是否符合预先制定的安全策略，从而决定数据包的转发或丢弃。

包过滤技术的发展经历了两个阶段：静态包过滤和动态包过滤。

（1）静态包过滤技术

静态包过滤技术是指根据定义好的过滤规则审查每个数据包，以确定其是否与某一条包过滤规则匹配，过滤规则是基于数据包的报头信息制定的，通常也被称为访问控制表。

（2）动态包过滤技术

动态包过滤技术采用动态设置包过滤规则的方法，避免了静态包过滤技术所带来的不灵活问题。利用这种技术的防火墙对通过其建立的每一个连接都进行跟踪，并且根据需要动态地在过滤规则中增加或更新条目。

包过滤技术作为防火墙的应用有两类：一是路由设备在完成路由选择和数据转发之外，同时进行包过滤，这是目前较常用的方式；二是在一种称为屏蔽路由器的路由设备上启动包过滤功能。

基于包过滤技术的防火墙实现起来比较简单，因此包过滤技术在防火墙上的应用非常广泛。由于 CPU 用来处理包过滤的时间相对很少，而且这种防护措施对用户透明，合法用户在进出网络时，根本感觉不到它的存在，使用起来很方便。

但是其缺点也是非常明显的。首先，在计算机中配置包过滤规则比较困难。其次，当过滤规则增加到一定数据的时候，由于频繁的匹配工作会导致网络性能的直线下降。最后，包过滤技术无法抵御一些特殊形式的攻击。

包过滤技术由于本身的缺陷性，现在已经逐渐为其他技术所取代。

2. 应用代理技术

所谓应用代理技术是指在 Web 主机上或在单独一台计算机上运行代理服务器软件，监测、侦听来自网络上的信息，对访问内部网的数据起到过滤作用，从而保护内网免受破坏。

代理服务器作用在应用层，它用来提供应用层服务的控制，在内部网络向外部网络申请服务时起到中转作用。内部网络只接受代理提出的服务请示，拒绝外部网络其他的直接请求。

具体地说，代理服务器是运行在防火墙主机上的专门的应用程序。防火墙主机可以是具有一个内部网络接口和一个外部网络接口的双重宿主主机，也可以是一些可以访问 Internet 并被内部主机访问的堡垒主机。这些程序接受用户对 Internet 服务的请求（如 FTP、Telnet），并按照一定的安全策略将它们转发到实际的服务中。

代理服务可以实现用户认证、详细日志、审计跟踪和数据加密等功能，并实现对具体协议及应用的过滤这种防火墙能完全控制网络信息的交换，控制会话过程，具有灵活性和安全性，但可能影响网络的性能，对用户不透明，且对每一种服务都要设计一个代理模块，建立对应的网关层，实现起来比较复杂。

基于应用代理技术的防火墙经历了两个发展阶段：代理防火墙和自适应代理防火墙。

（1）代理防火墙

第一代代理防火墙也叫应用层网关防火墙，这种防火墙功能通过代理技术参与到一个TCP连接的全过程。它一般在某一特定的应用而使用特定的代理模块，由用户端的代理客户和防火墙端的代理服务器两部分组成，它不仅能理解数据报头的信息，还能理解应用信息内部本身。当代理服务器得到一个客户的连接请求时，它们将核实客户请求，并使用特定的安全代理应用程序来处理连接请求，将处理后的请求传递到真实的服务器上，然后接收服务器应答，做进一步处理后，将答复交给发出请求的最终客户代理服务器，在外部网络向内部网络申请服务时发挥了中转的作用。

应用网关技术是建立在网络应用层上的协议过滤，它针对特别的网络应用服务协议即数据过滤协议，并且能够对数据包进行分析并形成相关的报告。应用网关对某些易于登录和控制所有输入输出的通信环境给予严格的控制，以防止有价值的程序和数据被窃取。它的另一个功能是对通过的信息进行记录，如什么样的用户在什么时间连接了什么站点。在实际工作中，应用网关一般由专用工作站来完成。

应用层网关的优点是它易于记录并控制所有的通信并对Internet的访问做到内容级的过滤控制，灵活而全面，安全性高。应用级网关具有登记日志、统计和报告功能，有很好的过滤功能，还具有严格的用户认证功能。应用层网关的缺点是需要为每种应用写不同的代码，维护比较困难，另外就是速度较慢。

（2）自适应代理防火墙

自适应代理技术是将代理技术与包过滤技术相结合而产生的一种新技术，仍属于应用代理技术的一种。它结合了代理防火墙的安全性和包过滤防火墙的高速度等优点，在毫不损失安全性的基础上将代理防火墙的性能提高了数倍。

在自适应代理防火墙中，初始的安全检查仍然发生在应用层，一旦安全通道建立后，随后的数据包就可重新定向到网络层。在安全性方面，自适应代理防火墙与标准代理防火墙是完全一样的，同时还提高了处理速度。自适应代理技术可以根据用户定义的安全规则，动态适应传送数中的数据流量。当安全要求较高时，安全检查仍在应用层中进行，保证实现传统防火墙的最大安全性；而一旦可信任身份得到认证，其后的数据便可直接通过速度快得多的网络层。

包过滤技术通过特定的逻辑判断来决定是否允许特定的数据通过，其优点是速度快、实现方便。缺点是审讯功能差，过滤规则的设计存在矛盾关系，即如果过滤规则，则安全性差；如果过滤规则复杂，则管理困难，一旦判断条件满足，防火墙内部网络的结构和运行状态便“暴露”在外来用户面前。

代理技术则能进行安全控制和加速访问，有效地实现防火墙内外计算机系统的隔离，安全性好，可以实现较强的数据流监控、过滤、记录和报告等功能。其缺点是对于每一种应用服务都必须为其设计一个模块来进行安全控制，而第一种网络应用服务的安全问题各不相同，分析困难，因此实现也困难。

在实际应用中，防火墙通常是多种解决不同问题的技术的有机组合。大多数防火墙将数据包过滤和代理服务器结合起来使用。

3. 状态检测技术

状态检测技术是以动态包过滤技术为基础发展起来的。不同于包过滤和应用代理技术的基于规则的检测，状态检测技术是基于连接状态的过滤，它属于同一连接的所有数据包作为一个整体来看待，不仅检测所有通信的数据，还分析先前的通信状态。

状态检测技术采用了一个在网关上执行网络安全策略的软件引擎，称为检测模块。检测模块在不影响网络正常工作的前提下，采用抽取相关数据的方法对网络通信的各层实现监测，它根据每个合法网络连接保存的信息（包括源地址、目的地址、协议类型、协议相关信息、连接状态和超时时间等）叫做状态，通过抽取部分状态信息，动态地将其保存起来，作为以后指定安全决策的参考。

要实现状态检测，最重要的是实现连接的跟踪功能。对于单一连接的协议来说相对比较简单，只需要数据报头的信息就可以进行跟踪，但对于一些复杂协议，除了使用一个公开的端口的连接进行通信外，在通信过程中还会动态建立子连接进行数据传输，而子连接的端口信息是在主连接中通过子连接的端口，在防火墙上将其动态打开，连接结束时自动关闭，充分保证系统的安全。

状态检测技术改进了包过滤技术仅考虑进出网络的数据包，而不关心数据包状态的缺点，在防火墙的核心部分建立状态检测表，并将进出 网络的数据当成一个个的会话，利用状态表跟踪每一个会话的状态。状态检测对每一个包的检查不仅根据规则表，更考虑了数据包是否符合会话所处的状态，因此状态检测技术为防火墙提供了对传输层的控制能力。

尽管状态检测防火墙显著增强了简单包过滤防火墙的安全，但其安全性仍然无法和应用代理防火墙相比。其缺点在于状态检测防火墙仍然工作在网络层和传输层，无法像代理防火墙那样做到对连接的直接接管和控制。

10.2.2 包过滤防火墙

包过滤防火墙检查所有通过的数据包头部的信息，并按照管理员所给定的过滤规则进行过滤。在配置数据包过滤规则之前，需要明确允许或者拒绝什么服务，并且需要把策略抽象成针对数据包的过滤规则。通过制定数据包过滤规则来控制哪些数据包能够进行或者流出内部网络。

数据包过滤在网络中起着重要的作用，可以是单点位置为整个网络提供安全保护。以 WWW 服务为例，如果不想让外部用户访问内部的 WWW 服务，只要在包过滤路由器上加上安全规则，禁止外部对内部 WWW 服务的访问，则无论是否所有的内部网络主机都启动了 WWW 服务，它们都将得到保护，这样做很容易也很安全。数据包过滤对用户是透明的。

1. 数据包过滤的安全策略

一般的包过滤防火墙对数据包的数据内容不做任何检测，而只检查数据包的报头信息。数据包过滤的安全策略基于以下几种方式：

① 数据包的源地址或目的地址。可以根据 IP 中的 IP 源地址和 IP 目的地址来制定安全规则，数据包过滤面对的最普遍的 IP 选项字段是源地址路由，源地址路由是由数据包的源地址来指定到达目的地的路由，而不是让路由器根据其路由表来决定向何处发送数据包。

② 数据包的 TCP/UDP 源端口或目的端口。可以根据 TCP 协议中的源端口和目的端口来制定安全规则，因为 TCP 的源端口通常是随机的，所以通常不使用源端口进行控制。通过检查 TCP 标志字段，可以辨认这个 TCP 数据包的 SYN 包，还是非 SYN 包。检查单独的 SYN 标志，就可以知道它是 TCP 连接中三次握手中的第一个请求，如果要禁止该连接，只要禁止这个包就可以了。

③ 数据包的标志位。

④ 用来传送数据包的协议。

2. 数据包过滤规则

在配置数据包过滤规则之前，需要明确允许或者拒绝什么服务，并且需要把策略转换成针对数据包的过滤规则。在数据包过滤规则中有两种基本的安全策略默认接受还是默认拒绝。默认接受是指除非明确指定禁止某个数据包，否则数据包是可以通过的。而默认拒绝则相反，除非明确指定允许某个数据包通过，否则数据包是不可以通过的。从安全的角度来讲，默认拒绝更安全。

在制定了数据包规则后，对于每一个数据包，路由器会从第一条规则进行检查，直到找到一个可以匹配它的规则，然后根据规则来决定是接受还是拒绝整个数据包；如果规则表中没有匹配的规则，则根据设置的安全策略进行处理，如默认拒绝，则这个数据包将被拒绝。

3. 状态检测的数据包过滤

当防火墙接收到初始化 TCP 连接的 SYN 包时，要对这个带有 SYN 的数据包进行安全规则检查，将该数据包在安全规则里依次比较，如果在检查了所有的规则后，该数据包都没有接受，那么拒绝该次连接。如果该数据包被接受，那么本次会话的连接信息被添加到状态检测表，该表位于防火墙的状态检测模块中。对于随后的数据包，就将包信息和该状态监测表中所记录的连接内容进行比较，如果会话是在状态表内，而且该数据包状态正确，该数据包被接受；如果不是会话的一部分，该数据包被丢弃。

这种方式提高了系统的性能，因为不是每一个数据包都要和安全规则比较。只有在新的请求连接的数据包到来时才和安全规则比较。所有的数据包与状态检测表的比较都在内核模式下进行，所以执行速度很快。

4. 数据包过滤的局限性

数据包过滤的局限性如下：

① 不能进行内容级控制。例如对于一个 Telnet 服务器，不能做到禁止 user1 登录而允许 user2 登录。因为用户名是数据包内容部分的信息，过滤系统不能辨认从而无法控制。又如不能针对一个 FTP 服务器，允许用户下载某些文件，而禁止用户下载另一些文件。因为文件名也属于数据包内容，所以不能辨认。

② 数据包的过滤规则制定比较复杂。需要针对不同的 IP 或者服务制定很多的安全规则，而且过滤规则会存在冲突或者漏洞，检查起来相对困难。

③ 有些协议不适合包过滤。

10.2.3　屏蔽主机防火墙

实际使用的防火墙系统一般会采用多种防火墙技术，如屏蔽主机防火墙和屏蔽子网防火墙。

屏蔽主机防火墙由包过滤路由器（屏蔽路由器）和堡垒主机（代理服务器）组成，堡垒主机配置在内部网络上，路由器则旋转在内部网络和 Internet 之间，通过路由器把内部网络和外部网络隔开。

它所提供的安全等级比包过滤防火墙系统高，因为它实现了网络层安全（包过滤）和应用层安全（代理服务），入侵者在破坏内部网络的安全性之前，必须首先渗透两种不同的安全系统。

1. 堡垒主机

堡垒主机得名于古代战争中用于防守的坚固的堡垒，它位于内部网络的最外层，像堡垒一样对内部网络进行保护。堡垒主机可以防止内部用户直接访问 Internet，其作用就像一个代理，过滤掉未经授权的要进行 Internet 的流量。

在防火墙体系中，堡垒主机是 Internet 上的主机能连接到的惟一的内部网络上的系统。任何外部的系统要访问内部的系统或服务都必须先连接到这台主机，它是在 Internet 上公开的，在网络上最容易遭受非法入侵的设备。所以堡垒主机要保持更高等级的主机安全，防火墙设计者和管理人员需要致力于堡垒主机的安全，而且在运行期间对堡垒主机的安全给予特别的注意。

2. 屏蔽主机防火墙的原理和实现过程

堡垒主机位于内部网络上，包过滤路由放置在内部网络和外部网络之间。在路由器上设置相应的规则，使得外部系统只能访问堡垒主机。由于内部主机和各堡垒主机处于同一个网络，内部系统是否允许直接访问外部网络，或者是要求使用堡垒主机上的代理服务来访问外部网络完全由企业的安全策略来决定。对路由器的过滤规则进行配置，使其只接收来自堡垒主机的内部数据包，就可以强制内部用户使用代理服务。

10.2.4 屏蔽子网防火墙

屏蔽子网防火墙通过添加周边网络更进一步把内部网络和 Internet 隔开。

周边网络是一个被隔离的独立子网，充当了内部网络和外部网络的缓冲区，在内部网络与外部网络之间形成了一个“隔离带”，这就构成了一个所谓的“非军事区”（Demilitarized Zone, DMZ）。

屏蔽子网防火墙。它由两个屏蔽路由器和堡垒主机组成，每一个屏蔽路由器都连接到周边网络，一个位于周边网络与内部网络之间，另一个位于周边网络与 Internet 之间。要入侵这种体系结构的内部网络，非法入侵者必须通过这两个路由器，即使非法入侵者侵入了堡垒主机，它仍将必须通过内部路由器，因此它是最安全的防火墙系统之一。

屏蔽子网防火墙具有以下优点：

① 入侵者必须突破三个不同的设备才能非法入侵由外部路由器、堡垒主机、内部路由器保护的内部网络。

② 由于外部路由器只能向 Internet 通告 DMZ 网络的存在，Internet 上的系统没有与内部网络相通。这样网络管理员就可以保证内部网络是“不可见”的，并且只有在 DMZ 网络上选定的服务才对 Internet 开放。

③ 由于内部路由器只向内部网络通告网络的存在，内部网络上的系统不能直接通过 Internet，这样就保证了内部网络上的用户必须通过驻留在堡垒主机上的代理服务才能访问 Internet，

④ 由于 DMZ 网络是一个与内部网络不同的网络，NAT（网络地址变化）可以安装在堡垒主机上，从而避免在内部网络上重新编址或重新划分子网。

10.2.5 防火墙的局限性

安装防火墙并不能做到绝对的安全，它有许多不足之处。

① 防火墙不能防范不经过防火墙的攻击：例如，如果允许从受保护网内部不受限制地

向外拨号，一些用户可以形成与 Internet 直接的连接，从而绕过防火墙，造成一个潜在的后门攻击渠道。

② 防火墙不能防止感染病毒的软件或文件的传输，只能在每台主机板上装反病毒软件。因为病毒的类型太多，操作系统也有多种，不能期望防火墙对每一个内部网络的文件进行扫描，查出潜在的病毒，否则，防火墙将成为网络中的瓶颈。

③ 防火墙不能防止数据驱动式攻击。有些表面看起来无害的数据通过电子邮件发送或其他方式复制到内部主机上，一旦被执行就形成攻击。攻击可能导致主机修改与安全相关的文件，使得入侵者容易获得对系统的访问权。

④ 防火墙不能防范恶意的内部人员侵入。内部人员了解内部网络的结构，如果他从内部入侵主机板或进行一些破坏活动，因为该通信没有通过防火墙，所以防火墙无法阻止。

⑤ 防火墙不能防范不断更新的攻击方式。防火墙制定的安全策略是在已知的攻击模式下制定的，所以对全新的攻击方式缺少阻止功能，防火墙不能自动阻止全新的侵入，所以以为安装了防火墙就可以高枕无忧的思想是危险的。

10.3　入侵检测技术

网络互连互通后，入侵者可以通过网络实施远程入侵。而入侵行为与正常的访问或多或少有些差别，通过收集和分析这种差别可以发现大部分的入侵行为，入侵检测技术就是应这种需求而诞生的。

10.3.1　入侵检测与技术

入侵检测（Intrusion Detection）是对入侵行为的发觉。它从计算机网络或计算机系统的关键点收集信息并进行分析，从而发现网络或系统是否有违反安全策略的行为和被攻击的迹象。负责入侵检测的软硬件组合体称为入侵检测系统（IDS）。

入侵检测的概念最早由 Anderson 在 1980 年提出，他提出了入侵检测系统的三种分类方法。Denning 对 Anderson 的工作进行了扩展，详细探讨了基于异常和误用检测方法的优缺点，于 1987 年提出了一种通用的入侵检测模型。这个模型独立于任何特殊的系统、应用环境、系统脆弱性和入侵种类，因此提供了一个通用的入侵检测专家系统框架，并由 IDES 原型系统实现。

IDES 原型系统采用的是一个混合结构，包含了一个异常检测器和一个专家系统，如图 10-2 所示。异常检测器采用统计技术刻画异常行为，专家系统采用基于规则的方法检测已知的危害行为。异常检测器对行为的渐变是自适应的，因此引入专家系统能有效防止逐步改变的入侵行为，提高准确率。该模型为入侵检测技术的研究提供了良好的框架结构，为后来各种模型的发展奠定了基础，导致了随后几年内一系列系统原型的研究，如 Discovery、Haystack、MIDS、NADIR、NSM、Wisdom and Sense 等。

直到 1990 年，大部分入侵检测系统还都是基于主机的，它们对活动性的检查局限于操作系统审计跟踪数据以及其他以主机为中心的信息源。1988 年 Internet 蠕虫事件的发生使人们开始对计算机安全高度关注，分布式入侵检测系统（DIDS）随之产生。它最早试图将基于主机和网络监视的方法集成在一起，解决了大型网络环境中跟踪网络用户和文件以及从发生在系统不同的抽象层次的事件中发现相关数据或事件的两大难题。

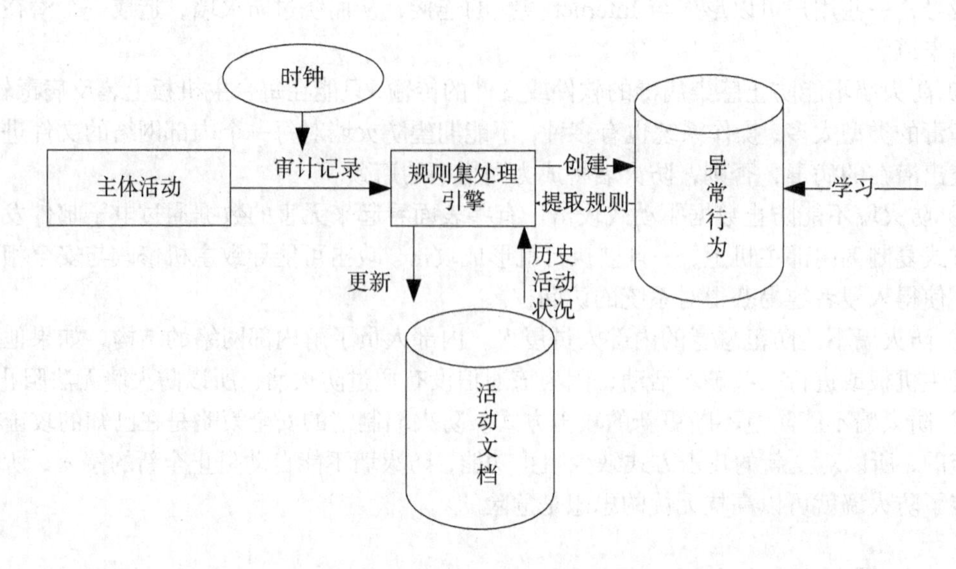

图 10-2　IDES 原型系统图

一个成功的入侵检测系统至少要满足以下 5 个要求：

① 实时性要求：如果攻击或者攻击的企图能够被尽快发现，就有可能查出攻击者的位置，阻止进一步的攻击活动，就有可能把破坏控制在最小限度，并记录下攻击过程，可作为证据回放。实时入侵检测可以避免管理员通过对系统日志进行审计以查找入侵者或入侵行为线索时的种种不便与技术限制。

② 可扩展性要求：攻击手段多而复杂，攻击行为特征也各不相同。所以必须建立一种机制，把入侵检测系统的体系结构与使用策略区分开。入侵检测系统必须能够在新的攻击类型出现时，可以通过某种机制供无须对入侵检测系统本身体系进行改动的情况下，使系统能够检测到新的攻击行为。在入侵检测系统的整体功能设计上，也必须建立一种可以扩展的结构，以便适应扩展要求。

③ 适应性要求：入侵检测系统必须能够适用于多种不同的环境，比如高速大容量的计算机网络环境。并且在系统环境发生改变，比如增加环境中的计算机系统数量，改变计算机系统类型时，入侵检测系统应当依然能够正常工作。适应性也包括入侵检测系统本身对其宿主平台的适应性，即：跨平台工作的能力，适应其宿主平台软、硬件配置的不同情况。

④ 安全性与可用性要求：入侵检测系统必须尽可能的完善与健壮，不能向其宿主计算机系统以及其所属的计算机环境中引入新的安全问题及安全隐患，并且入侵检测系统在设计和实现时，应该考虑可以预见的、针对该入侵检测系统类型与工作原理的攻击威胁，及其相应的抵御方法。确保该入侵检测系统的安全性与可用性。

⑤ 有效性要求：能够证明根据某一设计所建立的入侵检测系统是切实有效的。即：对于攻击事件的误报与漏报能够控制在一定范围内。

入侵检测系统是根据入侵行为与正常访问行为的区别来识别入侵行为的，根据识别采用的原理不同，可以分为异常检测、误用检测和特征检测三种。

1. 异常检测

异常检测（Anomaly Detection）的前提认为入侵是异常活动的子集。异常检测系统通过运行在系统或应用层的监控程序监控用户的行为，通过将当前个体的活动情况和用户轮廓进行比较。用户轮廓通常定义为各种行为参数及其阈值的集合，用于描述正常行为范围。当用户活动与正常行为有重大偏离时即被认为是入侵。如果系统错误地将异常活动定义为入侵，称为错报（false positive）；如果系统未能检测出真正的入侵行为则称为漏报（false negative）。这是衡量入侵检测系统性能很重要的两个指标模型，如图 10-3 所示。

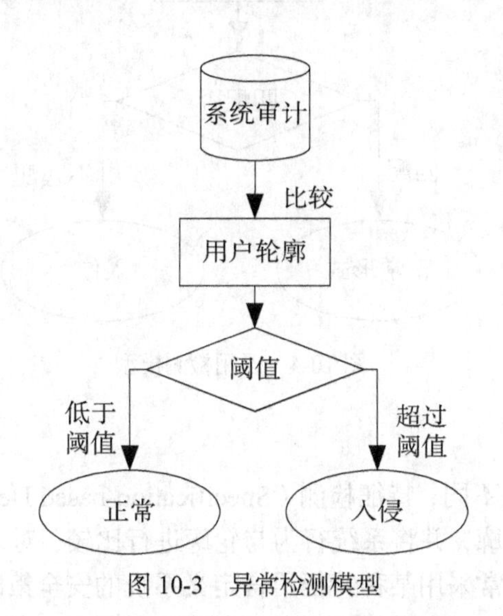

图 10-3 异常检测模型

异常检测系统的效率取决于用户轮廓的完备性和监控的频率。因为不需要对每种入侵行为进行定义，因此能检测未知的入侵。同时系统能针对用户行为的改变进行自我调整和优化，但随着检测模型的逐步精确，异常检测会消耗更多的系统资源。

常见的异常检测方法包括统计异常检测、基于特征选择异常检测、基于贝叶斯推理异常检测、基于模式预测异常检测、基于神经网络异常检测、基于贝叶斯聚类异常检测、基于机器学习异常检测等。目前一种比较流行的方法就是采用数据挖掘技术，来发现各种异常行为之间的关联性，包括源 IP 关联、目的 IP 关联、特征关联、时间关联等。

2. 误用检测

进行误用检测（Misuse Detection）的前提是所有的入侵行为都有可被检测到的特征。误用检测系统提供攻击特征库，当监测的用户或系统行为与库中的记录相匹配时，系统就认为这种行为是入侵。如果入侵特征与异常的用户行为匹配，则系统会发生错报；如果没有特征能与某种新的攻击行为匹配，则系统会发生漏报，模型如图 10-4 所示。

采用特征匹配，误用模式能明显降低错报率，但漏报率随之增加。攻击特征的细微变化，会使得误用检测无能为力。

常见的误用检测方法包括基于条件概率的误用入侵检测、基于专家系统的误用入侵检测、基于状态迁移的误用入侵检测、基于键盘监控的误用入侵检测、基于模型的误用入侵检测等。

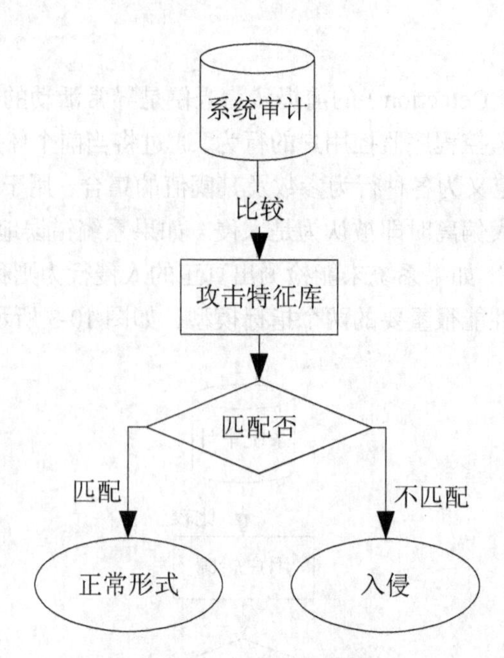

图 10-4　误用检测模型

3. 特征检测

和以上两种检测方法不同，特征检测（Specification-based Detection）关注的是系统本身的行为。定义系统行为轮廓，并将系统行为与轮廓进行比较，对未指明为正常行为的事件定义为入侵。特征检测系统常采用某种特征语言定义系统的安全策略。这种检测方法的错报与行为特征定义准确度有关，当系统特征不能包括所有的状态时就会产生漏报。

特征检测最大的优点是可以通过提高行为特征定义的准确度的覆盖范围，大幅度降低漏报和错报率，最大的不足是要求严格定义安全策略，这需要经验和技巧，另外为了维护动态系统的特征库通常是很耗时的事情。

由于这些检测各有优缺点，许多实际入侵检测系统通常同时采用两种以上的方法实现。

10.3.2　入侵检测分类

根据入侵检测系统所检测对象的区别可分为基于主机的入侵检测系统和基于网络的入侵检测系统。

1. 基于主机的入侵检测系统

基于主机的入侵检测系统通过监视与分析主机的审计记录检测入侵。这些系统的实现不全在目标主机上，有一些采用独立的外围处理机，如 Haystack。另外 NIDES 使用网络将主机信息传到中央处理单元，但它们全部是根据目标系统的审计记录工作。能否及时采集到审计记录是这些系统的难点之一，从而有的入侵者会将主机审计子系统作为攻击目标以避开入侵检测系统。

基于主机的入侵检测系统具有检测效率高、分析代价小、分析速度快的特点，能够迅速准确地定位入侵者，并可以结合操作系统和应用程序的行为特征对入侵进行进一步分析。目前，基于主机日志分析的入侵检测系统很多。基于主机的入侵检测系统存在的问题是：首先

它在一定程度上依赖于系统的可靠性，它要求系统本身应该具备基本的安全功能并具有合理的设置，然后才能提取入侵信息；即使进行了正确的设置，对操作系统熟悉的攻击者仍然有可能在入侵行为完成后及时地将系统日志抹去，从而不被发觉；并且主机的日志能够提供的信息有限，有的入侵手段和途径不会在日志中有所反映，日志系统对有的入侵行为不能做出正确的响应。在数据提取的实时性、充分性、可靠性方面基于主机日志的入侵检测系统不如基于网络的入侵检测系统。

2. 基于网络的入侵检测系统

基于网络的入侵检测系统是通过在共享网段上对通信数据进行侦听采集数据，分析可疑现象。与主机系统相比，这类系统对入侵者而言是透明的。由于这类系统不需要主机提供严格的审计，因而对主机资源消耗少，并且由于网络协议是标准的，它可以提供对网络通用的保护，而无须顾及异构主机的不同架构。基于网关的检测系统可以认为是这类系统的变种。

网络入侵检测系统能够检测那些来自网络的攻击，它能够检测到超过授权的非法访问。一个网络入侵检测系统不需要改变服务器等主机的配置。由于它不会在业务系统的主机中安装额外的软件，从而不会影响这些机器的 CPU、I/O 与磁盘等资源的使用，不会影响业务系统的性能。网络入侵检测系统不和路由器、防火墙等关键设备以同样的方式工作，因此也不会成为系统中的关键路径，其发生故障不会影响正常业务的运行。

网络入侵检测系统只检查它直接连接网段的通信，不能检测在不同网段的网络包。在使用交换以太网的环境中就会出现监测范围的局限。而安装多台网络入侵检测系统的传感器会使部署整个系统的成本大大增加。同时，网络入侵检测系统为了性能目标通常采用特征检测的方法，它可以检测出一些普通的攻击，而很难实现一些复杂的需要大量计算与分析时间的攻击检测。

网络入侵检测系统可能会将大量的数据传回分析系统中。在一些系统中监听特定的数据包会产生大量的分析数据流量。有些系统在实现时采用一定方法来减少回传的数据量，对入侵判断的决策由传感器实现，而中央控制台成为状态显示与通信中心，不再作为入侵行为分析器。这样的系统中传感器协同工作能力较弱。

按照控制方式，入侵检测系统可以分为以下两类：

① 集中式控制：一个中央节点控制系统中的所有入侵检测要素。集中式控制要求在系统组件间提供保护消息的机制，能灵活方便地启动和终止组件，能集中控制状态信息并将这些信息以一种可读的方式传给最终用户。

② 与网络管理工具相结合：将入侵检测简单地看做是网络管理的子功能。网管软件包搜集的一些系统信息流可以作为入侵检测的信息源，因此可以将这两个功能集成到一起，便于用户使用。

根据系统的工作方式还可以将入侵检测系统分为离线（Off-line）和在线（On-1ine）检测系统。离线系统是一种非实时的事后分析系统，能通过集中化和自动化节省成本，也能分析大量历史事件。在线系统是实时联机检测系统，它能对入侵迅速作出反应。在大规模的网络环境中保证检测的实时性是目前研究的热点。

10.3.3 入侵检测数学模型

数学模型的建立有助于更精确地描述入侵问题，特别是针对入侵检测。Dennying 提出了可用于入侵检测的 5 种统计模型。

（1）实验模型

实验模型（Operational Model）基于这样的假设：若变量 x 出现的次数超过某个预定的值就有可能会出现异常的情况。此模型最适用于入侵活动与随机变量相关的方面，如口令失效次数。

（2）平均值和标准差模型

平均值和标准差模型（Mean and Standard Deviation Model）根据已观测到随机变量 x 的样值 X_i（$i=1, 2, \cdots, n$）以及计算出这些样值的平均值 mean 和标准方差 stddev，若新的取样值 x_{n+1} 不在可信区间[mem-d×stddev， m+d×stddev]内时，则出现异常，其中 d 是标准偏移均值 mean 的参数。这个模型适用于事件计数器、间隔计时器、资源计数器三种类型的随机变量处理。该模型的优点在于不需要为了设定限制值而掌握正常活动的知识。相反，这个模型从观测中学习获取知识，可信区间的变动就反映出知识的增长过程。另外，可信区间依赖于观测到的数据，这样对于用户正常活动定义不同可能差异较大。此模型可加上权重的计算，如最近取样的值权重大些，就会更准确反映出系统的状态。

（3）多变量模型

多变量模型（Multivariate Model）基于两个或多个随机变量的相关性计算，适合于根据多个随机变量的综合结果来识别入侵行为，而不仅仅是单个变量。例如一个程序使用 CPU 时间和 I/O、用户注册频度、通信会话时间等多个变量来检测入侵行为。

（4）马尔可夫过程模型

马尔可夫过程模型（Markov Process Model）将离散的事件（审计记录）看做一个状态变量，然后用状态迁移矩阵刻画状态间的迁移频度。若观察到一个新事件，而根据先前的状态和迁移检测矩阵得到新的事件的出现频率太低，则表明出现异常情况。对于通过寻找某些命令之间的转移检测出入侵行为，这个模型比较适合。

（5）时序模型

时序模型（Time Series Model）通过间隔计时器和资源计数器两种类型的随机变量来描述入侵行为。根据 x_1，x_2，…，x_n 之间的相隔时间和它们的值来判断入侵，若在某个时间内 x 出现的概率太低，则表示出现异常情况。这个模型有利于描述行为随时间变化的趋势，缺点在于计算开销大。

10.3.4 入侵检测的特征分析和协议分析

1. 特征分析

要有效地检测入侵行为，必须拥有一个强大的入侵特征库。本节将对入侵特征的概念、种类以及如何创建特征进行介绍，并举例如何创建满足实际需要的特征数据模板。

IDS 中的特征（Sibuature）是指用于识别攻击行为的数据模板，常因系统而异。不同的 IDS 系统具有的特征功能也有所差异。例如：有些网络 IDS 系统只允许少量地定制存在的特征数据或者编写需要的特征数据，另外一些则允许在很宽的范围内定制或编写特征数据，甚至可以是任意一个特征。一些 IDS 系统只能检查确定的报头或负载数值，另外一些则可以获取任何信息包的任何位置的数据。以下是一些典型的入侵识别方法：

① 来自保留 IP 地址的连接企图；可通过检查 IP 报头的来源地址识别。

② 带有非法 TCP 标志的数据包：可通过参照 TCP 协议状态转换来识别。

③ 含有特殊病毒信息的 Email：可通过比较 Email 的主题信息或搜索特定附件来识别。

④ DNS 缓冲区溢出企图：可通过解析 DNS 域及检查每个域的长度来识别。

⑤ 针对 POP3 服务器的 DOS 攻击：通过跟踪记录某个命令的使用频率，并和设定的阈值进行比较而发出报警信息。

⑥ 对 FTP 服务器文件的访问攻击：通过创建具备状态跟踪的特征模板以监视成功登录的 RP 对话，及时发现未经验证的使用命令等入侵企图。

从以上分类可以看出特征涵盖的范围很广，有简单的报头和数值，也有复杂的连接状态跟踪和扩展的协议分析。

报头值（Header values）的结构比较简单，而且可以很清楚地识别出异常报头信息，因此，特征数据首先选择报头值。异常报头值的来源大致有以下几种：

① 大多数操作系统和应用软件都是在假定 RFC 被严格遵守的情况下编写的，没有添加针对异常数据的错误处理程序，所以许多包含报头值的漏洞利用都会故意违反 RFC 的标准定义。

② 许多包含错误代码的不完善软件也会产生违反 RFC 定义的报头值数据。

③ 并非所有的操作系统和应用程序都能全面遵从 RFC 定义，会存在一些方面与 RFC 不协调。

④ 随着时间的推移，新的协议可能不被包含于现有 RFC 中。

另外虽然合法但可疑的报头值也同样要重视。例如，如果检测到存在于端口 31337 或 27374 的连接，就可初步确定有特洛伊木马在活动，再附加上其他更详细的探测信息，就能够进一步地判断其真假。

为了更好地理解如何发现基于报头值的特殊数据报，下面通过分析一个实例的整个过程进行详细阐述。

Synscan 是一个流行的用于扫描和探测系统的工具，其执行过程很具有典型性，它发出的信息包具有多种特征，如不同的源 IP，源端口 21，目标端口 21，服务类型 0，IP ID39426，设置 SYN 和 FIN 标志位，不同的序列号集合，不同的确认号码集合，TCP 窗口尺寸 1028。可以对以上这些特征进行筛选，查看比较合适的特征数据。以下是特征数据的候选对象：

① 只具有 SYN 和 FIN 标志集的数据包，这是公认的恶意行为迹象。

② 没有设置 ACK 标志，却具有不同确认号的数据报，而正常情况应该是 0。

③ 源端口和目标端口都被设置为 21 的数据报，经常与 FTP 服务器关联。

④ TCP 窗口尺寸为 1028，IPID 在所有的数据报中为 39426。根据 IP RFC 的定义，这两类数值应有所变化，因此，如果持续不变就表明可疑。

从以上 4 个候选对象中，可以单独选出一项作为基于报头的特征数据，也可以选出多项组合作为特征数据。选择一项数据作为特征有很大的局限性，选择以上 4 项数据联合作为特征也不现实，尽管能够精确地提供攻击行为信息，但是缺乏效率。实际上，特征定义就是要在效率和精确度间取得折中。大多数情况下，简单特征比复杂特征更倾向于误报，因为前者很普遍；复杂特征比简单特征更倾向于漏报，因为前者太过全面，攻击的某个特征会随着时间的推进而变化，完全应由实际情况决定。例如，我们想判断攻击可能采用的工具是什么，那么除了 SYN 和 FIN 标志外，还需要知道什么其他属性?源端口和目的端口相同虽然可疑，但是许多工具都使用到它，而且一些正常通信也有此现象，因此不适宜选为特征。TCP 窗口尺寸 1028 尽管可疑，但也会自然地发生。IP ID 为 39426 也一样。没有 ACK 标志的 ACK 数值很明显是非法的，因此非常适于选为特征数据。

下面创建一个特征，用于寻找并确定 Synscan 发出的每个 TCP 信息包的以下属性：

① 只设置了 SYN 和 FIN 标志；

② IP 鉴定号码为 39426；

③ TCP 窗口尺寸为 1028。

第一个项目太普遍，第一个和第三个项目联合出现在同一数据包的情况不很多，因此，将这三个项目组合起来就可以定义一个详细的特征了。再加上其他的 Syanscan 属性不会显著提高特征的精确度，只能增加资源的耗费。到此，特征就创建完成。

以上创建的特征可以满足对普通 Synscan 软件的探测，但 Synscan 可能存在多个变种。上述建立的特征很难适用于这些变种的工具，这时就需要结合特殊特征和通用特征相结合。首先看一个变种 Synscan 所发出的数据信息特征。

① 只设置了 SYN 标志，这纯属正常的 TCP 数据包特征。

② TCP 窗口尺寸总是 40 而不是 1028。40 是初始 SYN 信息包中一个罕见的小窗口尺寸，比正常的数值 1028 少见得多。

③ 端口数值为 53 而不是 21。

以上 3 种特征与普通 Synscan 产生的数据有很多相似，因此可以初步推断产生它的工具或者是 Synscan 的不同版本，或者是其他基于 Synscan 代码的工具。显然，前面定义的特征已经不能将这个变种识别出来。这时，可以结合普通异常行为的通用特征和一些专用的特征进行检测。通用特征创建如下：

① 没有设置确认标志，但是确认数值却是非 0 的 TCP 数据包；

② 只设置了 SYN 和 FIN 标志的 TCP 数据包；

③ 初始 TCP 窗口尺寸小于一定数值的 TCP 数据包。

使用以上的通用特征，上面提到过的两种异常数据包都可以有效地识别出来。要更加精确的探测，可再在这些通用特征的基础上添加一些个性数据。

从上面讨论的例子中，我们看到了可用于创建 IDS 特征的多种报头信息。可能用于生成报头相关特征的元素有以下几种：

① IP 地址：保留 IP 地址、非路由地址、广播地址；

② 端口号：特别是木马端口号；

③ 异常信息包片断：特殊 TCP 标志组合值；

④ 不应该经常出现的 ICMP 字节或代码。

知道了如何使用基于报头的特征数据，接下来要确定的是检查何种信息包。确定的标准依然是根据实际需求而定。因为 ICMP 和 UDP 信息包是无状态的，所以大多数情况下，需要对它们的每一个包都进行检查。而 TCP 信息包是处于连接状态的，因此有时候可以只检查连接中的第一个信息包。其他特征如 TCP 标志会在对话过程的不同数据包中有所不同，如果要查找特殊的标志组合值，就需要对每一个数据包进行检查。检查的数量越多，消耗的资源和时间也就越多。

另外，关注 TCP、UDP 或者 ICMP 的报头信息要比关注 DNS 报头信息更方便。因为 TCP、UDP 以及 ICMP 的报头信息和载荷信息都位于 IP 数据包的载荷部分，比如要获取 TCP 报头数值，首先解析 IP 报头，然后就可以判断出这个载荷采用的是 TCP。而要获取 DNS 的信息，就必须更深入才能看到其真面目，而且解析此类协议还需要更多更复杂的编程代码。实际上，这个解析操作也正是区分不同协议的关键所在，评价 IDS 系统的好坏也体现在是否能够很好

地分析更多的协议。

2. 协议分析

以上关注 IP、TCP、UDP 和 ICMP 报头中的值作为入侵检测的特征。现在来看看如何通过检查 TCP 和 UDP 包的内容（其中包含其他协议）来提取特征。首先我们必须清楚某些协议如 DNS 是建立在 TCP 或 UDP 包的载荷中，且都在 IP 协议之上。所以我们必须先对 IP 头进行解码，看其负载是否包含 TCP、UDP 或其他协议。如果负载是 TCP 协议，那么就需要在得到 TCP 负载之前通过 UDP 的负载来处理 TCP 报头的一些信息。

入侵监测系统通常关注 IP、TCP、UDP 和 ICMP 特征，所以它们一般都能够解码部分或全部这些协议的头部。然而，只有一些更高级的入侵监测系统才能进行协议分析。这些系统的探针能进行全部协议的解码，如 DNS、HTTP、SMTP 和其他一些广泛应用的协议，由于解码众多协议的复杂性，协议分析需要更先进的 IDS 功能，而不能只进行简单的内存查找。执行内容查找的探针只是简单地在包中查找特定的串或字节流序列，并不真正知道它正在检查的是什么协议，所以它只能识别一些明显的或简单特征的恶意行为。

协议分析表明入侵监测系统的探针能真正理解各层协议是如何工作的，而且能分析协议的通信情况来寻找可疑或异常的行为。对于每个协议，分析不仅仅是建立在协议标准的基础上（如 RFC），而且建立在实际的实现上，因为许多协议事实上的文献与标准并不相同，所以特征应能反映现实状况。协议分析技术观察包括协议的所有通信并对其进行验证，当不符合预期规则序列时就报警。协议分析使得网络入侵监测系统的探针可以检测已知和未知的攻击方法。

10.3.5　入侵检测响应机制

一次完整的入侵检测包括准备、检测和响应三个阶段。响应是一个入侵检测系统必须的部分，没有它入侵检测就失去了存在的价值。通常在准备阶段制定安全策略和支持过程，包括如何组织管理和保护网络资源，以及如何对入侵进行响应等。

在设计入侵检测系统的响应特性时，需要考虑各方面的因素。某些响应要设计得符合通用的安全管理或事件处理标准，而另一些响应则要设计来反映本地管理的重点策略。因此，一个完好的入侵检测系统应该提供这样一个性能：用户能够裁剪定制并响应机制以符合其特定的需求环境。

在设计响应机制时，必须综合考虑以下几个方面的因素。

① 系统用户：入侵检测系统用户可以分为网络安全专家或管理员、系统管理员、安全调查员。这三类人员对系统的使用目的、方式和熟悉程度不同，必须区别对待。

② 操作运行环境：入侵检测系统提供的信息形式依赖其运行环境。

③ 系统目标：为用户提供关键数据和业务的系统，需要部分地提供主动响应机制。

④ 规则或法令的需求：在某些军事环境里，允许采取主动防御甚至攻击技术来对付入侵行为。

自动响应是最便宜、最方便的响应方式，这种事故处理形式广泛实行。只要它能得到明智小心的实施，也还是比较安全的。但其中存在两个问题：第一个问题是，既然入侵检测系统有产生误报警的问题，就有可能错误地针对一个从未攻击过我们的网络节点进行响应。另一个问题是如果攻击判定系统有自动响应，攻击者可能会利用这一点来攻击系统。想像一下，他可能与 2 个带自动响应入侵检测系统的网络节点建立起一个 echo-chargen 等效的反馈环，再对那 2 个节点进行地址欺骗攻击。或者攻击者可从某公司的合作伙伴/客户/供应商的地址发出虚假攻击，使得防火墙把一个公司与另一个公司隔离开，这样两者之间就有了不能逾越的隔离界限。

基于网络的入侵检测系统通常是被动式的，仅分析比特流，它们通常不能做出响应（RESETs 和 SYN|ACK 明显例外）。在大多数商业实现中，都是将入侵检测系统与路由器或防火墙结合起来，用这些设备来完成响应单元的功能。

以下是几种常见的自动响应方式。

（1）压制调速

对于端口扫描、SYN Flood 攻击技术，压制调速是一种巧妙的响应方式。其思想是在检测到端口扫描或 SYN Flood 行为时开始增加延时，如果该行为仍然继续，就继续增加延时。这可挫败几种由脚本程序驱动的扫描，例如对 0~255 广播地址 ping 映射，因为它们要靠计时来区分 UNIX 和非 UNIX 系统的目标。这种方式也被广泛地用于防火墙，作为其响应引擎（尽管对其使用还存在争议）。

（2）SYN|ACK 响应

设想入侵检测系统已知某个网络节点用防火墙或过滤路由器对某些端口进行防守，当入侵检测系统检测到向这些端口发送的 TCP SYN 包后，就用一个伪造的 SYN |ACK 进行回答。这样攻击者就会以为他们找到了许多潜在的攻击目标，而实际上他们得到的只不过是一些误报警。最新一代的扫描工具以其诱骗功能给入侵检测带来很多的问题和麻烦，而 SYN|ACK 响应正是回击它们的最好办法。

（3）RESETs

对使用这一技术应该持慎重的保留态度。RESETs 可能会断开与其他人的 TCP 连接。这种响应的思想是如果发现一个 TCP 连接被建立，而它连接的是你要保护的某种东西，就伪造一个 RESET 并将其发送给发起连接的主机，使连接断开。尽管在商用入侵检测系统运用中可能得到这一响应功能，但它不是经常被用到。另外攻击者可能很快就会修补他们的 TCP 程序使其忽略 RESET 信号。当然，还有一种方式是向内部发送 RESET。

10.4 数据加密技术

数据加密技术就是将被传输的数据抽象成表面上杂乱无章的数据，合法的接收者通过逆变换可以恢复成原来的数据，而非法窃取得到的则是毫无意义的数据。没有加密的原始数据称为明文，加密以后的数据称为密文，把明文变换成密文的过程叫做加密，而把密文还原成明文的过程叫做解密。加密和解密都需要有相应的算法。密钥一般就是一串数字，而加密和解密算法则是作用于明文或密文以及对应密钥的一个数学函数。

10.4.1 对称密钥密码体系

对称密钥密码体系又叫做密钥密码体系，要求加密和解密双方使用相同的密钥，如图 10-5 所示。这种加密方式主要有下述一些特点。

1. 对称密钥体系的安全性

这种加密方式的安全性主要依赖于以下两个因素：第一，加密算法必须是足够强的，即仅仅基于密文本身去解密在实践上是不可能做到的；第二，加密的安全性依赖于密钥的秘密

性，而不是算法的秘密性。所以没有必要确保算法的秘密性，而需要保证密钥的秘密性。正因为加密算法不需要保密，所以制造商可以开发出低成本的芯片以实现数据的加密，适合于大规模生成，广泛应用于军事、外交和商业领域。

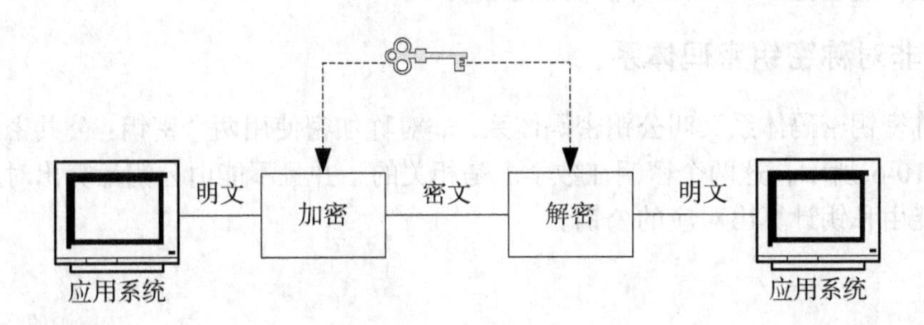

图 10-5　对称加密示意图

2. 对称加密的速度

对称密钥密码体系的加解密算法一般都是基于循环与迭代的思想,将简单的基本运算如移位、取余和变换运算构成对数据流的非线性抽象，达到加密和解密的目的，所以算法的实现速度极快，比较适合于加密数据量大的文件内容。

3. 对称加密方式中密钥的分发与管理

对称加密系统存在最大问题是密钥的分发和管理非常复杂，代价高昂。比如对具有 n 个用户的网络，需要 n（n-1）/2 个密钥，在用户群不很大的情况下，对称加密系统是有效的，但是对于大型网络，当用户群很大而且分布很广时，密钥的分配和保存就成了大问题，同时也就增加了系统的开销。

4. 常见的对称加密算法

对称密钥密码体系最著名的算法有 DES（美国数据加密标准）、AES（高级加密标准）和 IDEA（欧洲数据加密）。

DES 密码系统是一种分组密码，是为二进制编码数据设计的，可以对计算机数据进行密码保护的数学运算。DES 密码通过密钥对 64 位的二进制信息进行加密，把明文的 64 位信息加密成密文的 64 位信息。DES 系统的加密算法是公开的，其加密强度取决于密钥的保密程度。加密后的信息可用加密时所用的同一密钥进行求逆运算，变换还原出对应的明文。

在 DES 密码系统的设计中，将 64 位密钥中的 56 位用于加密过程，其余 8 位用于奇偶校验。确切地说，密钥分成八个 8 位的字节，在每一个字节中的 7 位用于加密，第 8 位用于奇偶校验。事实上，对于 DES 加密体制共有 256 个密钥可供用户选择。若采用穷举法进行攻击，即使 1μs 可以穷举一个密钥，也要用 2 283 年的时间。在通常情况下，在计算机和有关的通信装置中 DES 密码系统是用硬件技术实现的。

DES 算法的步骤如下：

① 分组，每个分组输入 64 位的明文。

② 换（IP），初始置换过程是与密钥无关的操作，仅仅对 64 位码进行移位操作。

③ 程，共 16 轮运算，这是一个与密钥有关的对分组进行加密的运算。

④ 置换（IP-1），它是第②步中 IP 变换的逆变换，这不需要密钥。

⑤ 4 位码的密文。

初始置换和逆初始置换是简单的移位操作。DES 加密算法属于分组密码体制。在迭代过程这一步骤中，替代是在密钥控制下进行的，而移位是按固定顺序进行的，它将数据分组作为一个单元来进行变换，相继使用替代法和移位法加密，从而具有增多替代和重新排列的功能。加密迭代过程是 DES 加密算法的核心部分。

10.4.2 非对称密钥密码体系

非对称密钥密码体系又叫公钥密码体系，非对称加密使用两个密钥：公共密钥和私有密钥，如图 10-6 所示，这两个密钥在数学上是相关的，并且不能由公钥计算出对应的私钥，同样也不能由私钥计算出对应的公钥。

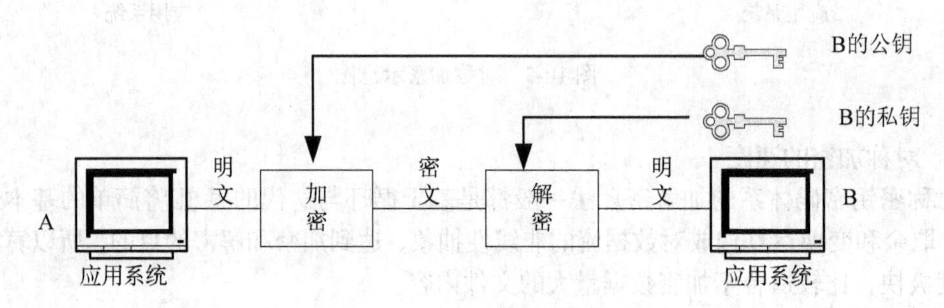

图 10-6 非对称加密示意图

（1）非对称密钥密码体系的安全性

这种加密方式的安全性主要依赖于私钥的秘密性。公钥本来就是公开的，任何人都可以通过公开途径得到别人的公钥。非对称加密方式的算法一般都是基于尖端的数学难题，计算非常复杂，它的安全性比对称加密的安全性更高。

（2）非对称加密方式的速度

非对称加密方式由于算法实现的复杂性导致了其加密的速度远低于对称的加密方式。通常被用来加密关键性的、核心的机密数据。

（3）非对称加密方式中密钥的分发与管理

由于用于加密的公钥是公开的，密钥的分发和管理就很简单，比如对于具有 n 个用户的网络，仅需要 $2n$ 个密钥。公钥可在通信双方之间公开传递，或在公用储备库中发布，但相关的私钥必须是保密的，只有使用私钥才能解密用公钥加密的数据，而使用私钥加密的数据只能用公钥来解密。

（4）常见的非对称加密算法

目前国际上最著名、应用最广泛的非对称加密算法是 RSA，它的安全性是基于大整数因子分解的困难性，而大整数因子分解问题是数学上著名难题，至今没有有效的方法予以解决，因此可以确保 RSA 算法的安全性。

10.5 数字签名技术

数字签名（Digital Signature）就是通过密码技术对电子文档形成的签名，类似现实生活中的手写签名，但数字签名并不是手写签名的数字图像化，而是加密后得到的一串数据。数

字签名的目的是为了保证发送信息的真实性和完整性，解决网络通信中双方身份的确认，防止欺骗和抵赖行为的发生。

数字签名要能够实现网上身份的认证，必须满足以下三个要求：

① 接收方可以确认发送方的真实身份；

② 接收方不能仿造签名或篡改发送的信息；

③ 发送方不能抵赖自己的数字签名。

为了满足以上要求，数字签名采用了非对称加密方式，就是发送方用自己的私钥来加密，接收方则利用发送方的公钥来解密。在实际应用中，一般把签名数据和被签名的电子文档一起发送，为了确保信息传输的安全和保密，通常采取加密传输的方式。

目前数字签名已经应用于网上安全支付系统、电子银行系统、电子证券系统、安全电子邮件系统、电子订票系统和网上购物系统，以及网上报税等一系列电子商务应用的签名认证服务。

要能够添加数字签名，必须有一个公钥和相对应的私钥，而且还能够证明公钥持有者的合法身份，这就需要引入数字证书技术。

10.6 数字证书

数字证书就是包含了用户的身份信息，由权威认证中心（CA）签发，主要用于数字签名的一个数据文件，相当于一个网上身份证。能够帮助网络上各终端用户表明自己的身份和识别对方的身份。

10.6.1 数字证书的内容

在国际电信联盟（International Telecommunication Union,ITU）制定的标准中，数字证书中包含了申请者和颁发者的信息，如表10-1所示。

表10-1 数字证书的内容

申请者的信息	颁发者的信息
证书序列号（类似于身份证号码）	颁发者的名称
证书主题 （即证书所有人的名称）	颁发者的数字签名（类似于身份证上公安机关的公章
证书的有效期限	签名所使用的算法
证书所有人的公开密钥	

10.6.2 数字证书的作用

数字证书主要用于实现数字签名和信息的保密传输。

（1）用于数字签名

发送方A用自己的私钥加密添加数字签名，而接收方B则利用A的数字证书中的公钥解密来验证数字签名。

（2）用于保密传输

发送方A用接收方B的数字证书中的公钥来加密明文，形成密文发送，接收方B收到密文后就可以用自己的私钥解密获得明文。

10.6.3 数字证书的管理

数字证书是由CA来颁发和管理的，一般分为个人数字证书和单位数字证书，申请的证书类别则有电子邮件保护证书、代码签名证书、服务器身份验证和客户身份验证证书等。用户只需持有关证件到指定CA中心或其代办点即可申领。如果需要申请免费数字证书，可以浏览中国数字认证网：http://www.ca365.com。

下面以中国工商银行的“个人网上银行”为例来说明数字证书的申请使用和数字签名的实现。

① 用户需要提交身份证和银行卡，银行审核通过后，用户获得一个IC卡（需要读卡器）或USB接口卡以及客户证明书密码。

② 插入USB接口卡并安装相应的驱动程序，然后登录工行指定的网站http://mybank.icbc.com.cn/icbc/perbank，下载数字证书。

③ 查看证书信息：执行IE浏览器中“工具/Internet选项/内容/证书”命令，在证书窗口就可以找到已经安装好的个人证书；打开USB接口卡对应的用户工具中的“证书”按钮可以查看证书信息。

④ 添加数字签名，若要将另外一张工行的银行卡作为下挂，账户添加到当前注册账户时，需要添加数字签名，要求用户选择自己的个人证书，签名成功后点击确认对话框。注意如果选择的数字证书不正确，或USB接口卡未连接好，数字签名将无法完成。

10.7 信息隐藏技术

过去几千年的历史已经证明：密码是保护信息机密性的一种最有效的手段。通过使用密码技术，人们将明文加密成看不懂的密文，从而阻止了信息的泄露。但是，在如今开放的因特网上，谁也看不懂的密文无疑成了“此地无银三百两”的标签。“黑客”完全可以通过跟踪密文来“稳、准、狠”地破坏合法通信。为了对付这类“黑客”，人们采用以柔克刚的思路重新启用了古老的信息隐藏技术，并对这种技术进行了现代化的改进，从而达到了迷惑“黑客”的目的。当然，毋庸讳言，信息隐藏技术在国内外重新受到青睐的另一个重要原因是相关用户希望通过此项技术来回避密码管制的政策风险。

顾名思义，所谓信息隐藏的意思就是将秘密信息隐藏于另一非机密的文件内容之中。其形式可为任何一种数字媒体，如图像、声音、视频或一般的文档等。信息隐藏的首要目标是隐藏的技术要好，也就是使加入隐藏信息后的媒体目标的降质尽可能小，使人无法看到和听到隐藏的数据，达到令人难以察觉的目的。

信息隐藏还必须考虑隐藏的信息在经历各种环境、操作之后而免遭破坏的能力。比如，信息隐藏必须对非恶意操作、图像压缩和信号变换等，具有相当的免疫力。信息隐藏的数据量与隐藏的免疫力始终是一对矛盾，不存在一种完全满足这两种要求的隐藏方法。通常只能根据需求的不同有所侧重，采取某种妥协，使一方得以较好的满足，而使另一方做些让步。从这一点看，实现真正有效的信息隐藏的难度较大，十分具有挑战性。

信息隐藏技术和密码技术的区别在于密码仅仅隐藏了信息的内容，而信息伪装不但隐藏

了信息的内容而且隐藏了信息的存在。信息隐藏技术提供了一种有别于加密的安全模式，其安全来自于对第三方感知上的麻痹性。在这一过程中载体信息的作用实际上包括两个方面：供传递信息的信道和隐藏信息的传送提供伪装。随着计算机网络和多媒体技术的发展，信息隐藏技术的应用在不断扩展，载体信息的作用也在发生着变化。例如：用于版权保护的数字水印技术，这时的载体信息是具有某种商业价值的信息，而秘密信息则是一些具有特殊意义的标识或控制信息。应该注意到，密码技术和信息隐藏技术并不是互相矛盾、互相竞争的技术，而是互补的。它们的区别在于应用的场合不同、要求不同。但可能在实际应用中需要互相配合。例如：将秘密信息加密之后再隐藏，这是保证信息安全的更好的办法，也是更符合实际要求的方法。

10.7.1 信息隐藏系统的特性

一个理想的信息隐藏系统应该具有下述特性（以载体是静止图像为例）。

（1）隐蔽性

这是信息伪装的基本要求，经过一系列隐藏处理的图像没有明显的降质，隐藏的信息无法看见或听见。

（2）安全性

隐藏的信息内容应是安全的，应经过某种加密后再隐藏，同时隐藏的具体位置也应是安全的，至少不会因格式变换而遭到破坏。

（3）对称性

通常信息的隐藏和提取过程具有对称性，包括编码、加密方式，以减少存取难度。

（4）可纠错性

为了保证隐藏信息的完整性，使其在经过各种操作和变换后仍能很好地恢复，通常采取纠错编码方法。

10.7.2 信息隐藏技术的分类

需要指出的是，对信息隐藏技术的不同应用，各自有着进一步不同的具体要求，并非都满足上述要求。信息隐藏技术包含的内容范围十分广泛，可以进行如图 10-7 所示的分类。

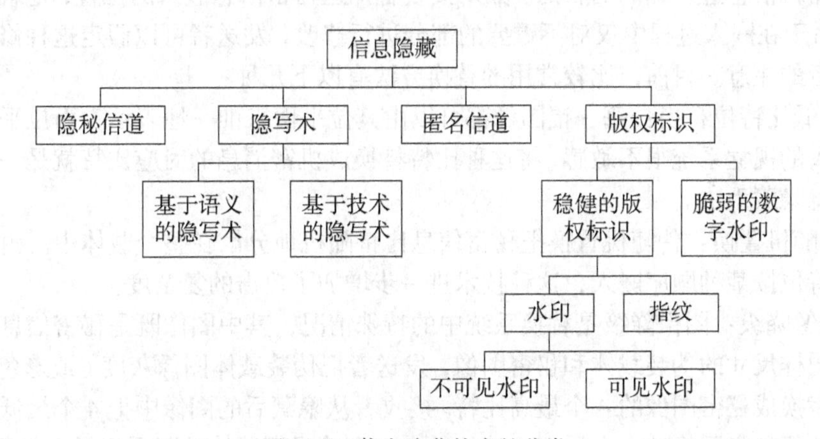

图 10-7 信息隐藏技术的分类

隐写术是那些进行秘密通信技术的总称，通常把秘密信息嵌入或隐藏在其他不受怀疑的数据中。伪装方法通常依赖于第三方不知道隐蔽通信存在的假设，而且主要用于互相信任的双方点到点的秘密通信。因此，隐写术一般无稳健性。例如：在数据改动后隐藏的信息不能被恢复。

数字水印就是向被保护的数字对中（如静止图像、视频、音频等）嵌入某些能证明版权归属或跟踪侵权行为的信息，可以是作者的序列号、公司标志、有意义的文本等。同隐写术相反，水印中的隐藏信息具有能抵抗攻击的稳健性。即使知道隐藏信息的存在，对攻击者而言要毁掉嵌入的水印仍很困难（理想的情况是不可能的），即使水印算法的原理是公开的。在密码学中，这就是众所周知的 Kerkho 比原理：加密系统在攻击者已知加密原理和算法，但不知道相应的密钥时仍是安全的。稳健性的要求使得水印算法中在宿主数据中嵌入的信息要比隐写术中少。水印技术和隐写术更多的时候是互补的技术而不是互相竞争的。

数据隐藏和数据嵌入通常在不同的上下文环境中，它们一般指隐写术，或者指介于隐写术和水印之间的应用。在这些应用中嵌入数据的存在是公开的，但无必要保护它们。例如：嵌入的数据是辅助的信息和服务，它们可以是公开得到的，与版权保护和控制存取等功能无关。

指纹和标签指水印的特定用途。有关数字产品的创作者和购买者的信息作为水印而嵌入。每个水印都是一系列编码中惟一的一个编码，即水印中的信息可以惟一地确定每一个数字产品的拷贝，因此，称它们为指纹或者标签。

1. 信息隐藏的基本手段

信息隐藏（或称为信息伪装）的手段非常多。从隐藏信息的载体来看，有以下几种：

① 在文本中隐藏信息；

② 利用阈下信道隐藏信息；

③ 利用操作系统中的隐蔽信道来隐藏信息；

④ 在可执行文件中隐藏数据；

⑤ 在视频通信系统中隐藏信息。

2. 信息隐藏的替换方法

基本的信息隐藏替换系统，就是试图用秘密信息比特替换掉伪装载体中不重要的部分，以达到对秘密信息进行编码的目的。如果接收者知道秘密信息嵌入的位置，他就能提取出秘密信息。由于在嵌入过程中仅对不重要的部分进行修改，发送者可以假定这种修改不会引起被动攻击者的注意。目前，比较常用的替换方法有以下几种：

① 最低比特位替换：每一幅图像都可以由其位平面来惟一地表示，而位平面中的最低几比特对人的视觉系统很不敏感，将这种比特替换成机密消息的对应比特就是一种很具有迷惑性的信息隐藏手法。

② 伪随机置换：伪随机置换把秘密信息比特随机地分散在整个载体中。由于不能保证随后的比特位按某种顺序嵌入，这种技术进一步增加了攻击的复杂度。

③ 图像降级：图像降级是替换系统中的特殊情况，其中图像既是秘密信息又是载体。给定一个同样尺寸的伪装载体和秘密图像，发送者把伪装载体图像灰度（或彩色）值的 4 个最低比特替换成秘密图像的 4 个最高比特。接收者从隐藏后的图像中把 4 个最低比特提取出来，从而获得秘密图像的 4 个最高比特位。在许多情况下载体的降质视觉上是不易察觉的，并且对传送一个秘密图像的粗略近似而言，4 比特足够了。

④ 载体区域奇偶校验位：我们称任何一个非空子集（c_1，…，c_m）为一个载体区域。通过把载体分成几个不相接的区域，从而可以在一个载体区域中（而不是单个元素中）储存1bit信息。一个区域J的奇偶校验位能通过公式计算出来。计算出所有区域的奇偶校验位，排列起来就可重构消息。另外，使用伪装密钥作为种子，能伪随机地构造载体区域。

⑤ 基于调色板的图像：在基于调色板的图像中，仅用特定色彩空间的某颜色子集来对图像着色。

⑥ 量化和抖动：数字图像的抖动和量化也能用于隐藏秘密信息。首先，简单介绍一下预测编码中的量化。在预测编码中，每一个像素的大小是根据它的邻近区域像素值进行预测的。预测值可能是周围像素值的线性或非线性函数。

⑦ 在二值图像中的信息隐藏：二值图像（如数字化的传真数据）以黑白像素分布方式包含冗余。尽管可以实现一个简单的替代系统（例如，某些像素根据某个具体的信息位设置成黑或白），但这些系统很容易受传输错误影响，因而不是很健壮。

⑧ 利用计算机系统中未使用或保留的空间来隐藏信息：利用没有使用或保留的空间保存秘密信息，提供一种隐藏信息的方式，并且伪装载体没有视觉上的降质。操作系统保存文件的方式很容易产生已经分配给文件而并未使用的空间。

3. 信息隐藏的变换方法

虽然通过修改LSB嵌入信息的方法是比较容易的，但它们对极小的伪装载体修改都具有极大的脆弱性。一个攻击者想完全破坏秘密信息，只需简单地应用信号处理技术。在许多情况下，即使由于有损压缩的很小变化也能使整个信息丢失。

在信号领域嵌入信息比在时域嵌入信息更具有健壮性。现在已知的比较健壮的伪装系统实际都是运作在某种频域上的。变换域方法是在载体图像的显著区域隐藏信息，比LSB方法能够更好地抵抗攻击，例如压缩、裁剪和一些图像处理。它们不仅能更好地抵抗各种信号处理，而且还保持了对人类感官的不可觉察性。目前有许多变换域的隐藏方法，一种方法是使用离散余弦变换（m）作为手段在图像中嵌入信息；还有一种方法是使用小波变换。变换可以在整个图像上进行，也可以对整个图像进行分工操作，或者是其他的变种。然而，图像中能够隐藏的信息数量和可获得的健壮性之间存在着矛盾。许多变换域方法是与图像格式不相关的，并且能承受有损和无损格式转换。

4. 信息隐藏的扩频方法

20世纪50年代，为了实现一种拦截概率小、抗干扰能力强的通信手段，人们提出了扩展频谱（SS）通信技术。扩展频谱技术定义为这样一种传输方式，“信号在大于所需的带宽内进行传输。带宽扩展是通过一个与数据独立的码字完成的，并且在接收端需要该码字一个同步接收器，以便进行解扩和随后的数据恢复”。尽管传输信号的能量可以很大，但在每一个频段上的信噪比很小。即使部分信号在几个频段丢失，其他频段仍有足够的信息可以用来恢复信号。因此，检测和（或）删除一个SS信号是很困难的。这种情况与伪装隐藏系统很相似，伪装隐藏系统就是试图在整个载体中扩展秘密信息，以达到不可觉察的目的。由于扩展信号很难删除，所以基于SS的隐藏方法都具有可观的健壮性。

在基于扩频方法的信息隐藏系统中，通常使用两个特殊的SS变体：直接序列扩频和跳频扩频方案。在直接序列扩频方案中，秘密信息与一个伪随机序列调制，扩展倍数是一个称为片串的常量，然后叠加在载体上。另一方面，在跳频方案中，载体信号的频率从一个频率向另一个频率进行跳变。

5. 基于统计知识的信息隐藏

所谓的"1-比特"隐藏方案就是一种典型的基于统计知识的信息隐藏方法。此方法可以在数字载体中嵌入一个比特，统计隐藏技术就是以"1-比特"隐藏方案为基础的。具体描述如下；若传送是"1"，就对载体的一些统计特性显著地进行修改，否则就对载体原封不动。所以接收者必须能区分哪些修改了哪些没有修改。然而，统计隐藏技术在许多情况下的应用是很困难的。首先，必须找到一个好的检验统计量，它能区别修改的和未修改的块。另外，对"通常"的载体，必须知道检验统计量分布，这是相当困难的。在实际应用中，为了决定分布的相近公式，则要做出许多假设。

6. 基于变形技术的信息隐藏

与信息隐藏的替换系统相比，变形技术在解码时要求已知原始图像信息。发信方为得到一个伪装对象，对载体按某种次序进行修改，这种次序是他根据需要传送的秘密信息而定的。收信方为重构发信方相应的秘密消息采用的修改次序，必须测量与原来载体的差异。在许多应用中，由于接收者必须要得到原始图像，所以这样的系统并不实用。若"黑客"也能获得原来的载体，他就能很容易地检测到载体的修改，并且能获得秘密通信的证据。若嵌入和提取函数是公开的并且没有伪装密钥保护，"黑客"也可能完全重构秘密信息。

7. 基于神经网络的信息隐藏方法

设图像 B 是一幅秘密图像，A 是一幅无关紧要的明图，它们的大小相同，我们希望将秘密图像 B 隐藏在图像 A 中进行安全传输。现在利用上述神经网络学习算法将明图 A 训练成秘密图像 B，记录下所有的权值，并形成数据文件，将该数据文件作为二进制比特流隐藏到明图的冗余空间中。

8. 利用七巧板游戏的信息隐藏方法

七巧板是一种古老的中国游戏，其基本原理是对一个正方形作切分。利用切分得到的七个图案可以拼凑生成新的图形。据统计已经拼凑出 1 600 个有意义的图形。容易看出，七巧板游戏仅仅通过基本块的简单旋转或平移，即可组成不同的图案，其中每个基本块有着固定的形状和颜色。

第11章　信息安全法律法规

学习目标

- 了解电子信息的法律地位，信息安全法的定义，目的，原则；
- 了解信息安全法的现状；
- 初步了解电子商务法；
- 初步了解电子政务法；
- 初步了解计算机取证的相关内容。

11.1　引　　言

作为一名合格的信息安全专业人员，了解一个机构的法律责任和道德义务是至关重要的。在控制机构保密和安全风险的过程中，信息安全专业人员起着重要的作用。现代社会法律诉讼案件极为常见，有时是在民事法庭进行判决，原告可以获得较大的损失赔偿，而被告会受到惩罚。为了降低民事责任，信息安全从业者必须理解当前的法律环境，最好及时了解新的法律、规则和道德规范的发展动态。对员工和管理层进行培训让他们懂得各自的法律责任、规则和道德规范的发展动态。对员工和管理层进行培训，让他们懂得各自的法律责任和道德义务以及如何适当地使用信息技术和信息安全技术，安全专业人员才能使整个机构朝着其首要目标努力。

11.2　信息安全法规概述

现代社会中，人们一般是牺牲部分个人自由以换取社会的正常秩序。所谓法律就是由社会成员建立的以平衡个体自主权利的一套规则。法律就是被政府采纳并被实行的一套规则，人们用这套规则来编制现代社会的所有预期行为使其成为法律。法律大部分来自一种文化道德规范，它定义了一些被社会认同（且符合社会成员广泛接受的法则）的行为。法律则更多基于一种文化；是相对于一个社会的道德态度或社会风俗而言的。首先通常被描述为跨文化的普遍规则，例如，谋杀、盗窃和伤害在文明社会通常被人们认为是偏离道德和法规的行为。

法律有几种分类方法，民法所涉及的面较广，主要涉及个体之间、机构之间以及个体和机构之间的关系；刑法主要是针对社会有害的违法行为，它由政府起诉并主动执行；民事侵权法是民法的子集，当人身和财产受到伤害时，它允许向侵害人追索其权利。它在民事法庭执行，而不是由政府起诉。

11.2.1 电子信息的法律地位

电子信息的特殊性在于无限的可重复性和易修改性。刑法、民法、商法、知识产权法、诉讼法、金融法、档案法等都有与计算机数据相关的内容。信息作为刑法学的物具有：

① 可复制性：电子信息可无限复制，因此保密性最容易受到影响。

② 易破坏性：由于电子信息的单位空间内信息量大，因此，最易遭到破坏。

③ 所体现主体利益复杂性：对于电子信息的版权、财产、隐私权等利益较其他刑法学中的物所体现的主体利益更复杂。

另一方面，电子信息又作为知识产权保护的客体。目前大部分国家对计算机软件有相应的保护，或者纳入版权法，作为一种作品来看。软件的新颖性（比如说汉字编码的专利权）可作为专利权人在法律期限内对其发明成果享有的独占权或专有权。计算机数据可以具有商标的法律地位，软件作品的版权页上的商标也是受法律保护的。域名的作用类似于商标。

电子信息作为电子公文、电子货币或证据等都具有法律地位。

11.2.2 信息安全法

信息安全法的内容相当宽泛，包括保护信息的保密性、完整性、可用性、可控性和防抵赖性的规范；有关信息主体的权利和义务的规范；保护国家利益和社会公共利益的规范等。

1. 美国立法现状

美国作为信息技术全球领先的超级大国，以信息为基础的国家利益遍及全球。因此，美国维护信息安全的政策与法规的目标是全球性、全方位、全领域的。

以信息为主要内容的有《电子信息自由法案》、《个人隐私保护法》、《公共信息准则》、《削减文书法》、《消费者与投资者获取信息法》、《儿童网络隐私保护法》、《电子隐私条例法案》，等等；

以基础设施为主要内容的《1996 年电信法》；

以计算机安全为主要内容的《计算机保护法》、《网上电子安全法案》、《反电子盗窃法》、《计算机欺诈及滥用法案》、《网上禁赌法案》，等等；

以电子商务为主要内容的《统一电子交易法》、《国际国内电子签名法》、《统一计算机信息交易法》、《网上贸易免税协议》，等等；

以知识产权为主要内容的《千禧年数字版权法》、《反域名抢注消费者保护法》；

还有，属于政策性文件的是《国家信息基础设施行动议程》与《全球电子商务政策框架》。

纵观美国的这一系列的法律和文件，其共同具有的几个显著特点是：①完善电子政务与信息化发展的基础环境，创造有利条件，促进发展。②排除法律上的障碍，为电子商务、电子政务等信息化建设的发展提供法律上的依据。③坚持技术中立原则，在立法上为技术发展留有空间。④针对信息技术领域乃至所有高新技术领域的所有立法都有一个共同的特点，那就是如何使千变万化、一日千里的信息技术适用单一的、稳定的法律规范。在信息化立法的过程中，政府通过积极的推进者与参与者的角色定位，积极推进信息化的发展。

2. 欧盟立法现状

欧盟自成立以来，已制定推出了关于构建新型科技信息社会的一整套政策，如《有关实施对电信管制一揽子计划的第五份报告》、《电子通信服务的新框架》、《电子欧洲——一个面向全体欧洲人的信息社会》等政策性文件；还有《关于聚焦电信、媒体、信息技术内容及相

关规范的绿皮书》、《欧洲共同体委员会信息社会的版权和有关权利的绿皮书》等对信息化产生重大影响的规范性文件。此外，欧盟还同时出台了《促进21世纪的信息产业的长期社会发展规划》及相应的行动计划。这些政策性文件涉及到因特网、电信、推行开放的通信网络、关于ISDN的数字网集成服务、卫星通信、广播频率、通信和信息服务市场、许可证制度、信息保护、税赋及电子商务等各个方面的内容。除了这些政策性文件，欧盟还陆续发布了一系列用以规范和指导各国信息化发展的"指令"，初步建立了欧盟的信息法律体系，其中包括：《欧洲电子商务提案》、《关于数据库法律保护的指令》、《关于内部市场中与电子商务有关的若干法律问题的指令》、《协调信息社会中特定著作权和著作邻接权指令》、《著作权/出租权指令》、《远程消费保护指令》、《电信部门的隐私保护指令》、《卫星广播指令》、《软件保护指令》等等。同时，欧盟的各成员国作为主权国家，在欧盟统一法律规范的指导下，根据各自的实际情况，制定了旨在促进本国信息化发展的法律规范体系，如英国2000年的《电子通讯法》、爱尔兰的《电子商务法》、德国1997年的《信息与通讯服务法》和《数字签名法》，意大利的《数字签名法》和2000年发布的《电子信息与文书法》等。

欧盟法律指导多成员国的法律，各成员国的法律服从和补充欧盟的法律，从而构成了由欧盟统一的法律规范和各成员国各自的法律规范两个层面的法律规范所组成的特有的法律规范体系。

纵观欧盟及欧洲各国在信息化领域的政策法律环境，除前文已经概括的与美国的信息政策环境相同的一些特点，如完善电子政务与信息化发展的基础环境；排除法律障碍；坚持技术中立原则；注重全球一体化原则外，欧盟及欧洲各国还具备以下四个方面的较为突出的特点：

① 采取注重欧盟整体信息化推进、法制统一与充分发挥各国特长和优势相结合的原则，从不同角度推进信息化的发展。

② 利用欧洲一体化的优势，协调各国的法制环境，为信息化与贸易、交流等创造无障碍的法制环境。

③ 重视信息化发展过程中信息服务内容的管制和净化。比如，针对信息提供商（ISP），很多欧洲国家都采取了较为严格管制的态度。在ISP的法律责任问题上，特别是当有人在ISP提供的主页空间上有侵犯他人的知识产权、名誉权等行为时，ISP究竟要不要承担连带责任问题上，欧盟与美国的态度差距很大。欧盟采取的是相对严格的责任原则，而美国则更多地运用了非严格即宽松的责任追究制度。例如，美国在其《数字千年版权法》中，规定ISP在收到权利人的通知后，及时关闭其服务器上客户的侵权网页就不用承担法律责任，但是该法对如果ISP没有做出相应的行动是否要承担责任并没有做出具体的规定。相比之下，欧盟则严厉得多，如果ISP在接到权利人的通知之后不立即做出有效行动关闭侵权网站，就会承担法律责任；有的成员国甚至规定ISP必须及时把侵权者的有关信息提供给权利人。

在英国，1996年9月，颁布了《3R互联网络安全规则》，用于规定消除网络中的非法资料，特别是色情淫秽内容。其基本措施为"分级认定、举报告发、责任承担"，即"3R"（以上三项的英文词头）。此后，英国政府于1999年9月发布工作计划，提出将由政府带头发展方便且容易使用的过滤技术，以保护公民免受网络有害内容的侵害。

在法国，1997年3月提出《互联网宪章》，将"明显非法的网络内容及行为"定义为：明显有悖于公共秩序的内容或行为，诸如对儿童进行性引诱、煽动种族仇恨，教唆谋杀，作淫媒以及毒品交易，危害国家安全等；对敏感内容定义为：并不明显违法，但实质上对某些人造成伤害的内容。

④重视网络隐私权的保护。欧盟对于网络隐私权保护的框架文件有四个：一个是为配合经合组织的《关于隐私和个人资料的跨国境流动的保护指引》制定的《关于在自动运行系统中个人资料保护公约》；二是1995年通过，1998年10月生效的《关于个人资料的运行和自由流动的保护指令》；三是1997年7月欧委会个人资料保护工作组制定的《关于个人资料向第三国传递的第一个指导——评估充分性的可能方案》；四是1999年部长会议关于互联网隐私保护指引备忘录中规定的《关于在信息高速公路上收集和传送个人资料的保护》。

3. 俄罗斯立法现状

俄罗斯信息基础设施尚不发达，信息的利用正处于发展之中。因此，俄罗斯维护信息安全的政策与措施的基本目标，是为发展以信息为基础的各方面事业创造良好条件，防止外部和内部敌对势力破坏。

早在1994年俄罗斯就通过了信息安全保护法《政府通信和信息联邦机构法》，在俄宪法中，还明确界定了信息资源开放和保密的范畴，提出了保护信息的法律责任。另外，针对信息安全保护的法规还有：《数字签名法》、《信息化和信息保护法》、《国家秘密法》、《信息保护设备认证法》以及针对加密设备的研制、生产、实现和应用的法规等。统领全局的《国家信息安全学说》于2000年获批，该学说明确了俄罗斯在信息领域的利益，为俄罗斯制定了许多确保俄国家安全和公民权利的具体措施，是制定和起草其他有关信息安全保障国家政策、法律、提案和专门计划的基础。

针对目前面临的国家信息资源废除垄断、国家信息网络集成化和信息交换非集中化过程，俄罗斯还制定系列与《国家信息安全学说》相适应的文件、标准和方法，并指定特派机构制定专业技术规范以调整现有法律体系，加入针对行业和部门的信息保护政策。2003年推出的《技术调整法》还专门就安全性技术调整、知识产权和著作权做了翔实的说明。

为了推动信息产业化的发展，俄联邦政府批准了《2002至2010年电子俄罗斯》专项纲要，为国家信息安全保障提供完整的法律体系和适宜的调整机制。

4. 日本立法现状

日本的信息技术水平和信息化程度仅次于美国，其从国家整体发展战略的高度建构信息安全体系。在出台有关发展战略构想的同时，日本全面重视信息安全立法工作，制定了一系列相关的法律和法规。

2000年出台《防止非法接入法》以建立防止和刑事处罚非法接入或属于这种行为的活动规章，同年的《电子签名：鉴别法》对电子签名的有效性作了详细规定，依据国际通用测评认证标准修订的《电子商务网络安全对策指针》则进一步健全了电子商务的安全管理机制。另外针对信息电子证书的需要，还对《商业登记法》作了修订。

为避免关键基础设施遭受电脑恐怖活动攻击，日本政府推出了《关于防范关键基础设施电脑恐怖活动的特别行动计划》。《日本信息安全指导方针》是为日本电子政府计划作了全面规划，而《确保电子政务实施过程中的信息安全行动方案》则保证电子政务的安全。

5. 我国立法现状

在我国，1994年2月18日，国务院颁布了《中华人民共和国计算机信息系统安全保护条例》，这是一个标志性的、基础性的法规。到目前为止，我国信息安全的法律体系可分为四个层面：

① 一般性法律规定。这些法律法规并没有专门对信息安全进行规定，但是这些法律法

规所规范和约束的对象包括涉及信息安全的行为，如宪法、国家安全法、国家秘密法、治安管理处罚条例等。

② 规范和惩罚信息网络犯罪的法律。这类法律包括《中华人民共和国刑法》、《全国人大常委会关于维护互联网安全的决定》等。

③ 直接针对信息安全的特别规定。这类法律法规主要有《中华人民共和国计算机信息系统安全保护条例》、《中华人民共和国计算机信息网络国际联网管理暂行规定》、《计算机信息网络国际联网安全保护管理办法》、《中华人民共和国电信条例》等。

④ 具体规范信息安全技术、信息安全管理等方面的规定。这类法律法规主要有《商用密码管理条例》、《计算机病毒防治管理办法》、《计算机信息系统国际联网保密管理规定》、《金融机构计算机信息系统安全保护工作暂行规定》等。此外还有一些地方性法规和规章。

我国虽然制定了许多有关信息安全方面的法律法规，但是总体上我国的信息安全立法还处于起步阶段，具体体现在以下几个方面：

① 还没有形成一个完整性、适用性、针对性的完善的法律体系。现有法律法规仅仅调整某一个方面的问题缺少综合性的信息安全法作为主导，使之相互呼应形成体系，因而在实践中造成多环节、多部门分割管理的状况。这在一定程度上造成了法律资源的严重浪费同时也说明了我国现行的信息安全法律基本上还处于法规规章的层次上，在法律层面上的信息安全立法还比较少，而且很不完善。

② 不具开放性。法律结构比较单一、层次较低，难以适应信息网络技术发展的需要和不断出现的信息安全问题。

③ 缺乏兼容性。我国的信息安全法律法规存在着许多难以同传统的法律原则、法律规范协调的地方。

④ 难以操作。如果一部法律难以操作，那么该法律就难以起到应有的规范约束作用。我国的安全法律中就存在着这些问题，如同一行为有多个行政处罚主体，不同法律规定的处罚幅度不一致，行政审批部门及审批事项多等。

11.3　电子商务法

广义的电子商务法是与广义的电子商务概念相对应的，它包括了所有调整以数据电讯方式进行的商事活动的法律规范。其内容极其丰富，至少可分为调整以电子商务为交易形式的，和调整以电子信息为交易内容的两大类规范。前者如联合国的《电子商务示范法》（亦称狭义的电子商务法），后者的内容更是不胜枚举，诸如联合国贸法会的《电子资金传输法》、美国的《统一计算机信息交易法》等等，均属此类。

狭义的电子商务法是调整以数据电讯（Data Messege）为交易手段而形成的因交易形式所引起的商事关系的规范体系。

11.3.1　电子商务法的调整对象

电子商务法是调整以数据电讯为交易手段而形成的以交易形式为内容的商事关系的规范体系。也就是说，以数据电讯为交易手段，形成以交易形式为内容的商事关系，就是电子商务法调整的对象。这种商事关系又有着以下一些特点：

① 以数据电讯为交易手段的商事关系。换言之，凡是以口头或传统的书面形式所进行

的商事关系，都不属于电子商务法的调整范围。

② 该商事关系是由于交易手段的使用而引起的，一般不直接涉及交易方式的实质条款。因为交易手段只是交易行为构成中的表意方式部分，而并非法律行为中的意思本身，亦不充当交易标的物。

③ 该商事关系并不直接以交易的标的为其权利义务内容，而是以交易的形式为其内容，即因交易形式的应用而引起的权利义务关系。诸如对电子签名的承认、对私用密钥的保管责任等，均属此类。

11.3.2 电子商务法的适用范围

1. 从交易手段上观察

电子商务法的适用范围，就是以数据电讯所进行的、无纸化的商事活动领域，换言之，仅仅是以口头或传统的书面形式所进行的商事活动，都不属于电子商务法调整的范围。联合国贸法会（联合国国家贸易法律委员会，以下简称贸法会）《示范法》在第一条中规定："本法适用于在商务活动方面使用的，以一项数据电文为形式的任何种类的信息。"美国《统一电子交易法》第三条 A 款规定："……本法适用于与任何交易相关的电子记录与电子签名"。而韩国《电子商务基本法》第三条则规定："本法适用于所有使用电子信息进行的买卖或交易"。

2. 从行为主体上考察

一般而言，电子商务法作为商法的分支，应调整平等主体的当事人之间的交易关系。无论是商人（商事主体）之间的电子商务关系，还是商人与非商人（通常指消费者）之间的电子商务关系，都应属于电子商务法的适用范围。随着电子商务应用的不断普及，将有大量的商人与非商人之间的电子商务交易关系发生。电子商务法针对此种关系，可能要考虑到消费保护的问题。事实上，欧盟、韩国等，已经在其电子商务法中，充分注意了这一问题。

11.3.3 电子商务法的特征

1. 程式性

电子商务法作为交易形式法，它是实体法中的程式性规范，主要解决交易的形式问题，一般不直接涉及交易的具体内容。以美国的《统一电子交易法》为例，全文只有 21 条，主要规定了电子记录、电子签名及电子合同的效力、归属、保存等电子商务交易环境下的特殊性问题。而与此同时，美国州法统一委员会还颁布了一部以电子信息交易的实体内容为主的《统一计算机信息交易法》，该法分为 9 个部分，共有 106 条，对以计算机信息为标的的交易问题，作了较全面的规定，是一部"电子版"的合同法。二者相较，《统一电子交易法》的程式性，就愈显突出。

2. 技术性

在电子商务法中，许多法律规范都是直接或间接地由技术规范演变而成的。比如一些国家将运用公开密钥体系生成的数字签名，规定为安全的电子签名。这样就将有关公开密钥的技术规范，转化成了法律要求，对当事人之间的交易形式和权利义务的行使，都有极其重要的影响。另外，关于网络协议的技术标准，当事人若不遵守，就不可能在开放环境下进行电子商务交易。所以，技术性特点是电子商务法的重要特点之一。

3. 开放性

从民商法原理上讲，电子商务法是与广义的电子商务概念相对应的，它包括了所有调整以数据电文方式进行的商务活动的法律规范，而数据电讯在形式上是多样化的，并且还在不断发展之中。因此，必须以开放的态度对待任何技术手段与信息媒介，设立开放型的规范，让所有有利于电子商务发展的设想和技巧，都能容纳进来。具体表现在：电子商务法的基本定义的开放、基本制度的开放，以及电子商务法律结构的开放这三个方面。

4. 复合性

这一特点是与口头及传统的书面形式相比较而存在的。电子商务交易关系的复合性，导源于其技术手段上的复杂性和依赖性。它表现在通常当事人必须在第三方的协助下，完成交易活动。比如在合同订立中，需要有网络服务商提供接入服务，需要有认证机构提供数字证书等。

11.3.4　电子商务法的基本原则

1. 中立原则

电子商务法的基本目标，归结起来就是要在电子商务活动中，建立公平的交易规则。这是商法的交易安全原则在电子商务法上的必然反映。而要达到各方利益的平衡，实现公平的目标，就有必要做到如下几点：

（1）技术中立

电子商务法对传统的口令法、非对称性公开密钥法，以及生物鉴别法等认证方法，都不可厚此薄彼，产生任何歧视性要求。同时，还要给未来技术的发展留下法律空间，而不能停止于现状，以至闭塞贤路。譬如新计算机的问世、新一代高速网络的出现等，都将考验电子商务法的技术中立性。

（2）媒介中立

媒介中立与技术中立紧密联系，二者都具有较强的客观性，并且一定的传输技术，与相应的媒介之间是互为前提的。媒介中立，是中立原则在各种通信媒体上的具体表现，所不同的是，技术中立侧重于信息的控制和利用手段，而媒介中立则着重于信息依赖的载体。后者更接近于材料科学。从传统的通信行业划分来看，不同的媒体可能分属于不同的产业部门，如无线通信、有线通信、电视、广播、增值网络等。而电子商务法，则应以中立的原则来对待这些媒介体，允许各种媒介根据技术和市场的发展规律而相互融合，互相促进。

（3）实施中立

实施中立指在电子商务法与其他相关法律的实施上，不可偏废；在本国电子商务活动与跨国际性电子商务活动的法律待遇上，应一视同仁。特别是不能将传统书面环境下的法律规范（如书面、签名、原件等法律要求）的效力，放置于电子商务法之上，而应中立对待，根据具体环境特征的需求，来决定法律的实施。

2. 同等保护

此点是实施中立原则在电子商务交易主体上的延伸。电子商务法对商家与消费者，国内当事人与国外当事人等，都应尽量做到同等保护。因为电子商务市场本身是国际性的，在现代通信技术条件下，割裂的、封闭的电子商务市场是无法生存的。

3. 自治原则

允许当事人以协议方式订立其间的交易规则，是交易法的基本属性。因而，在电子商务法的立法与司法过程中，都要以自治原则为指导，为当事人全面表达与实现自己的意愿，预留充分的空间，并提供确实的保障。

4. 安全原则

保障电子商务的安全进行，既是电子商务法的重要任务，又是其基本原则之一。譬如电子商务法确认强化（安全）电子签名的标准，规定认证机构的资格及其职责等具体的制度，都是为了在电子商务条件下，形成一个较为安全的环境，至少其安全程度应与传统纸面形式相同。

11.3.5 电子商务法的现实状况

近年来世界上已有许多国家和国际组织，制定了为数不少的调整电子商务活动的法律规范，形成了许多电子商务法律文件。在国际组织方面，贸法会主持制定了一系列调整国际电子商务活动的法律文件，主要包括："计算机记录法律价值的报告"；《电子资金传输示范法》、《电子商务示范法》(以下简称示范法)、《电子商务示范法实施指南》；以及贸法会正在起草制定的《统一电子签名规则》等。这些法律文件是世界各国电子商务立法经验的总结，同时又反过来指导着各国的电子商务法律实践。此外，欧盟委员会于 1997 年提出的《欧洲电子商务行动方案》，为规范欧洲电子商务活动制定了框架。1998 年又颁布《关于信息社会服务的透明度机制的指令》。1999 年通过了《关于建立有关电子签名共同法律框架的指令》。

从美洲各国来看。美国犹他州于 1995 年颁布的《数字签名法》(Utah Digital Signature Act)，是美国乃至全世界范围的第一部全面确立电子商务运行的法律文件。目前，美国已有 45 个州制定了与电子商务有关的法律。另外美国的全国州法统一委员会也于 1999 年 7 月通过了《统一电子交易法》，供各州在立法时采纳。2000 年 6 月克林顿签署的国会两院一致通过的《国际与跨州电子签章法》，表明美国的电子商务立法走上了联邦统一制定的道路。加拿大、阿根廷等国都制定了电子商务法。

就欧洲来看，俄罗斯联邦也是世界上最早制定电子商务法的国家之一。其 1995 年元月颁布《俄罗斯联邦信息法》，调整所有电子信息的生成、存储、处理与访问活动。该法赋予通过电子签名鉴别的，经由自动信息与通信系统传输与存储的电子信息文件的法律效力。并规定电子签名的认证权必须经过许可。与该法相配套，该国联邦市场安全委员会还于 1997 年下发了"信息存储标准暂行要求"，具体规定了交易的安全标准。德国于 1997 年 8 月制定了《信息与通信服务法》其中包括了"通信服务使用法"，"通信服务中个人信息的保护法"，"电子签名法"，"刑法典修正案"，"行政违法修正案"，"禁止对未成年人传播不道德出版物修正案"，"版权法修正案"，"价格标示法修正案"等。可以说德国为了实施其电子商务法，已经对整个法律体系进行了调整。意大利于 1997 年制定了《意大利数字签名法》。为了实施该法，又于 1998 年和 1999 年分别颁布了总统令，并制定了"数字签名技术规则"。

再从亚洲来考察，我国周边许多国家都制定了电子商务法。马来西亚早在上世纪 90 年代中期就提出了建设"信息走廊"的计划，并于 1997 年制定了《数字签名法》。可以说这是亚洲最早的电子商务立法。同年，韩国也制定了内容较全面的《电子商务基本法》。紧接着，新加坡于 1998 年正式制定、颁布了《新加坡电子交易法》，又于 1999 年制定了"新加坡电子交易（认证机构）规则"和"新加坡认证机构安全方针"。印度于 1998 年颁布了《电子商务支持法》。菲律宾也在 2000 年制定了《电子商务法》。日本的"电子签名与认证法案"将于 2001 年 4 月生效。泰国的电子商务法也正在制定之中。

我国为了适应电子商务的发展，也已采取了一些法律措施。譬如新颁布的《合同法》，在合同形式条款中加进了“数据电文”这一新的电子交易形式。又如我国《专利法实施条例》为了适应国际趋势，已规定可以电子通信方式提出专利申请。但是，与电子商务实践的需求和世界发达国家的立法相比，我国电子商务立法的进展，还有待加速进行。从电子商务专项立法来看，我国目前除了全国人大代表的议案之外，尚无正式的法律文件产生。可喜的是广东、上海、海南等地关于电子商务的地方立法起草活动正在积极进行，即将产生的地方法规可能为全国的立法提供一些经验。此外，我国香港特别行政区于2000年1月制定了《电子交易条例》。1999年我国的台湾省起草了《电子签章条例》，并于2000年3月通过了第一次审议。

11.4　电子政务法

11.4.1　电子政府

电子政府是指通过整合运用包括互联网等IT技术，实现迅速、透明、方便和高效地处理行政机关之间（G2G）、行政机关与公民之间（G2C），以及行政机关与企业之间（G2B）的全部业务的电子化的政府。

电子政府的目的是政府利用IT技术实现向全社会提供信息和服务的电子化，使全社会得到更充分、快捷、高效的信息和服务。

11.4.2　电子政务法概念

狭义地讲，电子政务法是国家颁布施行的命名为《电子政务法》的单行法，现已制定《电子政务法》单行法的主要国家有美国、韩国等。

广义地讲，电子政务法是为了实现电子政府的业务内容，促进行政业务等的电子化的各种法律规范（法律，行政法规，部门规章，地方性法规、民族自治法规、经济特区的规范性文件，部门规章以及地方行政规章等）的总称；包括出台《电子政务法》、《电子交易法》、《电子签章法》、《关于修改书面交付义务的相关法令的法律》、《远距离医疗法》、《电子投票法》、《计算机犯罪法》、《通讯多媒体法》、《个人信息保护法》等法律规范，修改《民法》、《专利法》、《著作权法》、《商法》、《海关法》、《刑法》、《民事诉讼法》、《刑事诉讼法》、《行政诉讼法》等法律规范，以及废止相关的法律规范。

11.4.3　电子政务法的立法现状

1. 日本电子政府的立法概况

日本于2001年1月6日实施的被称为“IT基本法”的《高度信息通讯网络社会形成基本法》（以下称“IT基本法”），以及根据IT基本法第25条而召开的第一次IT战略本部会议制定的《E-JAPAN战略》及重点实施计划，对日本国发展“电子化日本（E-JAPAN）”从法律和国家政策两个方面进行了严格而具体的强有力部署、保障及加速推进。跨行政法、经济法、民法、商法、刑法、诉讼法等多个部门法，涉及规范和调整G↔G、G↔B和G↔C之间的各种业务法律关系的数目众多的各项法律，已经构筑了保障和促进日本电子政府发展的电子政府法律体系。

2. 新加坡的电子政务及其法律环境

新加坡从 20 世纪 80 年代起就开始发展电子政务，现在已成为世界上电子政务最发达的国家之一。

新加坡政府于 1998 年修订了 1993 年出台的《滥用计算机法》，增加了"干预或阻碍合法使用的行为"、"在授权和未经授权的情况下，进入电脑系统犯案"，以及"将进入网络的密码透露，非法获利和使别人受损失"等三项新罪名。政府还制定了与此相配套的《信息安全指南》和《电子认证安全指南》，更好地为电子政务和电子商务等发展保驾护航。同时还制定了《电子交易法》、《电子交易法执法指南》和《电子交易（认证）条例》等法规。

3. 美国的电子政务及其法律环境

美国的电子政务起源于 20 世纪 90 年代初。20 世纪 80 年代，由于美国政府预算赤字很大，国会和选民都要求政府削减预算，提高效率。1994 年 12 月，美国政府信息技术服务小组提出了《政府信息技术服务的前景》报告，要求建立以顾客为导向的电子政府，为民众提供更多获得政府服务的机会与途径。并于 1997 年制定了一个名为"走近美国"的计划，要求从 1997 年到 2000 年，在政府信息技术应用方面完成 120 余项任务；在 21 世纪初，政府对每个美国公民的服务都实现电子化，在信息技术的支持下，政府工作的效率有极大的提高。1998 年，美国通过了一项《文牍精简法》，要求美国政府在 5 年内实现无纸工作，联邦政府所有工作和服务都将以信息网络为基础。为确保这些应用目标的实现，近十年来美国出台了一系列的法律和文件，从不同的角度和程度相关联，从而从整体上构成了电子政务的法律基础和框架。

4. 我国电子政务的立法及发展方向

从我国电子政务立法的整体情况看，目前我国电子政务的立法还处于一个纲领性立法尚未出台，各部门立法尚待加速进行的状态。

结合各国电子政务立法的情况，一般而言，电子政务的立法工作至少应当涉及以下方面内容：

① 电子政务的定义、目的、意义、标准化、政府机关及公务员的职责。

② 为实现电子政务应进行的工作及电子政务的运营原则：包括促进国民及企业、政府业务流程的改革，业务的电子处理规范，政府机关保存信息的公开，行政机关对电子政务的确认责任，促进政府服务及信息的公共利用，个人信息的保护，技术开发、维护的外包等。

③ 行政事务及其管理的电子化：电子文书的制作及成立，电子文书的到达及发送时间，电子官印的认证，行政信息共同利用、标准化，信息通信网的构筑及保护，通过信息通信网进行业务或者会议，远距离工作，信息化教育等。

④ 政府服务、服务的电子化：电子申请的受理，行政信息的电子提供，手续费等。

⑤ 政务文书业务的削减：纸文书的削减计划等的设立，业绩电子公示，文书削减委员会的设置等。

⑥ 电子信息事业的推进：中长期电子政府事业计划，成果评价，模范事业的推进，优秀系统普及、扩散，信息化促进基金的支援，信息化组织的设立等。

⑦ 对发展电子政务过程中违法、犯罪行为的民事、行政和刑事法律责任的追究等。

11.5　网络环境下的知识产权

11.5.1　域名的法律问题及立法对策

从因特网的管理角度看，域名就是因特网主机的地址，由它可转换为该主机在因特网中的物理位置。实际应用中，许多企业都是以其名称或主要产品的商标作为域名的。尽管域名尚未被明确赋予法律上的意义，但它实质上是类似于企业名称和商标的一种工业产权，是网络中重要的无形资产，蕴含着很高的商业价值。

1. 域名的抢注问题

注册域名与注册商标和企业名称的规则相似，采用抢先原则和惟一性原则。在美国，因特网管理机构并不审查也难以审查注册单位的相关情况，并且允许一个单位注册多个域名，不受限制，注册一个国际域名的代价仅为开户费100美元，每隔两年再交50美元，由此导致了一些恶意抢注域名和囤积域名的现象。据报道著名的美国麦当劳公司就曾被人抢注了域名，最后竟花了800万美元从抢注者中把域名买了回来。我国也有大量企业名称和商标被国外企业抢先注册为域名的案例。有个海外企业在COM中注册了340多个域名，几乎组成了中国知名企业和商标的名录。

2. 国际组织的有关解决方案

《通用顶级域管理操作最终方案》缓解了用户不断增加带来的压力以及域名抢注问题，引进域名竞争机制，淡化原有的垄断，IAHC于1997年2月4日发布了《通用顶级域管理操作最终方案》，在原有的3个通用顶级域名COM、ORG和NET的基础上，又增加了7个新的通用顶级域名，即FIRM（企业、公司）、STORE（销售货物的企业）、NOM（个体或个人）、WEB（与WWW有关的单位）、REC（娱乐机构）、INFO（信息服务机构）和ARTS（文艺机构），并将增设28个域名注册登记处，均匀分布在世界各地区。

1997年5月1日，由国际电信联盟发起召开了“关于发展的稳定因特网域名注册系统”会议，来自世界各国和地区的150位代表联合签署了《因特网域名系统通用顶级域谅解备忘录》。会议认为，通用顶级域名是国际共有的公共资源，不应由一国垄断，应引进竞争机制，建立全球共同参加的多边管理模式。《备忘录》对因特网域名系统的政策、结构和运作方式提出了一个总体框架，其内容包括对域名系统（DNS）、顶级域名、二级域名、通用顶级域名、域名登记、登记实体、登记协会等的定义，以及对域名登记工作的管理、监督、保管、仲裁等机构做出的规定。

3. 我国现行的域名管理办法

为了加强对互联网络域名的管理，我国于1997年5月30日发布了《中国互联网络域名注册暂行管理办法》和《中国互联网络域名注册实施细则》。

国务院信息办及其常设机构——中国互联网络信息中心（CNNIC）是我国互联网络域名系统的管理机构。

CNNIC负责管理和运行中国顶级域名CN及CN以下的类别域名和行政区域名这两种二级域名，并采用逐级授权的方式确定三级以下（含三级）域名的管理单位。

目前世界各国均没有颁布有关域名保护的专门法律法规，我国在这方面的立法对策可以借鉴外国的经验，在与域名权有关的各种知识产权法律做出相关规定，从而为域名权的保护提供法律依据。针对善意在先注册他人驰名商标和恶意抢先注册他人商标为域名而不使用的行为，可以采取扩大对我国《商标法》第38条第4款的司法解释的办法来加以制止，在《商标法实施细则》第41条中新增一款，即第4款"在先将他人注册的驰名商标在国际互联网上申请注册为域名的"，明确将这种行为列入侵犯注册商标专用权的禁止性规定中，这样在今后解决发生与注册的驰名商标有关的域名权的纠纷时就可以有法可依。

针对善意在先注册他人厂商名称（商号）行为和恶意抢先注册他人厂商名称（商号）而不使用的行为，可以扩大对《企业名称登记管理规定》第27条的解释，将域名抢注行为明确列入"其它侵犯他人企业名称专用权的行为"中。一旦引起纠纷，被侵权人就可以以此为据，请求保护自己的域名权。针对恶意抢注且用来从事不正当竞争的行为，可以扩大对《反不正当竞争法》第5条的解释，将其中的"市场交易"扩大解释为"有形市场交易"和"虚拟电子市场交易"两种。这样在因特网上将他人厂商名称（商号）注册为域名并从事不正当竞争的行为便违反了《反不正当竞争法》。

11.5.2 信息网络传播权问题

2002年4月1日，×××向×××法院起诉，诉称自己是《当代刑法新视界》等三部著作的著作权人，2001年12月在某数字图书馆有限责任公司（以下简称数图公司）的网站上发现该作品被上载，读者付费后可以阅读并下载其作品，侵犯了权利人的信息网络传播权，并要求停止侵害、赔偿损失。在庭审中数图公司一再表示，该公司基本上属于公益型事业单位，目前也正在投入资金开发版权保护系统，以便更好地保护权利人的利益，建立数字图书馆的目的是为了适应信息时代广大公众的需求。这是我国第一起与数字图书馆有关的著作权侵权案，其中的关键问题在于如何认识信息网络传播权。

在×××诉数图公司侵犯信息网络传播权一案中，焦点是擅自将作品登载在网上并允许读者有偿下载使用的行为是否正当合法?权利人有无权利受到限制的情形存在?即在法律规定的合理使用范畴内，他人是否可以不经权利人许可使用该作品，也不必支付报酬。将作品登载于网上有无法定许可等其他免责情形?

我们将从网络传输权的设定出发，对信息网络传播权进行探讨，在最后给出该案的判决。

1. 国内外网络传输权的设定

1996年12月20日，世界知识产权组织在日内瓦召开的会议上，通过了《世界知识产权组织版权条约》（WCT）和《世界知识产权组织表演和录音制品条约》（WPPT）。WCT第8条规定，文学和艺术作品的作者享有专有权，以授权将其作品以有线或无线的方式向公众传播，包括将其作品向公众提供，使公众的成员在其个人选定的地点和时间可以获得这些作品。WPPT第10条规定，表演者应当享有专有权，以授权通过有线或无线的方式向公众提供其录音制品，使该录音制品可为公众中的成员在其个人选定的地点和时间获得。从上述两个规定可以看出，比起伯尔尼公约，作者的权利已经有效地覆盖到网络空间。

1998年10月28日，美国制定《数字千年版权法案》（DMCA），没有就数字化网络传输作出规定。美国知识产权小组对现行版权法下"发行权"赋予了新的含义，承认向公众传输作品属于发行，从而涵盖网络传输中著作权人的权利。

日本在1997年6月10日通过的著作权法修正案，规定著作权人就其作品应享有授权公开传输的专有权。

澳大利亚也提出了一个内容广泛的"向公众传输的权利"，既包括以任何通过接受装置观看或使用的方式向公众传播，也包括广播权和有线传播权。

我国1991年著作权法规定了著作权人的权利包括人身权和财产权，即发表权、署名权、修改权、保护作品完整权、使用权和获得报酬权，其中实施条例对这几种权利进行了详尽的解释。

2000年12月20日，最高人民法院发布了《关于审理涉及计算机网络著作权纠纷案件适用法律若干问题的解释》(以下简称解释)。该解释第三条规定：已在报刊上刊登或者网络上传播的作品，除著作权声明或者上载该作品的网络服务提供者受著作权人的委托声明不得转载、摘编的以外，网站予以转载、摘编并按有关规定支付报酬、注明出处的，不构成侵权。但网站转载、摘编作品超过有关报刊转载作品的范围的，应当认定为侵权。著作权法第三十二条第二款规定：作品刊登后，除著作权人声明不得转载、摘编的外，其他报刊可以转载或者作为文摘、资料刊登，但应当按照规定向著作权人支付报酬。从中可以看出，解释赋予了网站与报刊转载、摘编的法定许可权，是侵权诉讼中被告减轻责任的一个有利依据，但对于利益平衡的另一方即著作权人和作品则施加了一定的限制。

2001年10月27日，我国著作权法进行修订，著作权人的权利内容有了很大程度的扩充，最重要的就是明确规定了信息网络传播权，即以有线或者无线方式向公众提供作品，使公众可以在其个人选定的时间和地点获得作品的权利。从法律上明确界定了网络传输、复制权、发行权、表演权等权利之间的交叉，规定了网络传输属于著作权人使用作品的方式之一，是其享有的专有权利之一。

2. 关于作品的合理使用

伯尔尼公约第9条第2款规定，本联盟各成员国可自行在立法中准许在某些特殊情况下复制有关作品，只要这种复制与作品的正常利用不相冲突，也不致不合理地损害作者的合法权益。这一规定充分给予成员国权力来自行划定合理使用的范畴。作为保护文学艺术作品不断繁荣创新的著作权法离不开国家的整个文明进步，公共政策是权利平衡中一个很重要的调节因素。这也正是如此多的国家加入公约的诱因。

美国知识产权工作小组在报告中指出，图书馆为保存资料的目的可以将作品做数字化复制等，图书馆对作品做三个数字化形式的复制品，在同一个时间使用不得超过一个。在数字图书馆版权保护体系中，以国会图书馆为代表的许多图书馆都把网上书刊分为两部分，一部分是已经超过版权保护期的作品，可以全文上网供读者在线阅读，另一部分是仍在版权保护期内尚未进入公有领域的作品，在征求著作权人同意并支付稿酬之前，只有书目、图书简介及相关书评可以上网供公众阅览。如果读者想进一步了解图书的内容则需要到图书馆按传统办法借阅。

我国法律规定合理使用的情形有：个人学习使用、介绍评论、时事报道、教学目的、执行公务、免费表演等情形。其中明确指出，图书馆、档案馆、纪念馆、博物馆、美术馆等为陈列或者保存版本的需要，复制本馆收藏的作品属于合理使用。

3. 司法实践中判断是否“合理使用”时的基本原则

著作权保护的根本目的是为了鼓励智力创造，促进文学、艺术、科学的繁荣。为了达到这一根本目的，版权保护制度一直随着传播技术和传播方式的发展而发展。如上所述，我国现行法律规定难以涵盖数字环境下合理使用的各种情况，而且它们很难在法律中一一列举。为了充分实现著作权法律关系中各方利益的最大化，我们在司法实践中判断是否“合理使用”时应掌握以下四个基本原则：

① 使用的目的和性质，主要考虑是否以教育为目的，是否具有商业性质。

② 被使用的版权作品的性质。如果某版权作品在网络中使用能够带来巨大的经济效益，那么对它们进行数字化传输、拷贝要受到严格审查。

③ 被使用的版权作品的使用数量和质量。除对他人作品大量抄袭可能侵权外，即使对作品的一小部分进行复制（特别是被复制部分质量很高或对作品其他部分非常重要）也会构成侵权。

④ 不得影响作品的正常使用，也不得不合理地损害著作权人的合法权利。另一方面，在网络上、下载问题上可普遍推行“法定许可”制度，并辅之以健全的知识产权、著作权集体管理组织。这样既保障了知识产权权利人适当的（可根据法定许可制度统一规定费率）经济权利，又打破了网络条件下可能不合理、不合情的权利滥用和过度垄断（也因此弱化了权利人的这一权利）。

● 案情探讨

本案所要解决的纠纷是数图公司上载的行为而非在作品传输链条中下载的状态。在此我们可以对照此案被告数图公司的性质，不难发现此图书馆并非该条款中的彼图书馆，也非为陈列或者保存版本目的。被告数图公司的企业性质为有限责任公司，经营范围为计算机软件的开发、制作和发布网络广告等，虽称为公益目的，但无法消除公司营利的内在本质，营利虽然不是构成侵权的必然因素，但从一个侧面也证明了与著作权法中规定的图书馆合理使用的初衷相悖，同时也不符合法律规定的法定许可情形。

● 案例判决

××市××人民法院在判决书中所认定的，著作权人将作品交付出版社出版，许可出版社发行此作品，在没有相反证据的情况下，这种许可的后果仅应视为将作品固定在有形的载体（纸张）上并为公众所接触。数图公司未经许可将此作品列入××数字图书馆中，对×××在网络空间行使权利产生了影响。图书馆的功能在于保存作品并向社会公众提供接触作品的机会，这种接触，是基于特定的作品被特定的读者在特定的期间以特定的方式（借阅）完成，这种接触对知识的传播、社会的文明进步具有非常重要的意义，同时对作者行使权利的影响非常有限，因此，并不构成侵权；但在本案中，数图公司作为企业法人将×××的作品上载到国际互联网上，虽以数字图书馆的形式出现，但却：

（1）扩大了作品传播的时间和空间；

（2）扩大了接触作品的人数；

（3）改变了接触作品的方式；

（4）在这个过程中数图公司并没有采取有效的手段保证作者获得合理的报酬。

因此，数图公司的行为阻碍了×××以其所认可的方式使社会公众接触其作品，侵犯了其信息网络传播权，故数图公司应立即停止侵权并依法承担侵权责任。

11.6 计算机取证

● 案例

案件情况：一网民因被控乱发色情图片被当地公安部门罚款 1 500 元；某某则称是黑客入侵系统后，利用他的机器向外乱发色情图片，他据此向该城区法院递交行政起诉状，请求撤销公安局对他的处罚。

破案过程分析：1 月 17 日，该局接到市民投诉，有人发给含有 7 张色情图片的电子邮

件。随后网络警察通过查看邮件信息和市电信局服务器日志记录，发现了发送该色情图片的电脑IP地址。而依据该地址，查知该IP地址属某某本人的电脑。经向某某本人询问，在投诉人接到邮件的时间里，某某正在家里上网。带走他的电脑，并在其电脑上发现了那些色情图片。

认定依据：公安局认为，IP地址在网上具有惟一性，排它性。因此可以证明该邮件正是某某所发，公安局在一个月后依照有关法规对某某作出1500元的处罚。公安局向法庭提交了关于从电信及投诉人处下载的证据材料。

案例分析：

（1）取证分析不合理（直接在原始介质上进行分析）

① 破坏了证据的原始性；

② 可能导致证据破坏，比如属性变化；

③ 可能导致证据丢失，比如磁盘空间的覆盖（碎片，恢复）。

（2）证据不充分，可以获取更多的证据

① 通过网络取证（比如监控，Sniffer等）获取更多的证据；

② 现场的其他介质，各种纸张、信函等；

③ 在磁盘上寻找其他的辅助证据，比如：浏览器的记录，聊天记录等；

④ 通过磁盘恢复和磁盘分析寻找其他证据。

（3）判定的依据不合理

单依据IP来判定网络行为并不科学。

11.6.1 计算机取证的原则和步骤

从计算机上提取证据，分为获取证据、保存证据并出示证据。要求提供的证据必须可信，使调查的结果能够接受法庭的检查。

计算机取证应该从一开始就把计算机作为物证对待，在不对原有物证进行任何改动或损坏的前提下获取证据。要求做到：

（1）证明所获取的证据和原有的数据是相同的。

（2）在不改动数据的前提下对其进行分析。

（3）务必确认已经完整地记录下所采取的每个步骤以及采取该步骤的原因。

计算机取证应遵循如下原则：

① 尽早搜集证据，并保证其没有受到任何破坏。

② 必须保证"证据连续性"，即在证据被正式提交给法庭时，必须能够说明在证据从最初的获取状态到在法庭上出现状态之间的任何变化，当然最好是没有任何变化。

③ 整个检查、取证过程必须是受到监督的，也就是说，由原告委派的专家所作的所有调查取证工作都应该受到由其他方委派的专家的监督。

计算机取证的基本步骤包括：

① 在取证检查中，保护目标计算机系统，避免发生任何的改变、伤害、数据破坏或病毒感染。

② 发现目标系统中的所有文件。包括现存的正常文件，已经被删除但仍存在于磁盘上（即还没有被新文件覆盖）的文件，隐藏文件，受到密码保护的文件和加密文件。

③ 全部（或尽可能）恢复发现的已删除文件。

④ 最大程度地显示操作系统或应用程序使用的隐藏文件、临时文件和交换文件的内容。

⑤ 如果可能并且如果法律允许，访问被保护或加密文件的内容。

⑥ 发现的所有相关数据。

⑦ 打印对目标计算机系统的全面分析结果，包括所有的相关文件列表和发现的文件数据。然后给出分析结论：系统的整体情况，发现的文件结构、数据和作者的信息，对信息的任何隐藏、删除、保护、加密企图，以及在调查中发现的其他的相关信息。

⑧ 给出必需的专家证明。

11.6.2 计算机取证的工具体系

由于计算机取证科学是一门综合性的学科，涉及磁盘分析、加解密、图形和音频文件的分析、日志信息挖掘、数据库技术、媒体介质的物理分析等。所以计算机取证工作需要一些相应的工具软件和外围设备来支持。在计算机取证过程中最重要的是要学会运用一些软件工具。这些工具既包括操作系统中已经存在的一些命令行工具，还包括专门开发的工具软件和取证工具包。调查取证成功与否在很大程度上取决于调查人员是否熟练掌握了足够的、合适的、高效的取证工具。

1. 证据获取和保全工具

时间和数字签名都是很重要的证明数据有效性的内容。数字签名用于验证传送对象的完整性以及传送者的身份，但是数字签名没有提供对数字签名时间的见证，因此还需要数字时间戳服务。在美国，目前提供时间戳服务的公司有 Surety 和 DigiStamp。证物的完整性验证和数字时间戳都是通过计算哈希值来实现的。

2. 证据分析工具

证据分析是计算机取证的核心和关键，其内容包括分析计算机的类型，采用的操作系统类型，是否有隐藏的分区，有无可疑外设，有无远程控制和木马程序及当前计算机系统的网络环境等。通过将收集的程序、数据和备份与当前运行的程序数据进行对比，从中发现篡改痕迹。

3. 证据归档工具

在计算机取证的最后阶段，也是最终目的，应该是整理取证分析的结果供法庭作为诉讼证据。主要对涉及计算机犯罪的时间、地点、直接证据信息、系统环境信息、取证过程，以及取证专家对电子证据的分析结果和评估报告等进行归档处理。尤其值得注意的是，在处理电子证据的过程中，为保证证据的可信度，必须对各个步骤的情况进行归档以使证据经得起法庭的质询。

计算机证据要同其他证据相互印证、相互联系起来综合分析。证据归档工具比较典型的是 NTI 公司的软件 NTIDOC，它可用于自动记录电子数据产生的时间、日期及文件属性。还有 Guidance Software 公司的 Encase 工具，它可以对调查结果采用 html 或文本方式显示，并可打印出来。

11.6.3 计算机取证的技术方法

计算机取证技术包括基于单机和设备的计算机取证技术、基于网络的计算机取证技术。单机取证技术是针对一台可能含有证据的非在线计算机进行证据获取的技术，包括：

（1）存储设备的数据恢复技术

数据恢复技术主要用于把犯罪嫌疑人删除或者通过格式化磁盘擦除的数字证据恢复出来。即使使用安全删除工具，删除的数据也会留有痕迹，擦除一个磁道的数据时留下的边缘数据和被覆盖后仍留下的痕迹称为阴影数据（shadow data）,我们可以使用特殊的电子显微镜一比特一比特地恢复写过多次的磁道。

（2）加密数据的解密技术

密码分析技术需要取证专家具有密码学专业领域的知识,目前的软件工具也并不实用。密码破解技术包括口令字典、重点猜测、穷举破解等技术。其中口令字典一般是基于软件的，而且已经有了多种字典可供使用。目前基于字典的口令破解软件很多，如专门用于 Office 文件的破解工具 AOPR（Advanced OfficePassword Recovery）等,这些软件的破解效率很高。口令搜索包括物理搜索（在计算机四周搜查可能有口令的地方）、逻辑搜索（在文档或电子邮件中搜索明文的口令）和网络窃听（从网络中捕获明文口令）。许多 Windows 的口令都以明文的形式存储在注册表或其他指定的地方，我们可以从注册表中提取口令。使用密钥恢复机制可以从高级管理员那里获得口令。

（3）数据挖掘技术

计算机的存储容量越来越大,网络的传输速度越来越快。对于计算机内存储的和网络中传输的大量数据，可以应用数据挖掘技术以发现与特定的犯罪有关的数据。有的专家提出了 NFAT（Network Forensics Analysis Tools）的设计框架和标准，核心是开发专家系统（Expert System，ES）并配合入侵检测系统或者防火墙，对网络数据流进行实时提取和分析，对于发现的异常情况进行可视化报告。

（4）网络入侵追踪技术

入侵追踪的最终目标是能够定位攻击源的位置，推断出攻击报文在网络中的串行路线，从而找到攻击者。IP 报文入侵追踪技术包括连接检测、日志记录、ICMP 追踪法、标记报文法等，可以追溯到发送带有假冒源地址报文的攻击者的真实位置。基于主机的入侵追踪技术的代表是“身份识别系统（Caller Identification System in the Internet Environment，CISIE）”基于主动网络的入侵检测框架 SWT（Sleepy Watermark Tracing）。

（5）信息搜索与过滤技术

在计算机取证的分析阶段往往使用搜索技术进行相关数据信息的查找，这些信息可以是文本、图片、音频或视频。这方面的技术主要有:数据过滤技术、数据挖掘技术等。目前这方面的软件种类繁多,既有基于单机的,又有基于网络的,例如美国 NTI（New Technologies Inc）公司的系列取证工具中的 Filter、中软通用产品研发中心信息安全实验室的 Net Monitor 网络信息监控与取证系统等。

（6）磁盘映像拷贝技术

由于证据的提取和分析工作不能直接在被攻击机器的磁盘上进行，所以，磁盘的映像拷贝技术就显得十分重要和必要了。而且，这一技术可以实现磁盘数据的逐字节拷贝。

（7）反向工程技术

反向工程技术用于分析目标主机上可疑程序的作用，从而获取证据。但目前这方面的工具还很少。基于网络的计算机取证技术就是在网上跟踪犯罪分子或通过网络通信的数据信息资料获取证据的技术，包括 IP 地址和 MAC 地址的获取和识别技术、身份认证技术、电子邮件的取证和鉴定技术、网络侦听和监视技术、数据过滤技术、漏洞扫描技术等。应该说,在基于网络的犯罪日益猖獗的今天,网络取证技术在计算机取证技术中占有举足轻重的地位。

参 考 文 献

1. 中国信息安全产品测评认证中心编著. 信息安全工程与管理. 北京:人民邮电出版社, 2003

2. 孙强，陈伟，王东红编著. 信息安全管理、全球最佳实务与实施指南. 北京：清华大学出版社，2004

3. Michael E.Whitman,Herbert J.Mattord 著. 信息安全管理. 重庆:重庆大学出版社, 2005

4. 科飞管理咨询公司编著. 信息安全管理概论 BS7799 理解与实施. 北京：机械工业出版社，2002

5.（美）Michael E.Whitman,（美）Herbert J.Mattord 著. 信息安全原理. 北京：清华大学出版社，2004

6.（美）Michael E.Whitman,Herbert J.Mattord 著. 信息安全原理 Principles of information security. 北京：清华大学出版社，2006

7. 陈明编著. 信息安全技术. 北京：清华大学出版社，2007

8. 贺雪晨，陈林玲，赵琰. 信息对抗与网络安全. 北京：清华大学出版社，2006

9. 洪帆，崔国华，付小青. 信息安全概论. 武汉：华中科技大学出版社，2005

信息安全系列教材书目

密码学引论（普通高等教育“十一五”国家级规划教材）	张焕国等
计算机网络管理实用教程	张沪寅等
网络安全	黄传河等
信息安全综合实验教程	张焕国等
信息隐藏技术实验教程	王丽娜等
信息隐藏技术与应用	王丽娜等
网络多媒体信息安全保密技术	王丽娜等
信息安全法教程	麦永浩等
计算机病毒分析与对抗	傅建明等
网络程序设计	郭学理等
操作系统安全	贾春福等
模式识别	钟　珞等
密码学教程	张福泰等
信息安全数学基础	李继国等
计算机取证技术	陈　龙等
电子商务信息安全技术	代春艳等
信息安全基础	武金木等
网络伦理	徐云峰
网络安全	丁建立等
数据库安全	刘　晖等
信息安全管理	王春东等